职业教育智能制造领域系列教材

智能生产线数字化集成与仿真

主　编　陈维鹏
副主编　李　慧　石进水
参　编　徐伟伟　董笪权

北京理工大学出版社
BEIJING INSTITUTE OF TECHNOLOGY PRESS

内 容 简 介

本书内容基于国内企业自主研发的 PQArt 和 PQFactory 软件开发，以包含工业机器人、数控机床、智能仓储、AGV 系统等组成的典型数字化智能生产线为案例背景，围绕智能生产线数字化集成与仿真技术，组织资深企业工程师、中职院校的学术带头人、行业内专家共同编写而成。

本书内容包括初识智能生产线数字化集成技术、搭建虚拟工作站、搭建虚拟生产线、生产线典型工艺流程仿真、生产线典型工艺的虚拟化调试等五个项目，将智能生产线设计与虚拟调试软件基本操作及应用融入到项目中，案例编排由浅入深。

本书适用于装备制造大类相关专业课程的教学，也可应用于制造执行系统操作与应用的相关企业员工培训等。

图书在版编目（CIP）数据

智能生产线数字化集成与仿真 / 陈维鹏主编. -- 北京 : 北京理工大学出版社, 2022.11

ISBN 978-7-5763-1811-1

Ⅰ. ①智… Ⅱ. ①陈… Ⅲ. ①自动生产线—教材
Ⅳ. ①TP278

中国版本图书馆CIP数据核字(2022)第206425号

出版发行 / 北京理工大学出版社有限责任公司
社　　址 / 北京市海淀区中关村南大街 5 号
邮　　编 / 100081
电　　话 / （010）68914775（总编室）
　　　　　（010）82562903（教材售后服务热线）
　　　　　（010）68944723（其他图书服务热线）
网　　址 / http://www.bitpress.com.cn
经　　销 / 全国各地新华书店
印　　刷 / 定州市新华印刷有限公司
开　　本 / 889 毫米 × 1194 毫米　1/16
印　　张 / 13.00
字　　数 / 245 千字
版　　次 / 2022 年 11 月第 1 版　2022 年 11 月第 1 次印刷
定　　价 / 47.00 元

责任编辑 / 张鑫星
文案编辑 / 张鑫星
责任校对 / 周瑞红
责任印制 / 边心超

图书出现印装质量问题，请拨打售后服务热线，本社负责调换

前言

智能制造是制造强国建设的主攻方向，其发展程度直接关乎我国制造业质量水平。党的二十大报告指出："建设现代化产业体系。坚持把发展经济的着力点放在实体经济上，推进新型工业化，加快建设制造强国、质量强国、航天强国、交通强国、网络强国、数字中国。"

2021年12月21日八部门印发《"十四五"智能制造发展规划》（以下简称《规划》）的通知，为促进制造业高质量发展、加快制造强国建设、发展数字经济、构筑国际竞争新优势提供有力支撑。新一代信息技术引领的新一轮产业变革蓬勃发展，数字化转型成为大势所趋，数字生产力日益彰显出强大的增加动力，为制造业高质量发展创新提供了新的空间。

数字孪生（Digital Twin）作为实现物理世界与信息世界交互与融合的有效方法，通过数字技术来复制物理对象，模拟对象在现实环境中的行为，对整个工厂的生产过程进行虚拟仿真。传统的生产线仿真分析主要依赖已有数据驱动模型进行，采用离线数据训练得到相应的模式或关系作为决策边界，对实时动态数据综合集成考虑不足，缺乏对决策边界的实时更新，不能对生产线进行在线智能化和精准化调整。数字孪生可以有效优化传统生产线仿真中存在的问题，更强调物理空间和信息空间的双向映射和实时交互，数字孪生中的仿真是高频次并不断迭代演进的，这项技术可以解决制造过程信息空间与物理空间互联互通交互共融的问题，通过虚拟模型和物理实体之间的实时交互和迭代演进，精确地模拟物理生产线的生产过程，实现生产资源的数字化管理，为生产活动提供决策和支持。

由北京华航唯实机器人科技股份有限公司自主设计、研发的工业机器人离线编程软件PQArt和智能产线设计与虚拟调试软件PQFactory，较早在国内实现了商业化应用，积极助力《规划》中提出的"不断加强自主供给，壮大产业体系新优势"的重点任务推进。基于PQArt和PQFactory的智能产线数字化集成与仿真是数字孪生技术的典型应用，作为智能制造核心技术体系的重要组成部分，目前存在巨大的产业人才缺口和产业技术发展潜力。

为解决智能制造类专业相关课程开设问题，青岛西海岸新区职业中等专业学校联合北京华航唯实机器人科技股份有限公司和山东交通职业学院共同开发了本教材。教材内容基于由工业机器人、数控机床、智能仓储、AGV系统等组成的典型数字化智能化产线，共设计初识智能生产线数字化集成技术、搭建虚拟工作站、搭建虚拟生产线、生产线典型工艺流程仿真、生产线典型工艺的虚拟化调试五个项目，将智能产线设计与虚拟调试软件基本操作及应用融入到项目中，案例编排由浅入深，可满足不同层次的读者学习参考。

本教材由青岛西海岸新区职业中等专业学校陈维鹏担任主编，北京华航唯实机器人科技股份有限公司李慧、山东交通职业学院石进水担任副主编。具体分工为青岛西海岸新区职业中等专业学校陈维鹏编写项目一、项目三和项目四，山东交通职业学院石进水编写项目五，北京华航唯实机器人科技股份有限公司李慧编写项目二并完成教材统稿。教材在案例设计编写及配套资源的制作过程中也得到了北京华航唯实机器人科技股份有限公司徐伟伟和董笪权两位工程师的协助，在此一并表示感谢。本教材在编写过程中，得到国家重点研发计划项目“网络协同制造技术资源服务平台研发与应用示范（2018YFB1703500）”的支持，为专业技能人才培养提供了丰富的资源。

本教材在形式上融入了“活页式”教材元素，每个任务都配套有“任务页”及“任务评价”，更加强调知识技能和任务操作之间的匹配性。通过资源标签或者二维码链接形式，提供了丰富的配套学习资源，利用信息化技术如PPT、视频、动画等形式，对书中的核心知识点和技能点进行深度剖析和详细讲解，降低了读者的学习难度，有效提高学习兴趣和学习效率。

由于编者水平有限，对于书中的不足之处，希望广大读者提出宝贵意见。

编　者

目录

项目一 初识智能生产线数字化集成技术

项目导言

21世纪以来，物联网、云计算、大数据、移动通信、人工智能等新技术在制造业广泛应用，制造系统集成式创新不断发展，形成新一轮工业革命的重要驱动力。面对新一轮工业革命，世界各国都在出台制造业转型战略，美国提出“先进制造业伙伴计划”、德国提出“工业4.0战略计划”，都将智能制造作为本国构建制造业竞争优势的关键举措。

我国出台了“中国制造2025”和“互联网+”等制造业国家发展实施战略，其核心是促进新一代信息技术与制造业深度融合，大力发展智能制造。数字孪生(Digital Twin)作为实现物理世界与信息世界交互与融合的有效方法，是指通过数字技术来复制物理对象，模拟对象在现实环境中的行为，对整个工厂的生产过程进行虚拟仿真，从而提高制造企业产品研发、制造的生产效率，数字孪生正在成为智能制造新趋势。

本项目主要从工业机器人的离线仿真技术认知和虚拟化调试技术发展与应用两方面进行学习。通过实训任务，完成本书案例所需的离线仿真软件和虚拟化调试软件的安装及下载，为后续生产线虚拟搭建与流程仿真做准备。

知识目标

（1）了解工业机器人离线编程技术、数字孪生技术与虚拟化调试技术。

（2）掌握工业机器人编程方式及其基本功能。

能力目标

能够正确下载、安装离线编程软件和虚拟化调试软件。

情感目标

培养持续主动的学习习惯、积极的职业心理品质与敏锐的信息技术素养。

任务1.1 工业机器人的离线仿真技术发展与应用

通常工业机器人的离线编程及虚拟仿真软件分为三种：一种是用于验证轨迹；一种是单纯的点位示教编程，没有三维显示的动作仿真；还有一种是完整的生产线仿真，工业机器人编程仅仅是其中的一部分。

生产线仿真是指通过模型来模拟实际的生产线运行，仿真分析现有生产过程的工艺流程、物流调度、生产能力等，根据仿真结果的各项性能指标找到生产线的潜在问题，通过修改结构参数、调整系统布局、优化资源配置等方法，达到优化生产线的目的。

传统的生产线仿真分析主要依赖已有数据驱动模型进行，采用离线数据训练得到相应的模式或关系作为决策边界，对实时动态数据综合集成考虑不足，缺乏对决策边界的实时更新，不能对生产线进行在线智能化和精准化调整。

数字孪生可以有效优化传统生产线仿真中存在的问题，更强调物理空间和信息空间的双向映射和实时交互，数字孪生中的仿真是高频次并不断迭代演进的，这项技术可以解决制造过程信息空间与物理空间互联互通交互共融的问题，通过虚拟模型和物理实体之间的实时交互和迭代演进，精确地模拟物理生产线的生产过程，实现生产资源的数字化管理，为生产活动提供决策和支持。

综上，可以了解到在智能生产线的数字化集成应用过程中，工业机器人的离线编程技术和数字孪生技术是相互关联、密不可分的，下面我们从工业机器人的离线仿真技术开始学习。

知识学习1——工业机器人的编程语言

工业机器人编程是指为了使工业机器人完成某项作业而进行程序设计及编制。早期的工业机器人只是具有简单的动作功能，采用固定的程序进行控制，动作适应性较差。

1. 工业机器人的编程方式

随着工业机器人技术的发展及对工业机器人功能要求的提高，需要同一台工业机器人通过不同程序完成各种不同工作，并要求程序具有较好的复用性。目前，工业机器人的常用编程方法有两种：

1 示教编程

示教编程是一项成熟的技术，它是目前大多数工业机器人的编程方式。采用这种方法时，程序编制是在工业机器人现场，通过操作示教器示教点位、添加指令进行的，因此也称为现场编程或在线编程。目前大多数工业机器人还是采用示教方式编程。

在对工业机器人进行示教时，工业机器人控制系统将示教的工业机器人轨迹和各种操作存入存储器，如果需要，过程还可以重复多次。在某些系统中，还可以用与示教时不同的速度再现。

2 离线编程

离线编程是指使用专门的离线编程软件脱离实际作业环境，在软件的虚拟环境中进行工业机器人运动轨迹编程的一种方法。与示教编程不同，离线编程不与工业机器人发生关系，在编程过程中工业机器人可以照常工作。

离线编程的程序通过离线编程软件的解释或编译产生目标程序代码，最终生成工业机器人的路径规划数据。一些离线编程软件带有仿真功能，可以在构建的虚拟环境下，模拟工业机器人的真实工作环境并仿真动作。示教编程与离线编程的特点比较如表 1–1 所示。

表 1–1　示教编程与离线编程的特点比较

示教编程	离线编程
需要实际工业机器人系统和工作环境	需要工业机器人系统和工作环境的图形模型
编程时工业机器人停止正常工作	编程时不影响工业机器人工作
在实际设备上试验程序	通过仿真试验程序
编程的质量取决于编程者的经验	可用优化方法进行最佳轨迹规划
难以实现复杂的工业机器人运行轨迹	可实现示教难以实现的复杂运行轨迹编程

工业机器人离线编程与仿真技术的优势主要体现在以下几点：

（1）减少工业机器人的停机时间，当对下一个任务进行编程时，工业机器人仍可在生产线上进行工作。

（2）可通过仿真功能预知将要发生的问题，使编程者远离危险的工作环境，保证人员和财产安全。

（3）适用范围广，可对多种工业机器人进行编程，方便实现编程优化。

（4）可使用高级计算机编程语言对复杂任务进行编程。

（5）能够实现多台工业机器人和辅助外围设备的示教和协调。

（6）程序便于及时修改和优化。

（7）提高工业机器人工作效率，规划复杂运动轨迹，检查碰撞和干涉，可直观观察编程结果。

2. 工业机器人语言的基本功能

工业机器人编程语言的基本功能包括运算、决策、通信、运动、工具及传感器数据处理等，如图 1–1 所示。许多正在运行的工业机器人系统中，只提供工业机器人运动和工具指令及某些简单的传感器数据处理功能。

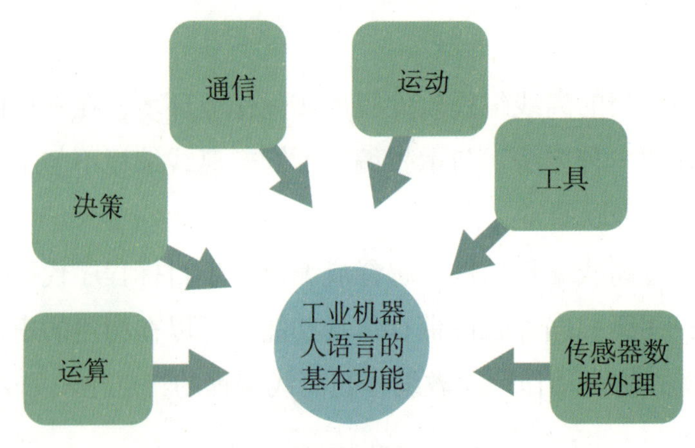

图 1–1　工业机器人语言的基本功能

1）运算

运算能力是工业机器人控制系统最重要的功能之一。

典型的工业机器人系统中，通常装有多个传感器，工业机器人控制系统的运算功能主要是解析几何运算，包含运动学的正解和逆解、坐标变化及矢量运算等。运算结果将指导工业机器人自行做出决定，确定下一步工具或手部末端到达的位置。

2）决策

工业机器人系统能够根据传感器获取的输入信息做出决策，而不必执行任何运算。使用传感器数据进行计算得到的结果，是决策下一步动作的基础，这种决策能力使工业机器人控制系统的功能更强。

常用的决策形式包括符号（正、负或零）检验，关系（大于、不等于等）检验，布尔（开或关、真或假）检验，逻辑检验（对一个计算字进行位组检验）及集合（一个集合的数、空集等）检验等。

3 通信

操作人员与工业机器人能够通过多种不同方式进行通信，工业机器人向操作人员提供信息的外部设备有信号灯、显示器、扬声器等，操作人员对工业机器人提供信息的外部设备有按钮、开关、键盘等。

4 运动

运动功能是工业机器人最基本的功能，其初始设计目的是用它来代替人的繁复劳动，因此工业机器人发展到今天，不管其功能多么复杂，动作控制仍然是其基本功能，也是工业机器人语言系统的基本功能。

5 工具

工具功能包括工具种类及工具号的选择、工具参数的选择及工具的动作(工具的开关、分合)控制。工具的动作一般由某个开关或触发器的动作来实现，如搬运工业机器人吸盘的开合由气缸上开关的触发与否决定，如图 1–2 所示。

图 1–2　工业机器人系统中的吸盘工具

6 传感器数据处理

工业机器人的感知能力需要通过传感器来实现，传感器数据处理是程序编制过程中十分重要而又复杂的组成部分。当采用触觉、听觉或视觉传感器时，更是如此。例如，当应用视觉传感器获取视觉特征数据（图 1–3）、辨识物体和进行工业机器人定位时，需要处理的视觉数据往往是极其大量且复杂的。

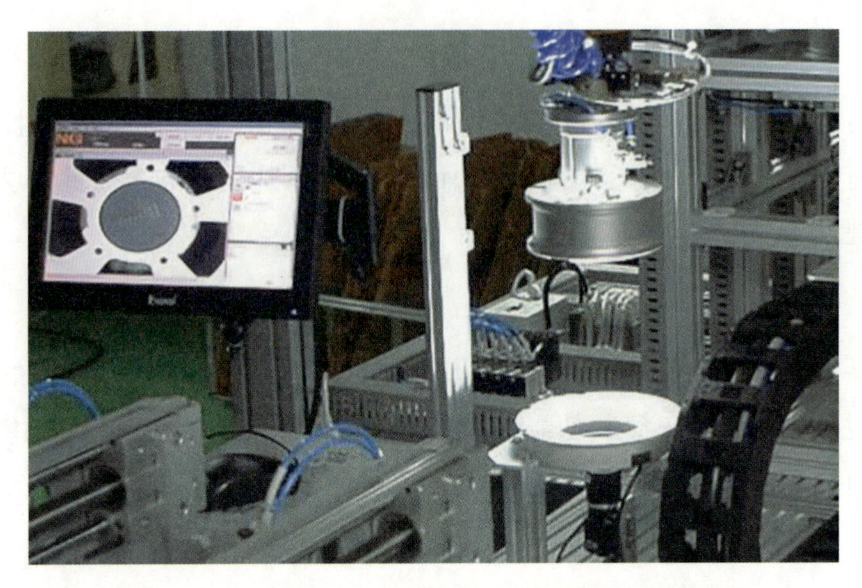

图 1-3　工业机器人利用视觉传感器获取视觉特征数据

知识学习 2——工业机器人的离线编程技术发展及应用现状

工业机器人早期主要应用于大批量生产,示教编程可以满足这些工业机器人作业的要求。随着工业机器人应用范围的扩大和所完成任务复杂程度的增加，在中小批量生产中，用示教方式编程就很难满足要求。

在 CAD/CAM/Robotics 一体化系统中，由于工业机器人工作环境的复杂性，对工业机器人及其工作环境乃至生产过程的计算机仿真是必不可少的。工业机器人离线编程系统是工业机器人编程语言的拓展。它利用计算机图形学的成果，建立起工业机器人及其工作环境的模型；再利用一些规划算法，通过对图形的控制和操作，在离线的情况下进行轨迹规划。工业机器人离线编程系统已被证明是一个有力的工具，可以增加安全性，减少工业机器人不工作时间和降低成本等。

1. 离线编程技术的发展

从 20 世纪 70 年代以来，美国、日本、德国、英国、加拿大等国家的一些大学、科研所、机器人制造商都对离线编程做了大量的系统化研究，部分软件已经商品化、实用化。早期的离线编程是基于文本的编程，用符号来表述机器人运动；但由于其缺乏对机器人运动轨迹三维空间坐标的直观描述，难以实现完全意义上的离线编程。如今均采用基于图形的编程，其优势在于人机界面交互编程和图形仿真。国外许多实验室、研究所、制造公司对离线编程与仿真系统做了大量研究，其技术也基本成熟，并已达到实用化阶段。

相比于国外，虽然国内在离线编程方面起步较晚，但因投入量比较大、重视程度比较高所以发展比较迅速。本书所述的离线编程软件 PQArt 是拥有国内自主知识产权的一款软件，软件最大特点是根据虚拟场景中的零件形状，自动生成加工轨迹，并且可以控制大部分主流机器人。软件根据几何数模的拓扑信息生成机器人运动轨迹，之后轨迹仿真、路径优化、后置代码一气呵成，同时集碰撞检测、场景渲染、动画输出于一体，可快速生成效果逼真的模拟动画，广泛应用于打磨、去毛刺、焊接、激光切割、数控加工等领域。

2. 离线编程软件种类

我们常说的机器人离线编程软件，大概可以分为两类：

第一类是通用型离线编程软件，这类软件一般都由第三方软件公司负责开发和维护，不单独依托某一品牌机器人。换句话说，通用型离线编程软件，可以支持多品牌机器人的轨迹编程、仿真和程序后置输出。这类软件优缺点很明显，优点是支持的机器人品牌较多，通用性好，缺点是对某一品牌的机器人的支持力度不如专用型离线编程软件的支持力度高。

第二类是专用型离线编程软件，这类软件一般由机器人本体厂家自行或者委托第三方软件公司开发维护。这类软件有一个特点，就是只支持本品牌的机器人仿真、编程和程序后置输出。由于开发人员可以拿到机器人底层数据通信接口，所以这类离线编程软件具有更强大和实用的功能，与机器人本体兼容性也很好。

3. 通用型离线编程软件

RobotMaster 软件（图 1-4）无缝隙架构于 Mastercam 系统（一种 CAD/CAM 软件）内，可以进行机器人编程、模拟和直接产生加工程序码，它支持市场上绝大多数机器人品牌，包括发那科（FANUC）、ABB、莫托曼（MOTOMAN）、库卡（KUKA）、史陶比尔（STAUBLI）、三菱（MITSUBISHI）、珂玛、松下等。

RobotMaster 可以应用于激光切割、打磨、焊接、喷涂、研磨等领域，其优点是可以按照产品的模型生成程序。软件带有优化功能，运动学规划和碰撞检测非常精确，且支持外部轴和复合外部轴组合系统。

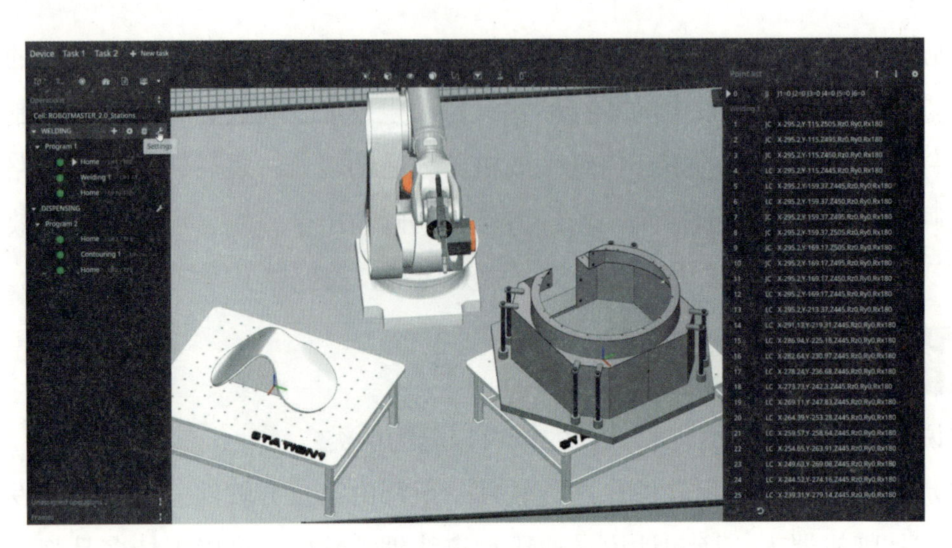

图 1–4　RobotMaster 离线编程软件的界面

2 RobotWorks

RobotWorks 为集成在三维 CAD 软件 SolidWorks 中的机器人离线编程软件，它能够读取各种数据格式的三维模型，由于与 SolidWorks 进行了集成，RobotWorks 是作为 SolidWorks 界面中的附加选项存在，如图 1–5 所示。其制作机器人控制程序的步骤非常简单，读入机器人模型和工作形态后，基本上只需 4 个步骤即可完成。

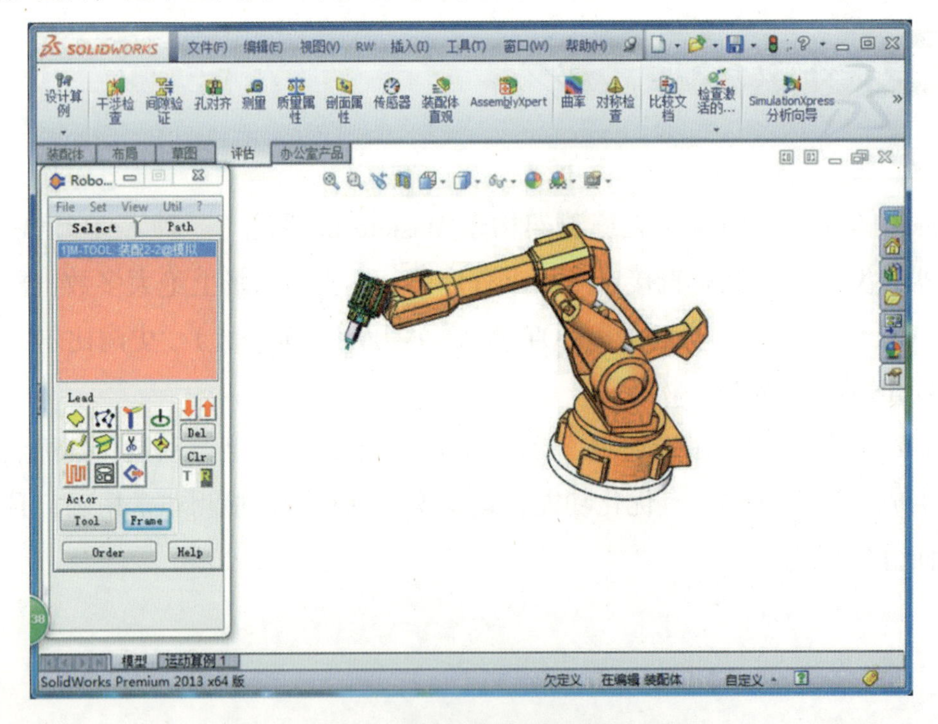

图 1–5　RobotWorks 离线编程软件的界面

RobotWorks 可以生成发那科、安川、川崎、ABB、库卡及史陶比尔等品牌机器人的程序，同时在 RobotWorks 中内置了上述公司主要产品的机器人模型。

3) RoboMove

RoboMove（图 1-6）是 Qdesign 公司开发的机器人离线编程仿真软件，支持市面上大多数品牌的机器人，它能够利用传统 CAM 软件生成的运动路径生成机器人程序并进行机器人仿真。

RoboMove 同时带有工作空间检查、奇异性检查、碰撞检查、工作时间计算、离线示教等功能。它最多能够支持六个外部轴，既可以将机器人安装在导轨或转台上，也可以将工件安装在变位机上，RoboMove 已经在诸多工业领域得到许多成功的应用。

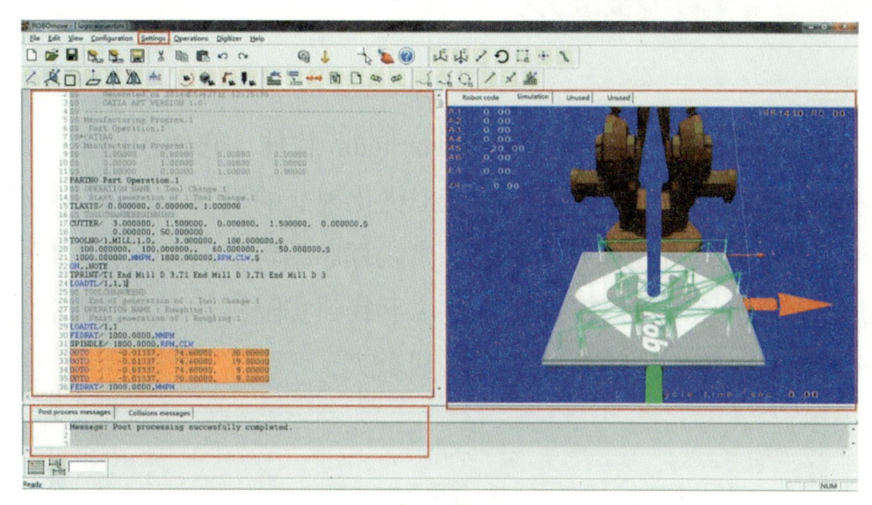

图 1-6　RoboMove 离线编程软件的界面

4) PQArt

PQArt 工业机器人离线编程软件是北京华航唯实机器人科技股份有限公司研发的工业机器人离线编程软件，它兼容了目前市面上所有主流的工业机器人品牌。图 1-7 所示为 PQArt 离线编程软件的界面。其利用计算机图形学，在计算机上建立机器人及其工作环境的模型，开发规划算法，通过对模型的控制和操作，对机器人进行轨迹规划，生成机器人控制程序。

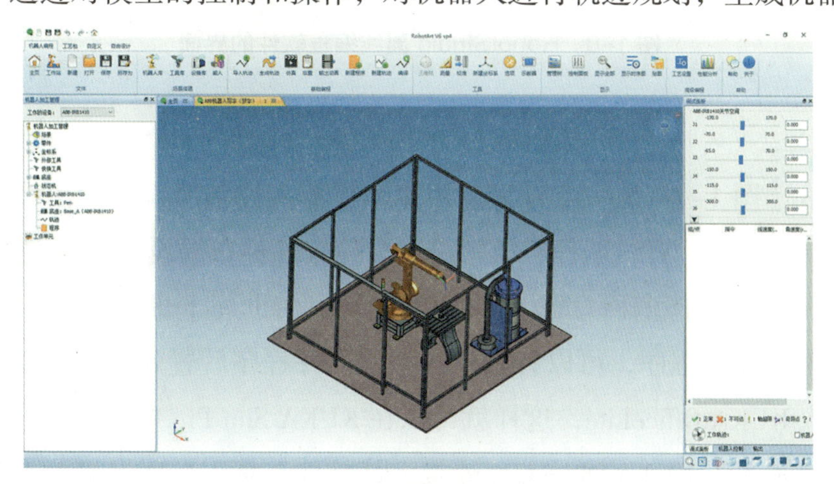

图 1-7　PQArt 离线编程软件的界面

PQArt 可以根据几何数模的拓扑信息生成机器人运动轨迹或使用通用 CAD/CAM 系统（如 CATIA、MasterCAM 等）生成的 G 代码或 APT 代码作为加工轨迹。获取轨迹之后，PQArt 进行运动仿真、碰撞检查、代码优化等操作，以校验机器人加工的正确性和可达性。同时，该系统还可以自由定义末端执行器、工装、导轨、旋转台等其他外围设备。仿真优化完成后，可将优化后的机器人控制代码后置输出，进而导入机器人控制柜进行实际加工，广泛应用于打磨、去毛刺、焊接、激光切割、数控加工等领域。

4. 专用型离线编程软件

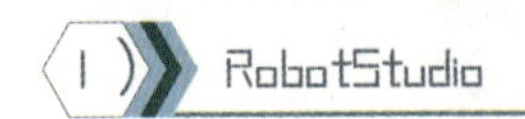

图 1-8 所示为 ABB 机器人公司开发的 RobotStudio 软件，它使用图形化编程、编辑和调试机器人系统来创建机器人的运行轨迹，并模拟优化现有的机器人程序。软件支持各种主流 CAD 格式的三维数据，且具有路径自动跟踪、离线程序编辑、路径优化、可达性分析、碰撞检测等功能。机器人程序无须任何转换便可直接下载到实际机器人系统进行使用，大大提升了编程效率。该离线编程软件，只适用于 ABB 机器人。

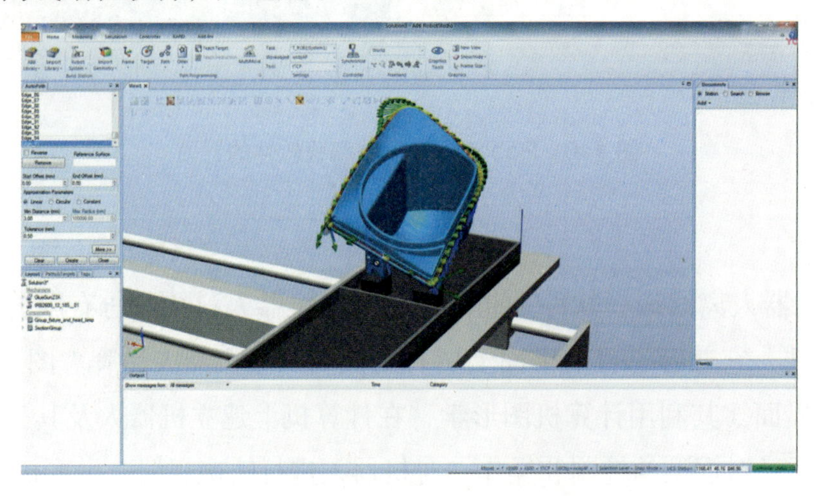

图 1-8　RobotStudio 离线编程软件的界面

2) KUKA Sim Pro

KUKA Sim Pro（图 1-9）是一款专为使用库卡机器人设备所设计的离线编程仿真软件，用于建立三维布局，可进行离线编程、模拟仿真和检查各种布局设计和方案。

KUKA Sim Pro 软件支持多种 CAD 格式模型导入、借助库卡虚拟机器人控制系统 KUKA. OfficeLite 直接编写机器人程序，可以省去离线编程软件程序后置处理的步骤。在现场生成的机器人程序可导入 KUKA.OfficeLite，这样就可以在 KUKA Sim Pro 中验看程序。KUKA Sim Pro 实时与库卡虚拟控制系统 KUKA.OfficeLite 连接。该软件与真正在库卡机器人控制系统上运行的软件几乎完全相同。

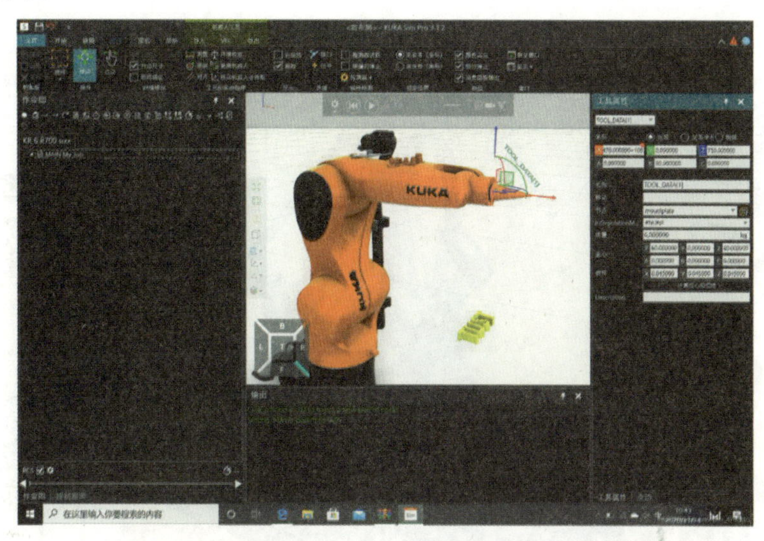

图 1-9　KUKA Sim Pro 离线编程软件的界面

3) RoboGuide

RoboGuide（图 1-10）是一款支持 FANUC 机器人系统布局设计和动作模拟仿真的软件，它可以进行系统方案的布局设计、机器人行程可达性分析和碰撞检测，还能够自动生成机器人的离线程序、进行机器人故障的诊断和程序的优化等。

RoboGuide 提供了便捷的功能支持程序和布局设计，在不使用真实机器人的情况下，可以高效地设计机器人系统，减少系统搭建的时间。

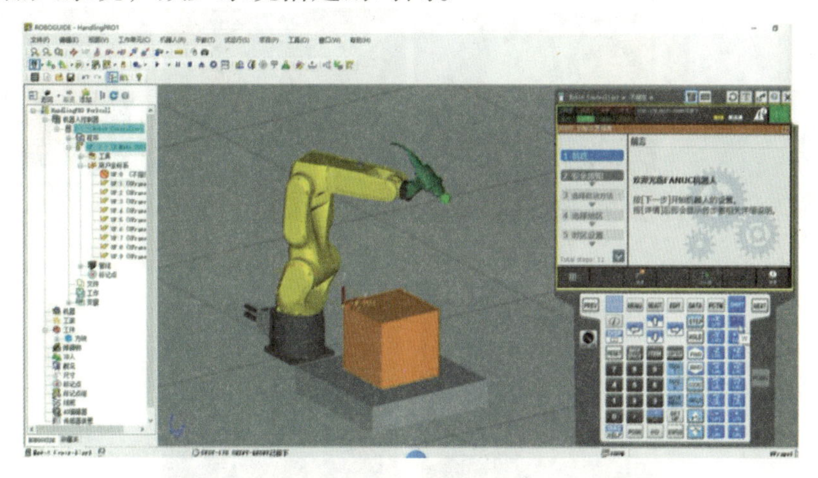

图 1-10　RoboGuide 离线编程软件的界面

4) MOTOSIM EG

MOTOSIM EG 软件（图 1-11）是 MOTOMAN 安川机器人离线编程计算机软件，其可在计算机上方便地进行机器人作业程序编制及模拟仿真演示。MOTOSIM EG 包含有绝大部分安川机器人现有机型的结构数据，因此可对多种机器人进行操作编程。它还提供了 CAD 功能，使用者可以在软件中自行构造出各种工件和工作站周边设备，与机器人一起构成机器人系统，模拟真实系统。

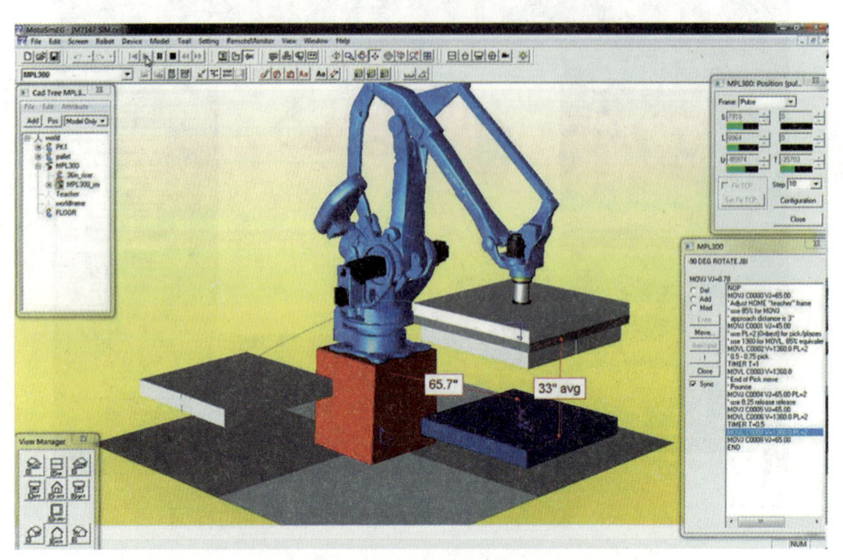

图 1-11　MOTOSIM EG 离线编程软件的界面

5. 工业机器人离线编程技术应用现状

正确有效地使用离线编程软件，可以帮助制造商实现各种生产目标，包含复杂轨迹的生成与编辑、可达空间计算、碰撞检测、轨迹优化处理等。PQArt 离线编程软件支持的核心功能如图 1-12 所示。

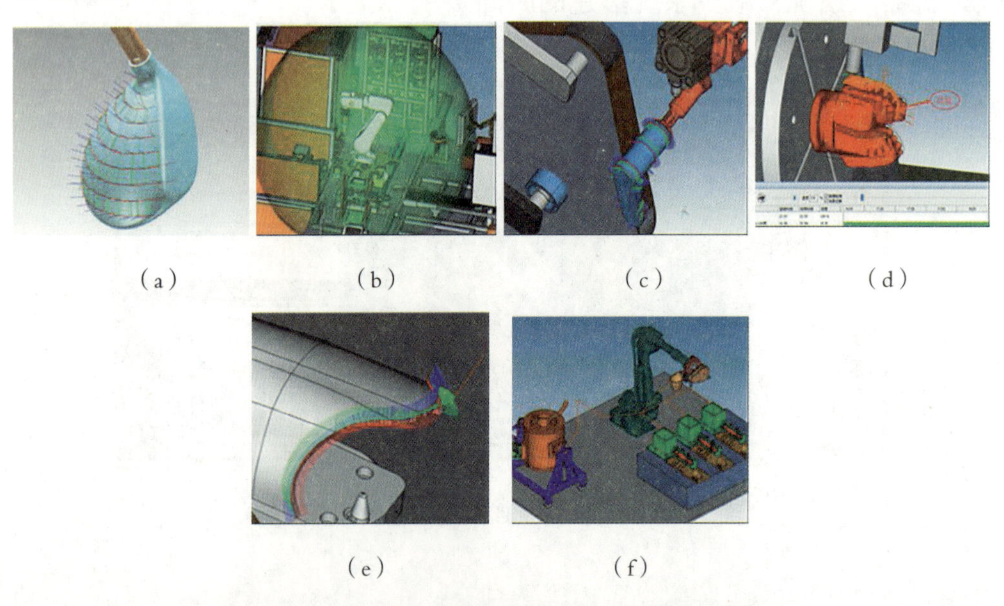

图 1-12　PQArt 离线编程软件支持的核心功能

（a）轨迹生成与编辑；（b）可达空间计算；（c）外部工具的使用验证；（d）碰撞检测；（e）轨迹优化处理；（f）外部轴联动

离线编程技术广泛应用于机械加工、焊接、喷涂工艺应用场景中以及涉及多个设备的配合使用场景中，下面举例对离线编程技术的应用进行讲解。

1）机械加工领域应用

目前，工业机器人在机械加工方面主要用于汽车工业及汽车零部件工业，当加工面不规则时，采用离线编程的方式生成加工轨迹是更为方便快捷的，可以有效减少编程时间、提高加工精度，如图 1–13、图 1–14 所示的应用。

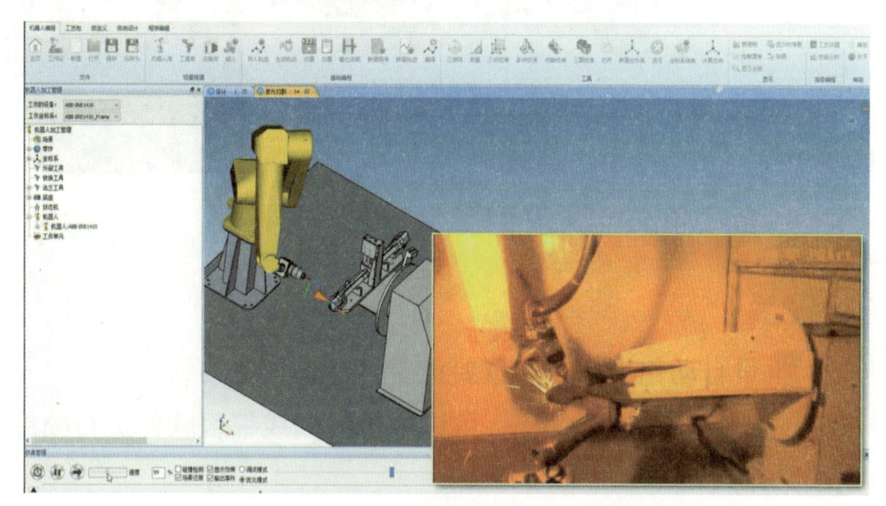

图 1–13　PQArt 软件汽车零部件切割应用

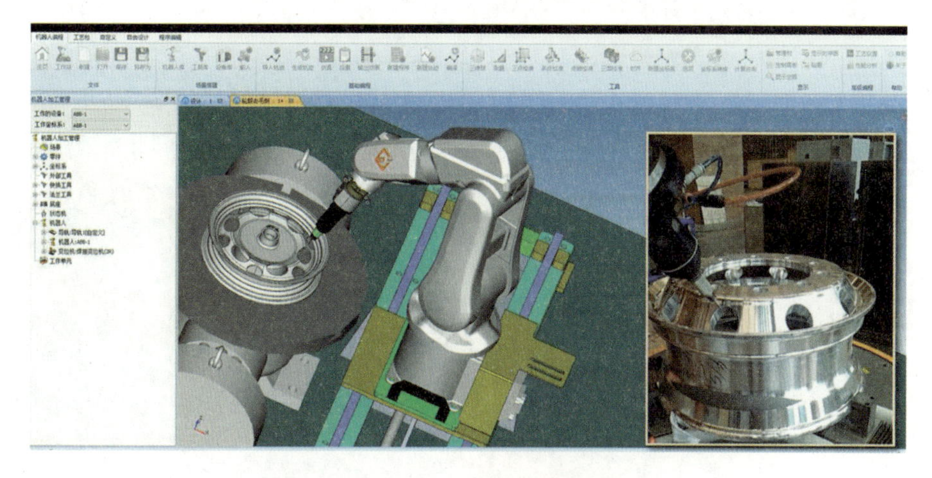

图 1–14　PQArt 软件去毛刺应用

2）焊接工艺领域应用

利用离线编程技术，机器人工程师可以在软件环境中完成焊接生产线中机器人焊接路线的规划、离线编程、干涉区设置，将部分现场调试工作转移至软件中，从而缩短项目调试周期。如图 1–15 所示 PQArt 软件钢结构焊接中的应用。

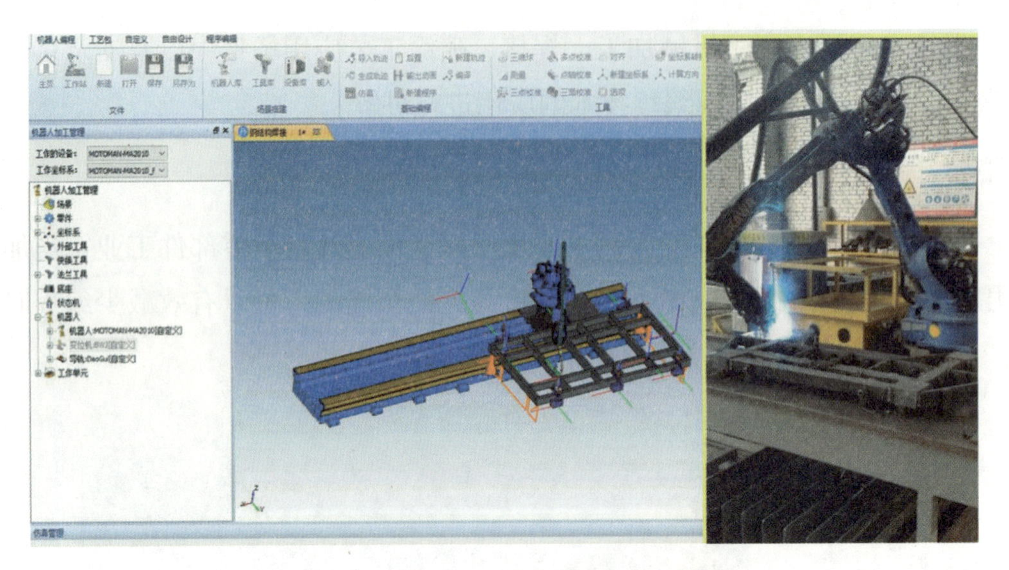

图 1-15　PQArt 软件钢结构焊接中的应用

3）喷涂工艺应用

喷涂机器人是大批量自动化生产中的重要设备，喷涂程序的编写效率决定了喷涂机器人的自动化程度。对于复杂喷涂轨迹的编程，可以通过对离线编程软件进行喷涂轨迹规划和程序编写，如图 1-16 所示。

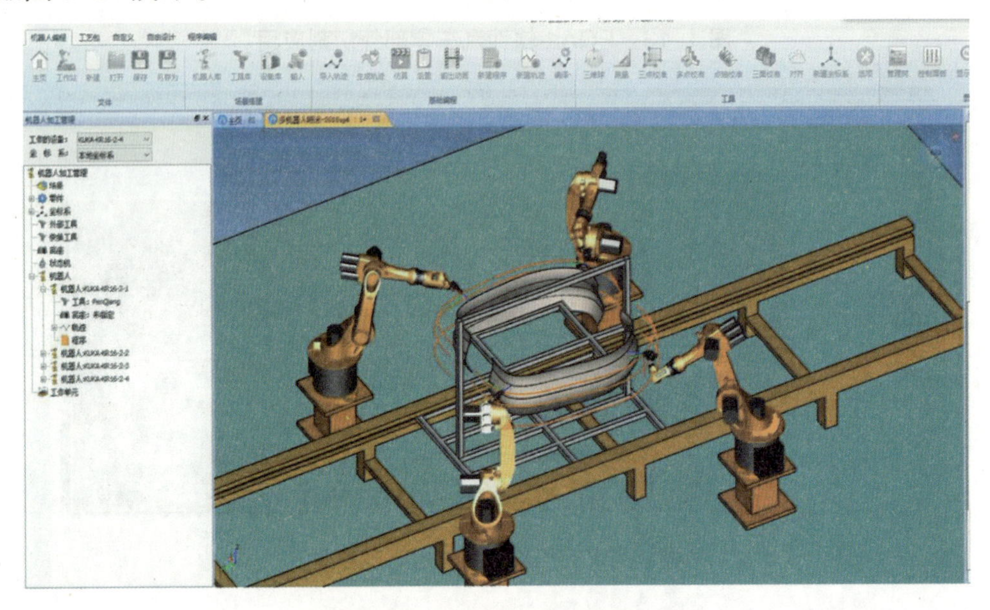

图 1-16　PQArt 软件的喷涂应用

4）多个设备配合使用场景

当工业机器人工作站中涉及多个设备联动时，在离线编程软件中可以对工作站进行布局，使工作站内多个设备联动，对设备进行离线编程并对轨迹可实施性进行验证，排除干涉等问题，进行轨迹优化，如图 1-17 所示。

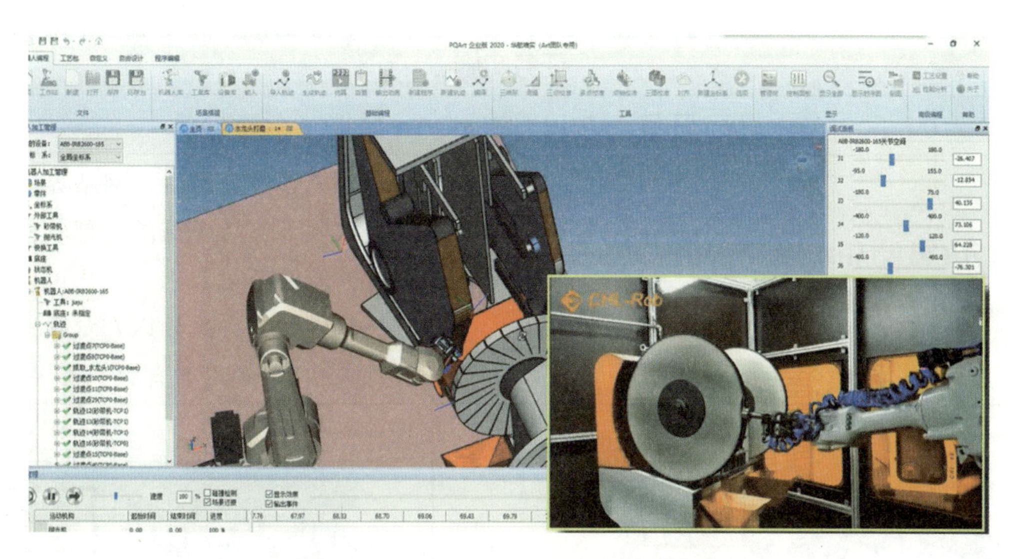

图 1-17　PQArt 软件多设备联动应用

下载及安装离线编程软件 PQArt

任务页——下载、安装离线编程软件 PQArt

任务准备	PQArt离线编程软件	教学模式	理实一体	建议学时	1
任务引入					
本书所述智能生产线的数字化搭建与流程仿真基于PQArt软件进行，实施具体任务前先来学习从官方途径下载并安装PQArt软件的方法。完成PQArt软件安装后，打开的软件界面如图1-18所示。  图 1-18　PQArt 软件界面					

任务实施	
任务活动 1：下载 PQArt 软件	
①登录官方下载PQArt软件的网站https://art.pq1959.com/Art/Download，然后选择右上角的“登录”	③完成账号登录后，网站界面中将显示账号权限下支持下载的全部软件版本，以及软件安装环境要求，用户可以按照需求选择软件版本。此处以教育版本软件为例进行讲解，选择“教育版下载”
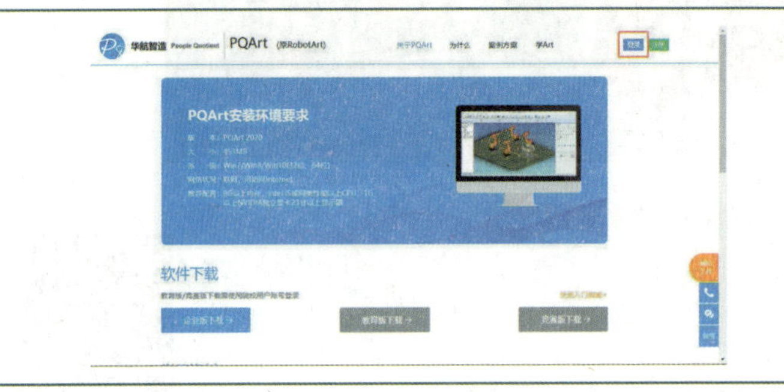 	
②网站支持的登录方式如下图所示	④完成下载的教育版本软件安装包如下图所示

任务活动 2：安装 PQArt 软件	
①下面以管理员身份运行教育版本PQArt软件安装包，进行软件的安装。用户协议默认处于已经勾选状态，可以选择“自定义安装”进行安装路径的选择，也可以直接选择“快速安装”进入软件安装流程	②选择“浏览”可以进行安装路径的选择，完成安装路径设置后，选择“立即安装”开始软件安装进程
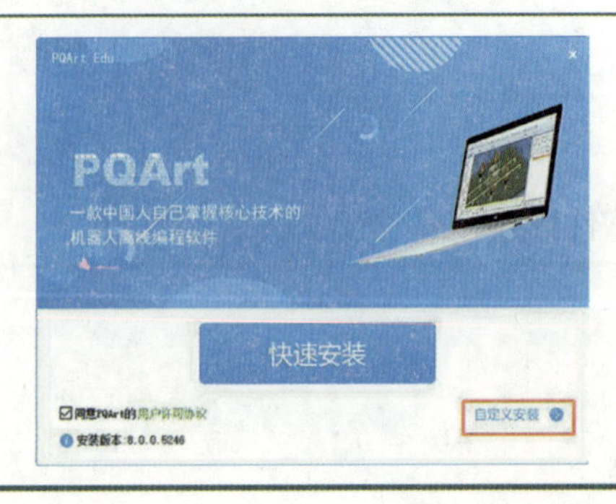 	

③软件安装过程中将实时显示当前进度	⑤完成软件安装后，将在PC桌面生成图示快捷方式，双击可打开软件

④完成安装后，将显示图示界面。选择“立即体验”将打开PQArt软件，选择“完成安装”将退出安装进程	⑥打开软件并登录账号后，显示界面如下图所示。选择“新建”，用户即可进行虚拟工作站的搭建和流程仿真等内容的设定
	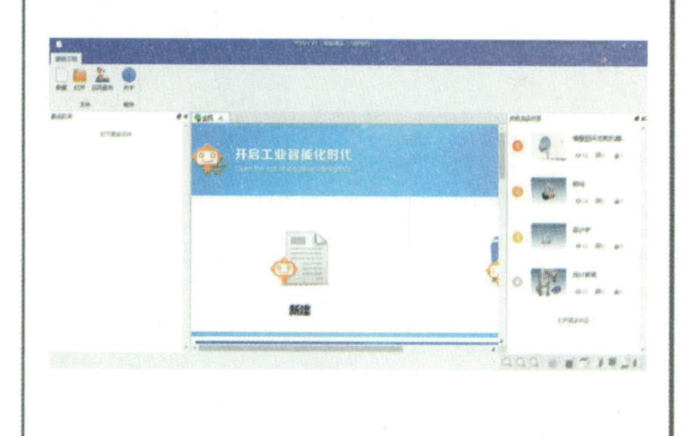

【任务评价】

任务	配分	评分标准	自评	教师评价
初识智能生产线数字化集成技术	20	1.掌握工业机器人的编程方式和工业机器人语言的基本功能，不符合要求的扣 10 分/项，共 20 分		
	20	2.掌握离线编程软件种类，不符合条件扣 20 分		
	20	3.了解工业机器人离线编程技术应用现状，共 20 分		
	20	4.能正确下载PQArt软件，不符合条件扣 20 分		
	20	5.能正确安装PQArt软件，不符合条件扣 20 分		

任务 1.2 虚拟化调试技术发展与应用

数字化转型是我国经济社会未来发展的必由之路。数字孪生等新技术与国民经济各产业融合不断深化，有力推动着各产业数字化、网络化、智能化发展进程，成为我国经济社会发展变革的强大动力。数字化转型不只是要求企业开发出具备数字化特征的产品，更指的是通过数字化手段改变整个产品的设计、开发、制造和服务过程，并通过数字化的手段连接企业的内部和外部环境。

数字孪生需要依靠包括仿真、实测、数据分析在内的手段对物理实体状态进行感知、诊断和预测，进而优化物理实体，同时进化自身的数字模型。仿真技术作为创建和运行数字孪生的核心技术，是实现数字孪生数据交互与融合的基础。虚拟化调试即在计算机中构建虚拟设备，可以像现实中的物理设备一样执行控制程序，同时验证虚拟设备和控制程序的合理性。虚拟化调试的价值在于可以用低成本的计算机实验代替高成本的物理实验，但二者不同之处在于物理仿真一般面向的对象是系统，而虚拟化调试一般面向的对象是设备。

知识学习——认识数字孪生技术与虚拟化调试技术

1. 数字孪生技术发展背景

2003 年前后，关于数字孪生（Digital Twin）的设想首次出现于 Grieves 教授在美国密歇根大学的产品全生命周期管理课程上。但是，当时“Digital Twin”一词还没有被正式提出，Grieves 将这一设想称为“Conceptual Ideal for PLM（Product Lifecycle Management）”。

直到 2010 年，“Digital Twin”一词在 NASA 的技术报告中被正式提出，并被定义为“集成了多物理量、多尺度、多概率的系统或飞行器仿真过程”。2011 年，美国空军探索了数字孪生在飞行器健康管理中的应用，并详细探讨了实施数字孪生的技术挑战。

近年来，数字孪生得到越来越广泛的传播。同时，得益于物联网、大数据、云计算、人工智能等新一代信息技术的发展，数字孪生的实施已逐渐成为可能。现阶段，除了航空航天领域，数字孪生还被应用于电力、船舶、城市管理等行业，数字孪生技术应用领域如图 1-19

所示。特别是在智能制造领域，数字孪生被认为是一种实现制造信息世界与物理世界交互融合的有效手段，在产品设计与仿真验证、工艺规划与仿真验证、生产规划与执行、质量管理追溯与工艺优化、能效管理与优化、设备管理、远程监测、预测性维护、虚拟巡检、AR 检修等方面均有应用。

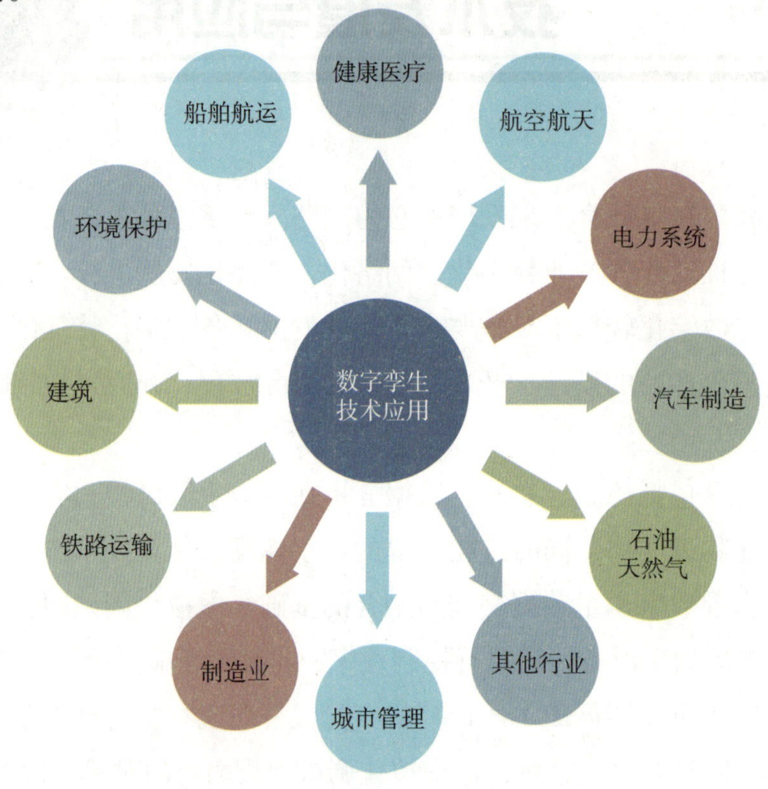

图 1-19　数字孪生技术应用领域

2. 数字孪生的定义

(1) 标准化组织中的定义

数字孪生是具有数据连接的特定物理实体或过程的数字化表达，该数据连接可以保证物理状态和虚拟状态之间的同速率收敛，并提供物理实体或流程过程的整个生命周期的集成视图，有助于优化整体性能。

(2) 学术界的定义

数字孪生是以数字化方式创建物理实体的虚拟实体，借助历史数据、实时数据以及算法模型等，模拟、验证、预测、控制物理实体全生命周期过程的技术手段。

从根本上讲，数字孪生可以定义为有助于优化业务绩效的物理对象或过程的历史和当前行为的不断发展的数字资料。数字孪生模型基于跨一系列维度的大规模、累积、实时、真实世界的数据测量。

3 企业的定义

数字孪生是资产和流程的软件表示，用于理解、预测和优化绩效以实现改善的业务成果。数字孪生由三部分组成：数据模型、一组分析或算法以及知识。

数字孪生公司早已在行业中立足，它在整个价值链中革新了流程。作为产品，生产过程或性能的虚拟表示，它使各个过程阶段得以无缝链接。这可以持续提高效率，最大限度地降低故障率，缩短开发周期并开辟新的商机，换句话说：它可以创造持久的竞争优势。

3. 数字孪生特征

从数字孪生的定义可以看出，数字孪生具有以下几个典型特点：

1 互操作性

数字孪生中的物理对象和数字空间能够双向映射、动态交互和实时连接，因此数字孪生具备以多样的数字模型映射物理实体的能力，具有能够在不同数字模型之间转换、合并和建立“表达”的等同性。

2 可扩展性

数字孪生技术具备集成、添加和替换数字模型的能力，能够针对多尺度、多物理、多层级的模型内容进行扩展。

3 实时性

数字孪生技术要求数字化，即以一种计算机可识别和处理的方式管理数据以对随时间轴变化的物理实体进行表征。表征的对象包括外观、状态、属性、内在机理，形成物理实体实时状态的数字虚体映射。

4 保真性

数字孪生的保真性指描述数字虚体模型和物理实体的接近性。要求虚体和实体不仅要保持几何结构的高度仿真，在状态、相态和时态上也要仿真。值得一提的是在不同的数字孪生场景下，同一数字虚体的仿真程度可能不同。例如工况场景中可能只要求描述虚体的物理性质，并不需要关注化学结构细节。

5 闭环性

数字孪生中的数字虚体，用于描述物理实体的可视化模型和内在机理，以便于对物理实体的状态数据进行监视、分析推理、优化工艺参数和运行参数，实现决策功能，即赋予数字虚体和物理实体一个大脑。因此数字孪生具有闭环性。

4. 数字孪生相关概念

(1) 数字孪生生态系统

数字孪生生态系统由基础支撑层、数据互动层、模型构建与仿真分析层、共性应用层和行业应用层组成。其中基础支撑层由具体的设备组成，包括工业设备、城市建筑设备、交通工具、医疗设备。数据互动层包括数据采集、数据传输和数据处理等内容。模型构建与仿真分析层包括数据建模、数据仿真和控制。共性应用层包括描述、诊断、预测、决策四个方面。行业应用层包括智能制造、智慧城市在内的多方面应用。

(2) 数字孪生生命周期过程

数字孪生中虚拟实体的生命周期包括起始、设计和开发、验证与确认、部署、操作与监控、重新评估和退役，物理实体的生命周期包括验证与确认、部署、操作与监控、重新评估和回收利用，如图 1-20 所示。值得指出的是，一是虚拟实体在全生命周期过程中与物理实体的相互作用是持续的，在虚拟实体与物理实体共存的阶段，两者应保持相互关联并相互作用；二是虚拟实体区别于物理实体的生命周期过程中，存在迭代的过程。虚拟实体在验证与确认、部署、操作与监控、重新评估等环节发生的变化，可以迭代反馈至设计和开发环节。

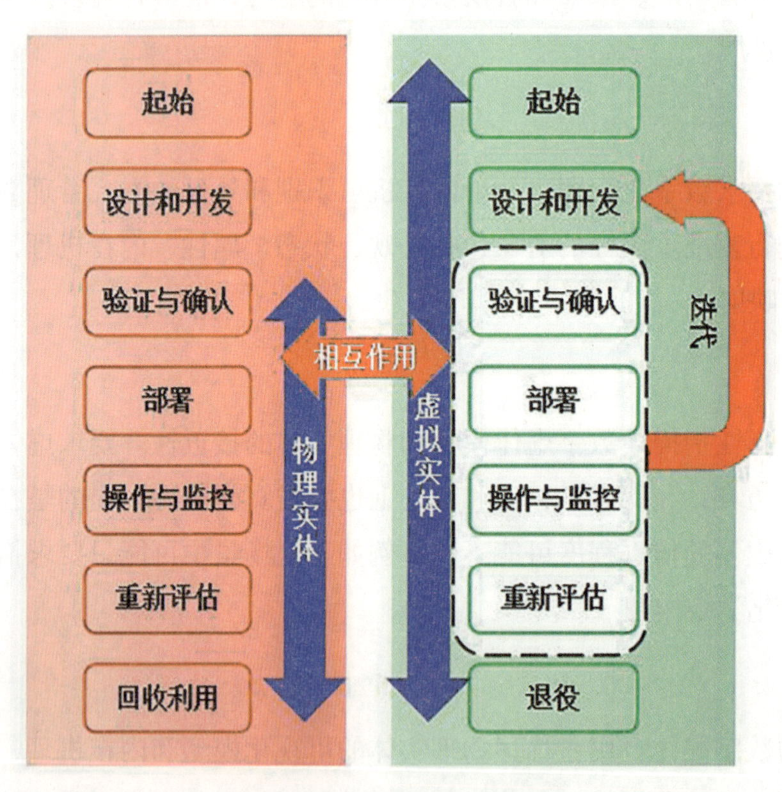

图 1-20　数字孪生生命周期

3 数字孪生功能视角

从数字孪生功能视角（图 1–21），可以看到数字孪生应用需要在基础设施的支撑下实现。物理世界中产品、服务或过程数据也会同步至虚拟世界中，虚拟世界中的模型和数据会与过程应用进行交互。向过程应用输入激励和物理世界信息，可以得到优化、预测、仿真、监控、分析等功能的输出。

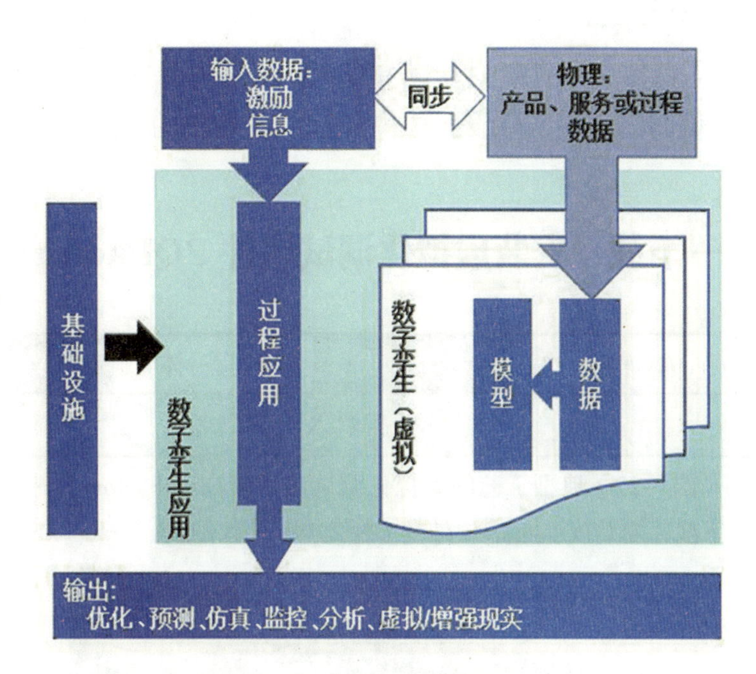

图 1–21　数字孪生功能视角

5. 数字孪生技术应用——虚拟化调试

通常设备开发是循序渐进的，机械设计、电气设计和自动化依次进行。如果在开发过程中任何地方出现了错，而没有被检测到，那么每个开发阶段的错误成本将大大增加，未检测到的错误可能会在调试期间造成设备重大的损坏。如果机器后期需要升级优化，就必须找到理想的停机时间，当然，客户希望将停机时间降到最低。

虚拟化调试就是构建设备的数字孪生虚拟实体，基于新设备的虚拟实体，机械设计、电气设计和自动化工程可以并行进行，通过模拟和测试可以在早期阶段就发现故障点，这样可以使现场的调试速度更快，风险更低。同时缩短上市时间，降低成本，提高灵活性和生产力。

1 降低现场调试时间

通过虚拟化调试，新设备的数字孪生虚拟实体允许机械设计、电气设计和自动化工程并行进行，可以进行全面的测试来检测和纠正设计和功能错误，因此，现场的调试工作可以在更短的时间内完成。

2 降低错误成本

由于虚拟调试可以与工程并行执行，因此虚拟化调试有助于早期提高工程质量。使用虚拟控制器对真实的 PLC 程序进行测试，增加了控制器在实际调试期间完全按照客户的期望运行的确定性，并有助于避免错误导致的高成本。

3 降低现场调试的风险

在虚拟调试期间，任何功能都可以在没有客户、工厂人员参与的情况下进行无风险测试。正是由于前期的虚拟化调试，使实际设备中出现错误或缺陷的风险大大降低。

下载及安装智能产线设计与虚拟调试软件 PQFactory

任务页——下载、安装虚拟化调试软件 PQFactory

<table>
<tr><td>任务准备</td><td>PQFactory 软件</td><td>教学模式</td><td>理实一体</td><td>建议学时</td><td>2</td></tr>
<tr><td colspan="6">任务引入</td></tr>
<tr><td colspan="6">本文所述的生产线（图1-22）典型工艺的虚拟化调试流程将在PQFactory软件中进行，在此之前需要先来学习从官方途径下载并安装PQFactory软件的方法。
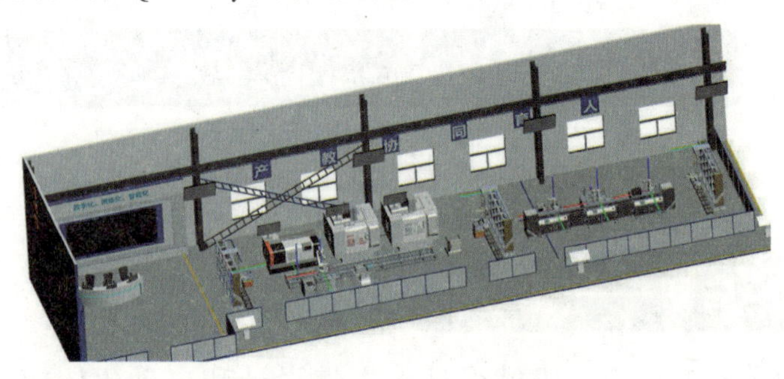
图 1-22　虚拟生产线示意图
完成PQFactory软件安装后，打开的软件界面如图1-23所示。

图 1-23　PQFactory 软件界面</td></tr>
</table>

<table>
<tr><th colspan="2">任务实施</th></tr>
<tr><th colspan="2">任务活动 1：下载 PQFactory 软件</th></tr>
<tr><td>①登录官方下载PQFactory软件的网站https://factory.pq1959.com/Portal/Download，网站界面中将显示软件安装环境要求，确认符合安装要求后，选择“软件下载”，将自动进行软件的下载</td><td>②完成下载的PQFactory软件安装包如下图所示</td></tr>
<tr><td>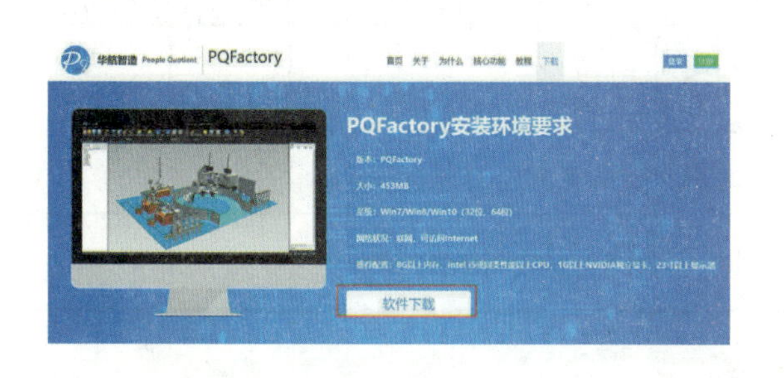
</td><td>
</td></tr>
<tr><th colspan="2">PQFactory 软件安装</th></tr>
<tr><td>①下面以管理员身份运行PQFactory软件安装包，进行软件的安装。
用户协议默认处于已经勾选状态，可以选择“自定义安装”进行安装路径的选择，也可以直接选择“快速安装”进入软件安装流程</td><td>③选择“立即体验”将打开PQFactory软件，选择“完成安装”将退出安装进程。PC桌面将生成图标快捷方式，双击框选的图标可打开PQFactory软件</td></tr>
<tr><td>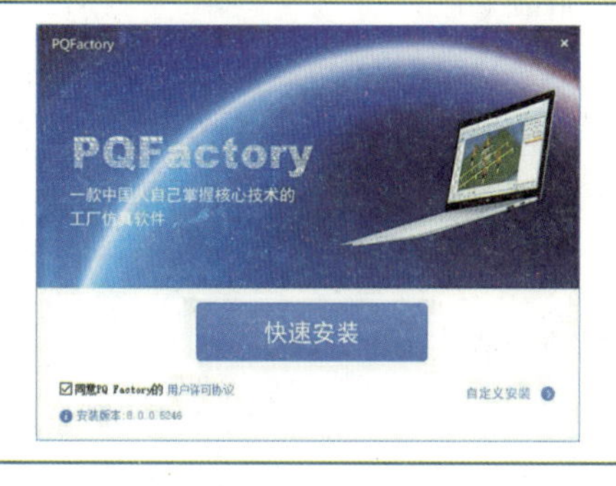
</td><td></td></tr>
<tr><td>②软件安装过程中将实时显示当前进度</td><td>④打开软件并登录账号后，显示界面如下图所示。选择“新建”，用户即可以进行虚拟化调试等内容的设定</td></tr>
<tr><td>
</td><td>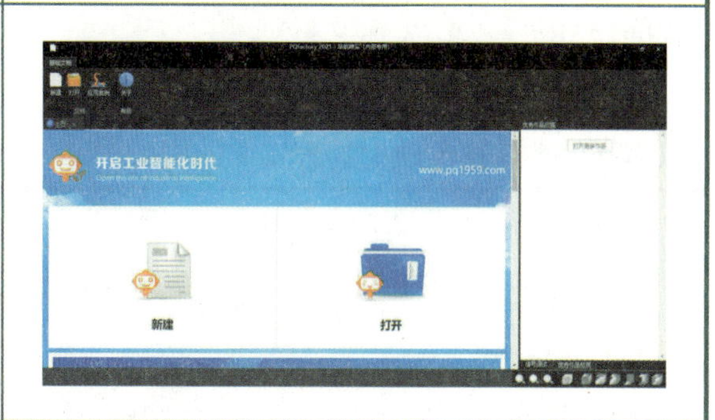
</td></tr>
</table>

【任务评价】

任务	配分	评分标准	自评	教师评价
虚拟化调试技术发展与应用	10	1.了解数字孪生技术发展背景，共 10 分		
	10	2.掌握数字孪生的定义，不符合条件扣 10 分		
	20	3.掌握数字孪生特征，不符合条件扣 20 分		
	20	4.掌握数字孪生相关概念，不符合条件扣 20 分		
	20	5.掌握虚拟化调试的优势，不符合条件扣 20 分		
	20	6.能正确下载并安装PQFactory软件，不符合条件扣 20 分		

项目评测

项目一　知识测试

一、填空题

1. (　　　) 是一项成熟的技术，它是目前大多数工业机器人的编程方式。采用这种方法时，程序编制是在工业机器人现场，通过操作示教器示教点位、添加指令进行。

2. 工业机器人编程语言基本功能包括 (　　　)、决策、(　　　)、运动、工具及 (　　　) 等。

3. 在智能制造领域，(　　　) 被认为是一种实现制造信息世界与物理世界交互融合的有效手段，在产品设计、仿真验证、工艺规划与仿真验证、生产规划与执行、质量管理追溯与工艺优化、能效管理与优化、设备管理、远程监测、预测性维护、虚拟巡检、AR 检修等方便均有应用。

4. 数字孪生由三部分组成：(　　　)、一组分析或算法以及知识。

二、判断题

1. 随着工业机器人应用范围的扩大和所完成任务复杂程度的增加，在中小批量生产中，用示教方式编程仍然满足要求。 (　　)

2. 喷涂机器人是大批量自动化生产中的重要设备，喷涂程序的编写效率决定了喷涂机器人的自动化程度。 (　　)

3. 数字孪生中的物理对象和数字空间能够双向映射、动态交互和实时连接，但是数字孪生不具备以多样的数字模型映射物理实体的能力。 (　　)

项目二 搭建虚拟工作站

项目导言

本项目主要从工作站虚拟搭建任务来学习智能生产线数字化集成与仿真技术。通过配置工业机器人、工具的定义与使用以及基础工作站搭建任务，逐步深入学习。引入本书虚拟生产线案例背景，讲解基于PQArt软件，实施工作站虚拟搭建的流程，讲解实施虚拟调试前的基础准备工作——工作站虚拟建模的具体方法，为后续生产线虚拟搭建与流程仿真做准备。

知识目标

（1）熟悉PQArt软件的操作界面。

（2）了解工业机器人的导入方式、工具的种类及获取方式。

（3）掌握三维球的使用方法、智能装配区检测站的组成及功能。

能力目标

能够根据需求配置工业机器人，完成法兰工具的定义，并能正确定义快换工具，完成工作站的虚拟搭建。

情感目标

培养认真负责的工作态度、耐心细致的工作作风、严谨规范的工作理念与全局的系统性思维。

任务 2.1 配置工业机器人

在现代化的智能生产线中，工业机器人是不可或缺的重要组成部分，进行基础工作站搭建前，我们先来学习基于 PQArt 软件进行工业机器人配置的方法。

知识学习 1——软件界面认知

工业机器人工作站虚拟仿真使用的离线编程软件，常见的有 Robotstudio、Roboguide、WorkVisual、Delmia 和 PQArt 等。本教材中将以 PQArt 离线编程软件为例，讲解虚拟工作站的搭建方法。

1.PQArt 软件功能

PQArt 工业机器人离线编程软件兼容目前市面上所有主流的工业机器人品牌，集成了计算机三维实体显示、系统仿真、智能轨迹优化、运动控制代码生成等核心技术，可以轻松应对复杂轨迹的高精度生成和复现，在计算机上完成轨迹设计、规划、运动仿真、碰撞检测、姿态优化并生成工业机器人控制器所需的执行运动代码，提供了方便的轨迹整体优化、工艺过程设计和空间校准算法，可以有效缩短工业机器人的停机调试时间。

2.PQArt 操作界面

图 2–1 所示为 PQArt 软件主界面，图 2–2 所示为机器人控制面板和输出面板，软件界面的功能介绍如表 2–1 所示。

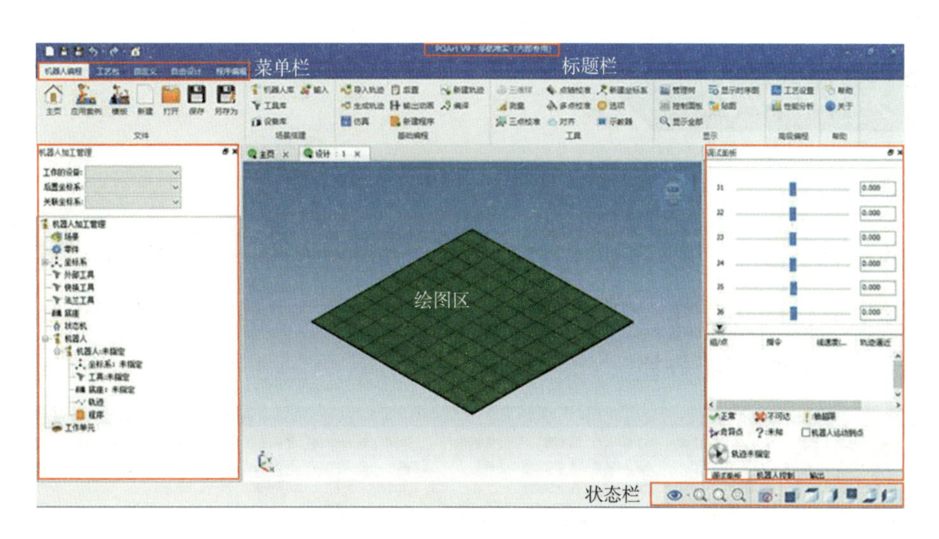

图 2-1　PQArt 软件主界面

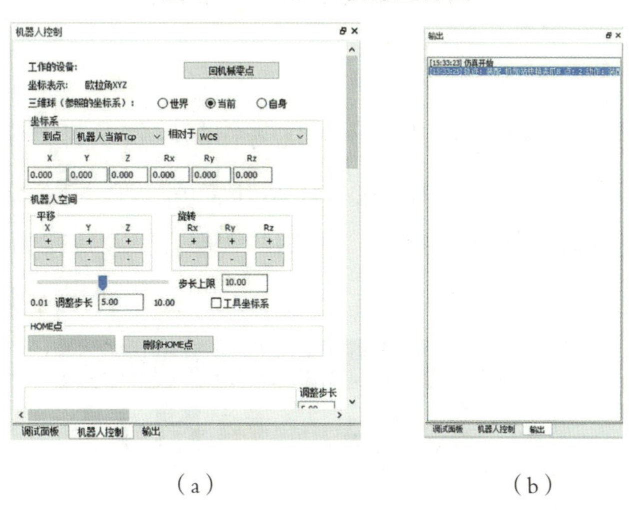

（a）　（b）

图 2-2　机器人控制面板和输出面板

（a）控制面板；（b）输出面板

表 2-1　软件界面的功能介绍

名称	功能介绍说明
标题栏	显示软件名称、版本号和登录账号权限剩余时间
菜单栏	涵盖了PQArt的机器人编程、工艺包、自定义、自由设计和程序编辑功能
机器人加工管理面板	包括场景、零件、坐标系、外部工具、快换工具、法兰工具、底座、状态机、机器人以及工作单元，通过面板中的树形结构可以轻松查看并管理以上对象
绘图区	用于场景搭建、轨迹的添加和编辑等
调试面板	方便查看并调整机器人姿态、编辑轨迹点特征
机器人控制面板	可手动操控机器人关节轴和在空间内的运动，进而实现机器人姿态的调整，能够显示坐标信息、读取机器人的关节值，具有使机器人回到机械零点等功能
输出面板	显示机器人执行的动作、指令、事件和轨迹点的状态
状态栏	包括绘图区域显示对象的选择、模型绘制样式选择、视向选择等功能

3.PQArt 菜单栏功能

1 机器人编程

菜单栏下的机器人编程功能模块（图 2–3），可进行场景（工作站）搭建、轨迹设计、模拟仿真和后置生成代码等操作，包含“文件”“场景搭建”“基础编程”“工具”“显示”“高级编程”和“帮助”七个功能分栏。

图 2–3　菜单栏功能模块——“机器人编程”

（1）文件。

PQArt “主页”中提供了 PQArt 应用案例、优秀作品欣赏及打开链接；通过文件下的“工作站”功能可以下载官方提供的工业机器人工作站并生成一个工程文件。

“文件”功能栏（图 2–4）中的“新建”“打开”“保存”“另存为”提供工程文件的新建、打开、保存、另存为的功能（打开和保存的文件均为 .robx 格式工程文件）。

图 2–4　“机器人编程”菜单下的“文件”

（2）场景搭建。

在“场景搭建”功能栏（图 2–5）中，可将官方提供的模型从模型库（机器人库、工具库和设备库）导入到场景中，也可将绘图软件绘制的 CAD 模型通过“输入”导入到场景中。软件支持的输入格式如图 2–6 所示。

图 2–5　“机器人编程”菜单下的“场景搭建”

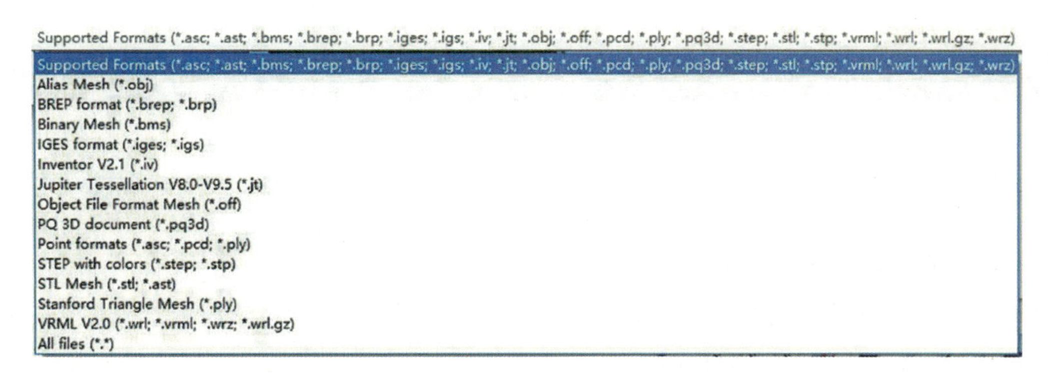

图 2-6　PQArt 软件支持的输入格式

（3）基础编程。

在“基础编程”功能栏（图 2-7）中，可以进行机器人的路径规划，仿真机器人的运动过程和状态，输出机器人运动轨迹的 Web 动画，生成后置代码（支持下载到 ABB 控制柜）等操作。

（4）工具。

在“工具”功能栏（图 2-8）中，包含三维球、测量、三点校准、点轴校准、多点校准、对齐和新建坐标系等辅助工作场景搭建以及轨迹设计的实用工具，详细功能说明如表 2-2 所示。

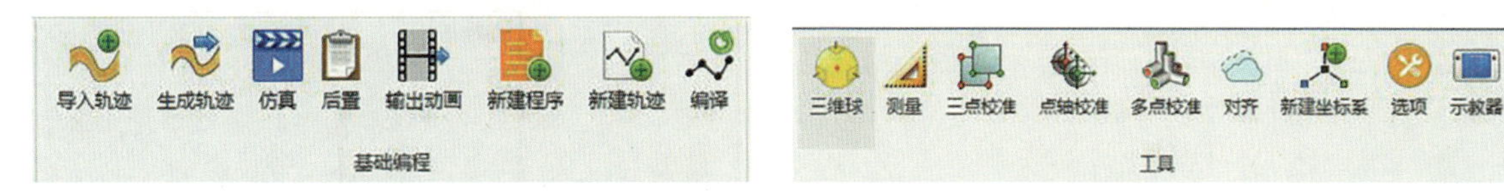

图 2-7　“机器人编程”菜单下的“基础编程”　　图 2-8　“机器人编程”菜单下的“工具”

表 2-2　“工具”菜单功能说明

功能说明	图片
三维球：用于工作场景的搭建、轨迹点编辑、自定义机器人、零件和工具等的定位。 单击三维球按钮即可打开（激活）三维球，使三维球附着在三维物体上，通过平移、旋转和其他复杂的三维空间变换精确定位三维物体	
测量：用于场景内对模型的点、线、面进行有关间距、口径和角度等的测量	

续表

功能说明	图片
校准（三点校准、点轴校准、多点校准）：用于调整虚拟环境中模型和实际环境中的相对位置关系，使得模拟环境中模型与真实环境中位置一致	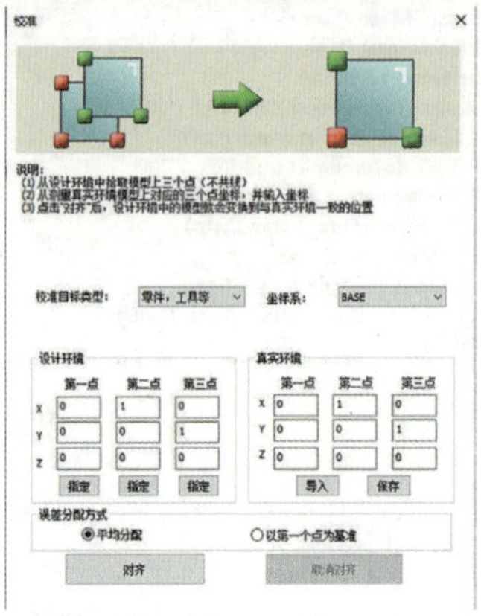
对齐：用于实现相对精准的工件校准工作，可以让设计环境内的机器人、工具以及机器人抓取的零件与3D摄像头扫描出来的真实环境下的设备点云数据进行快速对齐	
新建坐标系：用于自定义新的工件坐标系	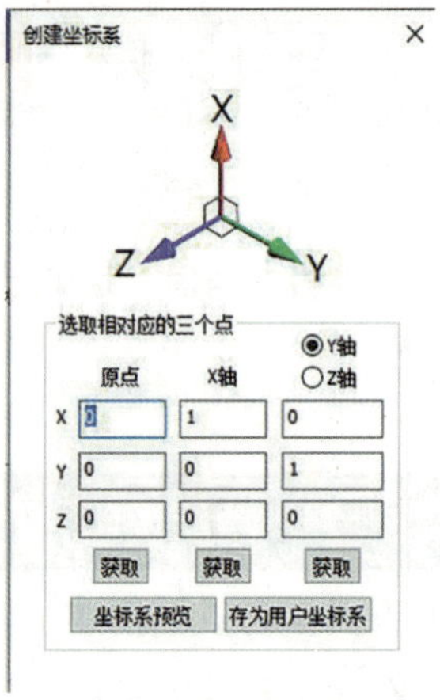
选项：用于设置轨迹（轨迹点和轨迹线）、工具、零件、底座、生成控制、文档、系统设置和坐标系名称的显示状态	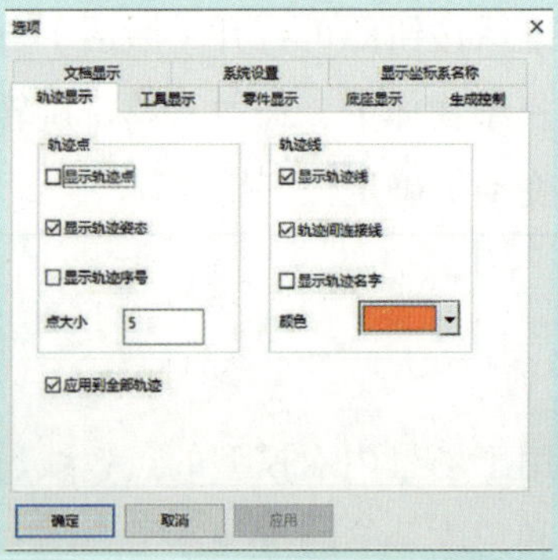

续表

功能说明	图片
示教器：用于调出机器人的示教盒，操纵机器人关节轴的运动（支持ABB和KUKA）	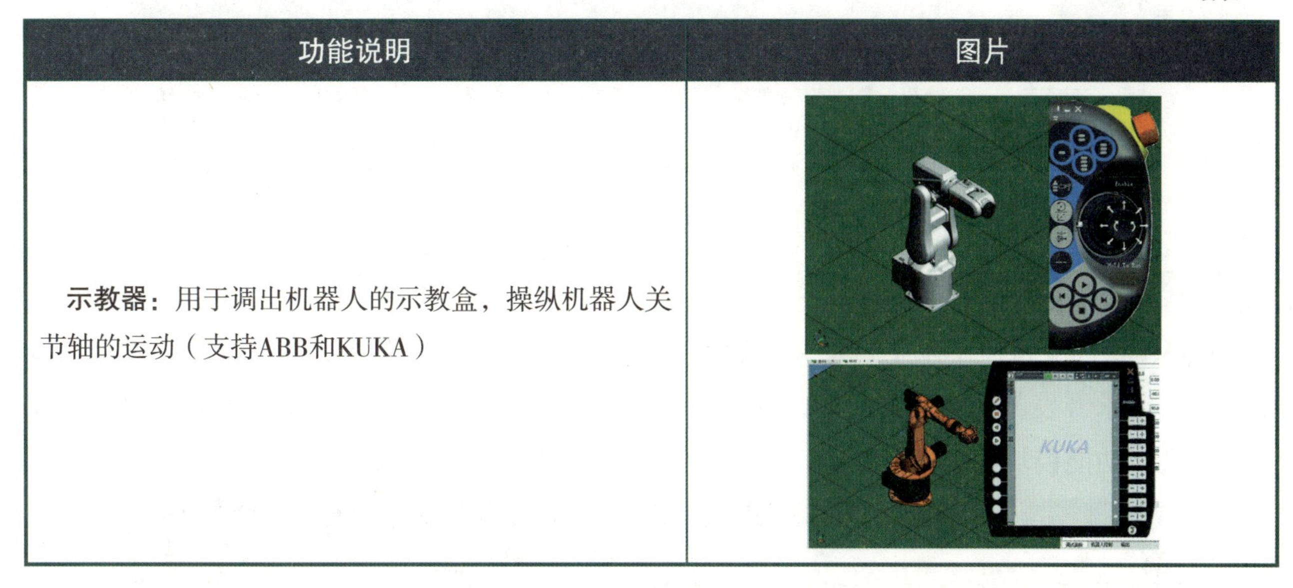

（5）显示。

“显示”功能栏（图 2-9）可以控制管理树、控制面板、时序图的显示和隐藏，还可以对模型进行贴图。

（6）高级编程。

“高级编程”功能栏（图 2-10）用于设置工艺参数，根据工艺设置中的参数要求进一步规划编辑机器人运动路径，并可在性能分析中查看机器人的运动数据。

（7）帮助。

“帮助”功能栏（图2-11）的“帮助”中包含丰富的视频和文档资料，给使用者提供快速入门PQArt的相关资料；“关于”里介绍了PQArt版本号及账号的相关信息。

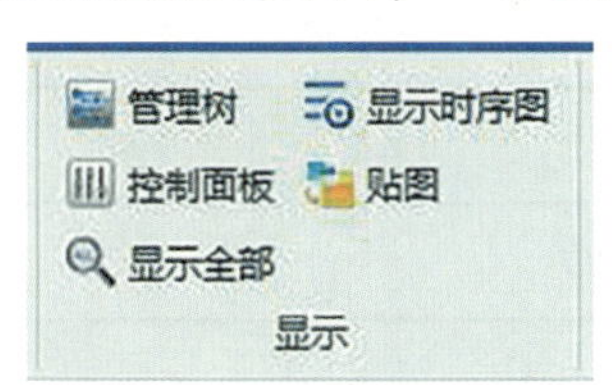

图 2-9　“机器人编程”菜单下的“显示”

图 2-10　“机器人编程”菜单下的“高级编程”

图 2-11　“机器人编程”菜单下的“帮助”

2　工艺包

“工艺包”功能模块如图 2-12 所示，可非常简便地实现切孔、码垛和绘画工艺，并进行仿真。该功能模块下的“仿真”与机器人编程功能模块中的仿真功能一致。AGV 路径规划工作站和机器人餐厅工作站是用于快速导入和规划相应工作站路径的工艺包。

图 2-12 菜单栏功能模块——“工艺包”

3 自定义

PQArt 软件支持但不限于自定义机器人、运动机构、工具、零件、底座以及后置，可以依据用户需求开发其他自定义功能，基本满足各种需求。该系列自定义功能集合在菜单栏的“自定义”功能模块中，如图 2-13 所示，其功能介绍如表 2-3 所示。

图 2-13 菜单栏功能模块——“自定义”

表 2-3 “自定义”菜单功能介绍

功能名称	功能用途说明
输入	用于输入3D绘图软件所制作的模型文件，支持多种不同格式的模型文件
定义机器人	用于定义通用六轴机器人、非球型机器人、SCARA四轴机器人
定义机构	用于定义1~N轴的运动机构
导入机器人	用于导入自定义的机器人，支持的文件格式为.robr和.robrd
定义工具	用于定义法兰工具、快换工具、外部工具
导入工具	用于导入自定义的工具
定义零件	用于将各种格式的CAD模型定义为.robp格式的零件
导入零件	用于导入自定义的零件（.robp）
定义底座	用于将各种格式的CAD模型定义为.robs格式的底座
导入底座	用于导入自定义的底座（.robs）
自定义后置	用于用户自定义机器人的后置格式
定义状态机	用于将各种格式的CAD模型定义为.robm格式的状态机
导入状态机	用于导入自定义的状态机（.robm）

4）自由设计

菜单栏的“自由设计”功能模块（图 2-14），可在设计环境下通过新建草图，绘制自定义图形或文字。自由设计的图形或文字会添加至项目树的场景中，选中并打开三维球可实现其三维空间的定位，自由设计功能可用于自定义机器人轨迹的设计。

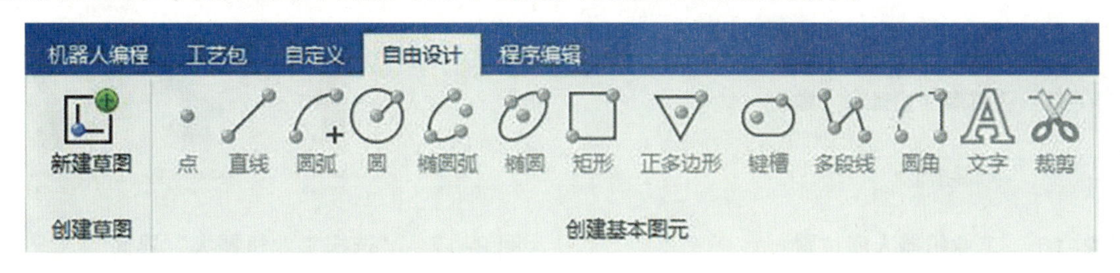

图 2-14　菜单栏功能模块——“自由设计”

5）程序编辑

菜单栏的“程序编辑”功能模块（图 2-15），可实现对设计环境下机器人轨迹的后置代码进行同步导入、指令编辑、指令添加、代码调试和编译仿真、程序导出等一系列功能。

图 2-15　菜单栏功能模块——“程序编辑”

知识学习 2——导入工业机器人的方式

在涉及智能制造的工作站或者生产线中，通常会出现工业机器人的身影，虚拟生产线或工作站的场景搭建过程中，工业机器人的导入方式有从工业机器人库导入和导入自定义工业机器人两种方式。

导入工业机器人库中的工业机器人是指在离线编程软件（PQArt）的工业机器人库中直接查找所需品牌下对应型号的工业机器人，进行插入完成工业机器人的导入。如图 2-16 所示的菜单按钮，是进入软件的工业机器人库界面（图 2-17“选择工业机器人”界面）的功能键。在工业机器人库界面下，单击工业机器人图片，可以查看该工业机器人的主题应用（主要的工业应用场合）、负载、工作域（工作范围）、轴数等相关参数。

图 2-16　工业机器人库位置

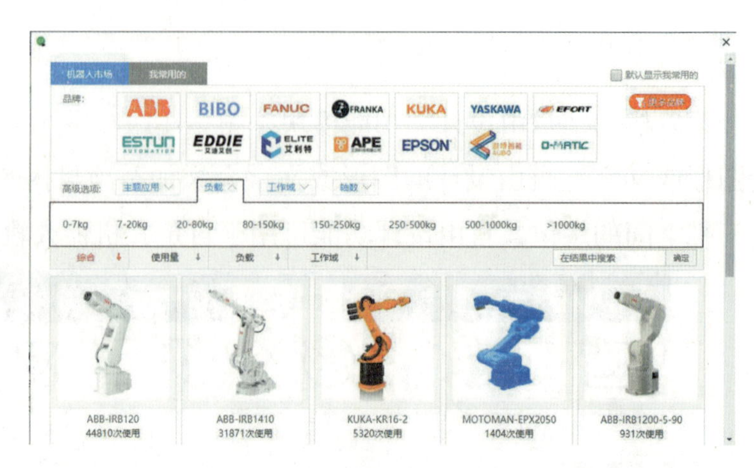

图 2-17　“选择工业机器人”界面

导入自定义工业机器人是指场景搭建中导入的工业机器人模型来自其他途径（如对应品牌的工业机器人官网、绘图软件绘制等）。导入自定义工业机器人位于“自定义”功能模块下的“机器人”中，如图 2-18 所示。（注意：PQArt 中用于导入自定义的工业机器人，支持的文件格式为 .robrd。）

图 2-18　“导入工业机器人”功能键

任务页——配置工业机器人

配置工业机器人

任务准备	PQArt 软件	教学模式	理实一体	建议学时	2
任务引入					
本书所述虚拟生产线结构如图2-19~图2-21所示，智能加工区和智能装备区均包含工业机器人，智能加工区处的六轴机器人ABB IRB2600负责零部件的转运，智能装配区中在机器人ABB IRB120的操作下完成零部件的CCD检测、飞机模型的组装以及飞机模型的封装与贴标。					

图 2-19　虚拟生产线示意图

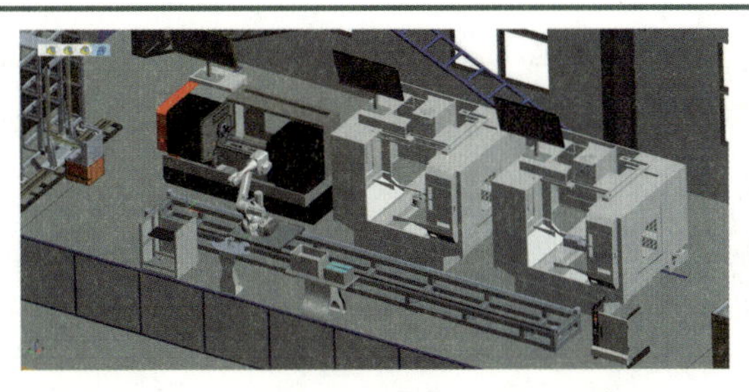

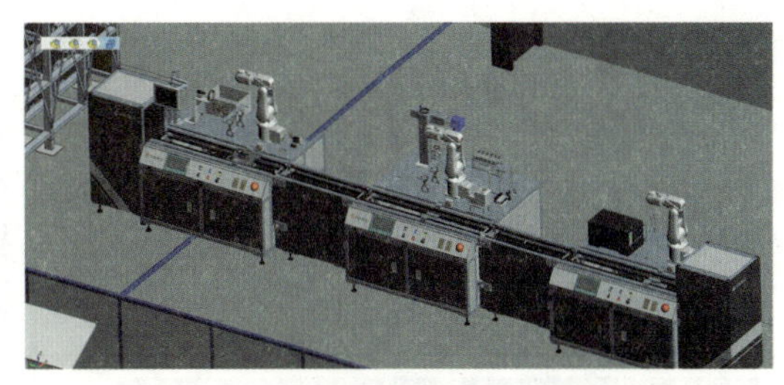

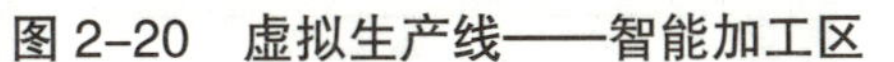

图 2-20　虚拟生产线——智能加工区　　　图 2-21　虚拟生产线——智能装配区

在实际作业环境中，工业机器人的动作轨迹需要满足工艺要求的同时，还需防止发生碰撞。操作人员在进行编程时，通常会对工业机器人的轴限位的值和轴配置进行设定，来限制各关节轴的活动范围和工业机器人的运动姿态。下面来学习通过机器人库导入机器人ABB IRB2600，并进行参数设置的方法，为后面工作站以及虚拟生产线的搭建奠定基础，虚拟生产线中ABB IRB120型工业机器人的导入及设置方法可以参照下面的方法完成。虚拟生产线中ABB IRB2600主要技术参数如表2-4所示

表 2-4　虚拟生产线中 ABB IRB2600 主要技术参数

工作范围	1 650 mm	轴数	6
有效载荷	20 kg	手臂载荷	10 kg
重复定位精度	0.04 mm	功耗	3.2 kW
防护等级	IP54	质量	284 kg

任务实施

任务活动 1: 导入工业机器人

①打开PQArt软件，单击图示框中的“新建”

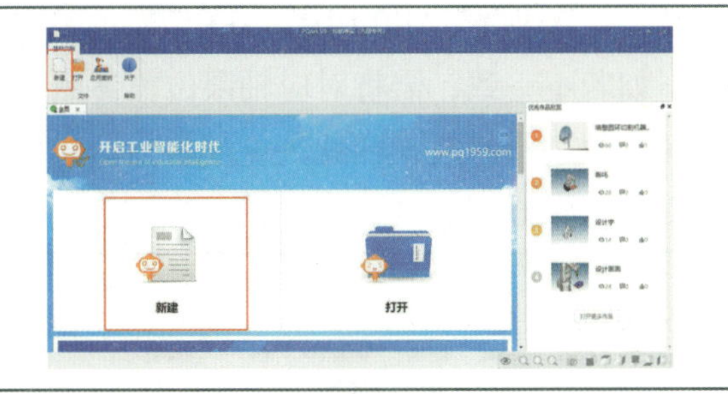

②进入图示设计环境界面

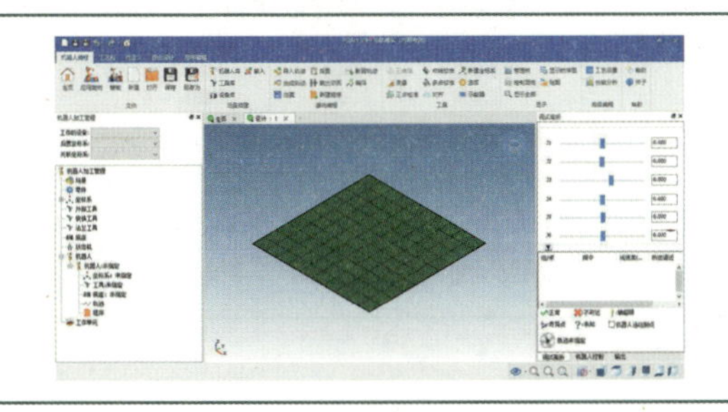

④进入图示选择工业机器人界面，选择“ABB”品牌，选择载荷范围为“20~80 kg”，查找ABB IRB 2600型工业机器人

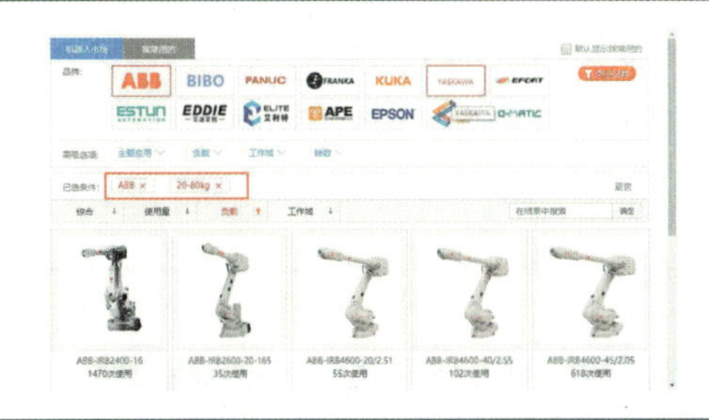

⑤单击工业机器人图片，可以进行相关参数的查看

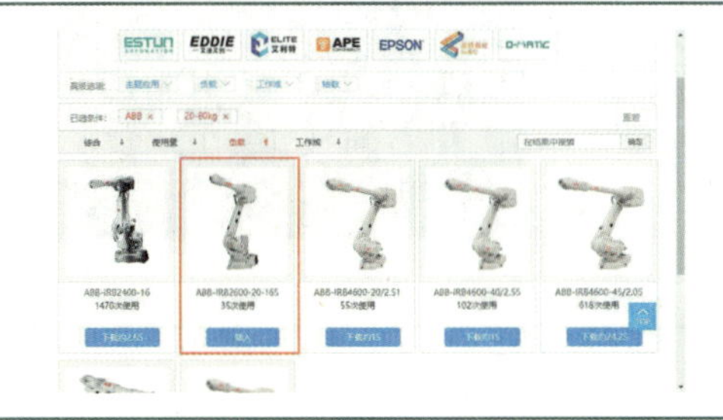

③在“机器人编程”功能菜单下，单击“机器人库”

⑥确认所选工业机器人的参数与所需工业机器人参数一致后，单击图示位置的“插入”（工业机器人为首次加载时，需要进行下载；“看了又看”会推荐与所选型号工业机器人参数相近的其他品牌工业机器人）

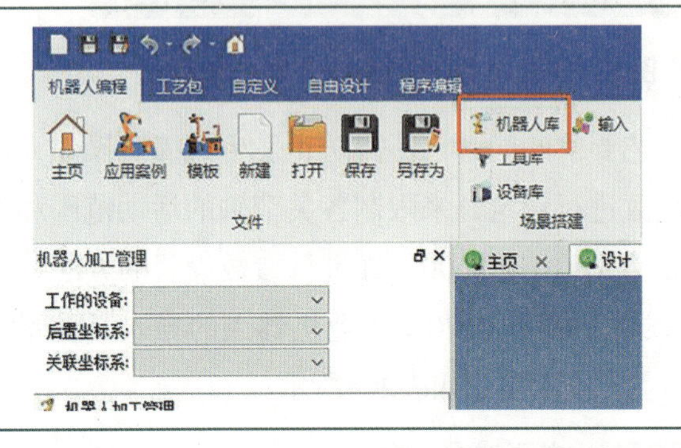

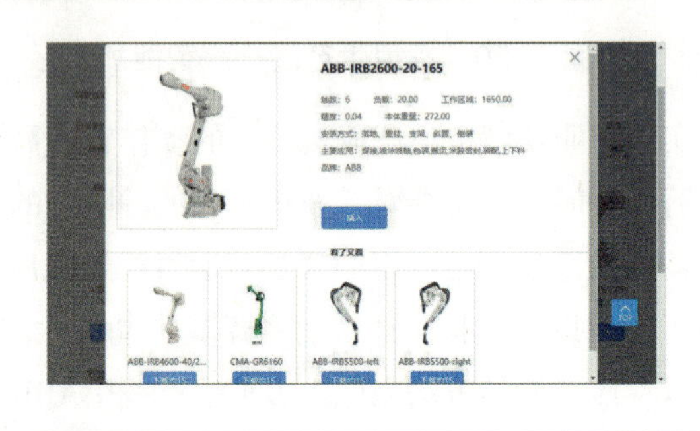

⑦到此即完成了工业机器人“ABB IRB2600”的导入

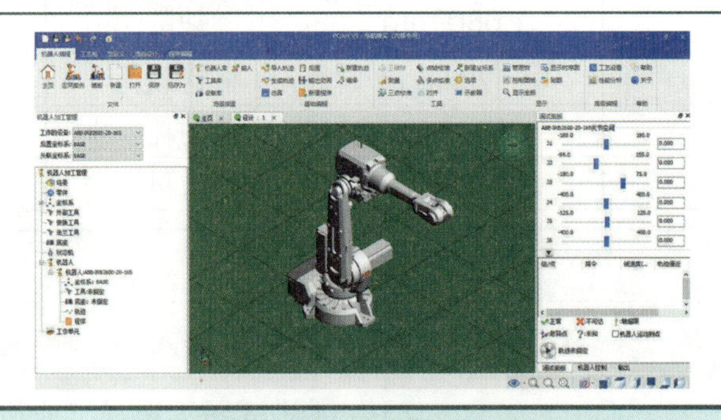

任务活动 2: 工业机器人参数设置

①在工业机器人加工管理面板上，选中管理树下加载的工业机器人，如下图所示

③在弹出的图示界面中，查看当前工业机器人的轴限位值、关节速度与ABB IRB2600关节轴的参数是否一致。如若不一致，需将对应轴限位值参照工业机器人的参数进行修改，如此处需要将J5轴的最小限位修改为“-120”

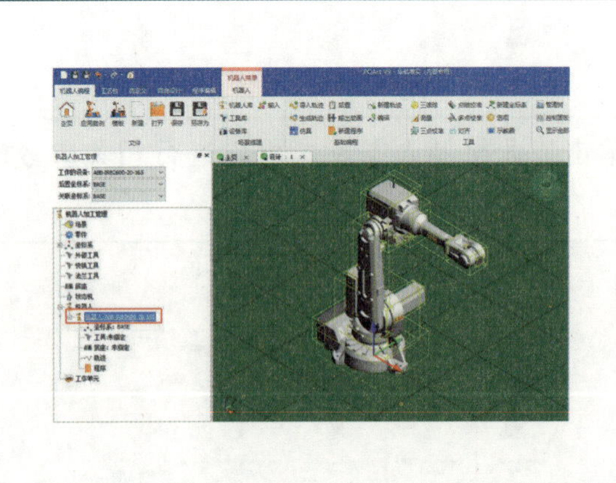

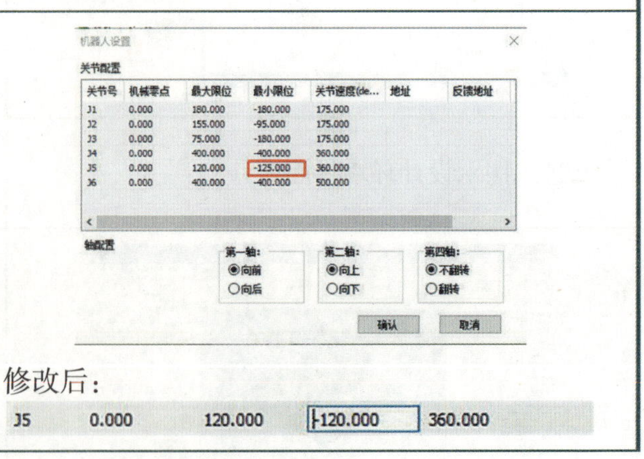

关节号	机械零点	最大限位	最小限位	关节速度(de…	地址	反馈地址
J1	0.000	180.000	-180.000	175.000		
J2	0.000	155.000	-95.000	175.000		
J3	0.000	75.000	-180.000	175.000		
J4	0.000	400.000	-400.000	360.000		
J5	0.000	120.000	-125.000	360.000		
J6	0.000	400.000	-400.000	500.000		

修改后：

J5	0.000	120.000	-120.000	360.000

<table>
<tr><td>②单击鼠标右键，在列表中选中“设置机器人...”</td><td>④在图示位置，可进行工业机器人一、二、四轴的配置来限定工业机器人的运动姿态</td></tr>
<tr><td>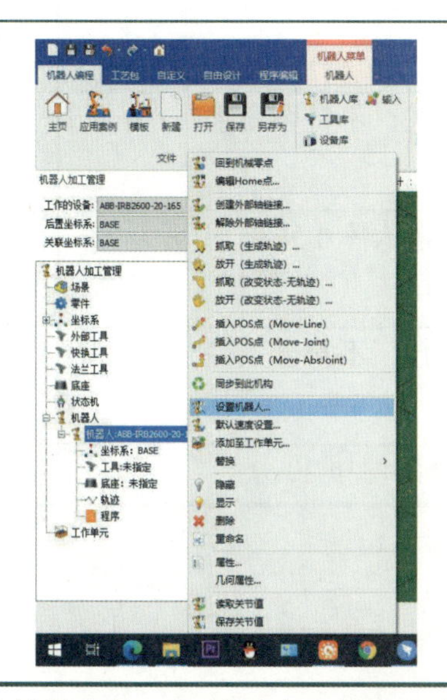</td><td>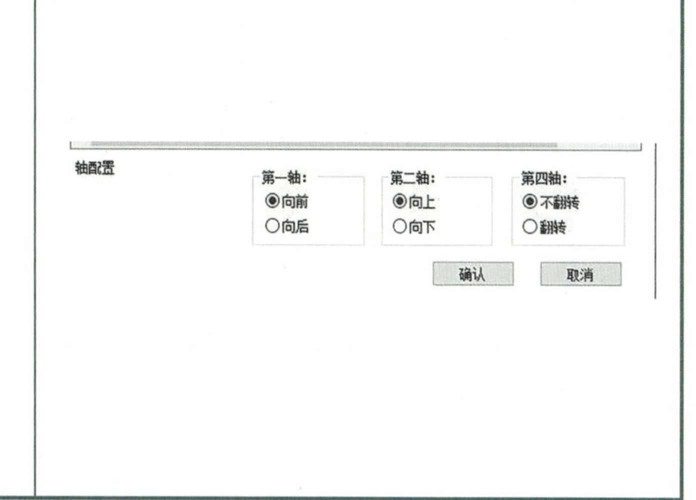
</td></tr>
<tr><td colspan="2">⑤完成轴限位值、机械零点和轴配置的设定后，单击“确认”关闭设置窗口。选中工业机器人并单击鼠标右键调出图示菜单，单击“回到机械零点”可以查看工业机器人的零点姿态是否正确</td></tr>
<tr><td colspan="2">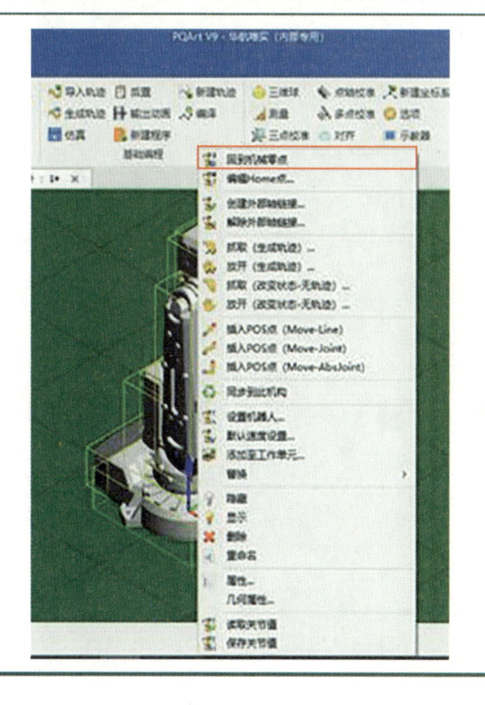</td></tr>
</table>

【任务评价】

任务	配分	评分标准	自评	教师评价
配置工业机器人	20	1.熟悉PQArt软件界面，明确各功能模块的功能，不符合要求的扣20分		
	20	2.明确在PQArt软件中导入工业机器人的方式，不符合要求的扣10分/项，共20分		
	20	3.能够新建PQArt软件工程文件，从工业机器人库中正确导入工业机器人，不符合条件扣20分		
	20	4.能够在PQArt软件中设置工业机器人各参数，不符合条件扣20分		
	20	5.能够验证工业机器人的机械零点，不符合条件扣20分		

任务 2.2　工具的定义与使用

在智能生产线中，工业机器人本体通常需要装载外部的工具，才可实现生产任务的执行，本任务对工业机器人工具的定义与使用方法进行讲解，为后续的工作站搭建任务奠定基础。

知识学习 1——工具的种类及获取方式

1. 工具的种类

工业机器人在实际生产中，根据不同的作业要求会配备不同的末端工具。在软件 PQArt 中，将工业机器人使用的工具共分为三类：法兰工具、快换工具和外部工具，详细说明如表 2-5 所示。

表 2-5　工具的分类

工具种类	说明	图示
法兰工具	法兰工具指的是安装在工业机器人法兰盘上的工具	
快换工具	快换工具分为工业机器人侧和工具侧两部分。 工具侧快换工具是指带快换母头的作业工具，需与工业机器人侧用的快换公头配套使用	
外部工具	外部工具指未安装在工业机器人末端的工具，如打磨机、砂轮等	

2. 工具的获取方式

在离线编程软件 PQArt 中，工具可通过两种方式获取：第一种方式，直接在软件的工具库中进行选择，完成工具的导入；第二种方式，可通过导入 CAD 模型进行自定义工具的创建，然后再进行工具的导入。

1）工具库中导入工具

离线编程软件 PQArt 的工具库中提供了多种完成定义的工具，如图 2-22 所示，用户可以根据需要自行下载使用。

图 2-22　“工具库”功能键及其界面

建立了 PQArt 工程文件，并参照任务 2.1 完成工业机器人的配置及导入后，如果从工具库下载或从自定义功能处导入配套的机器人侧快换工具后，快换工具将自动安装至工业机器人的末端法兰处。例如当导入 ABB IRB120 型工业机器人后，从工具库导入机器人侧快换工具，快换工具将自动安装至机器人的法兰末端，如图 2-23 所示。

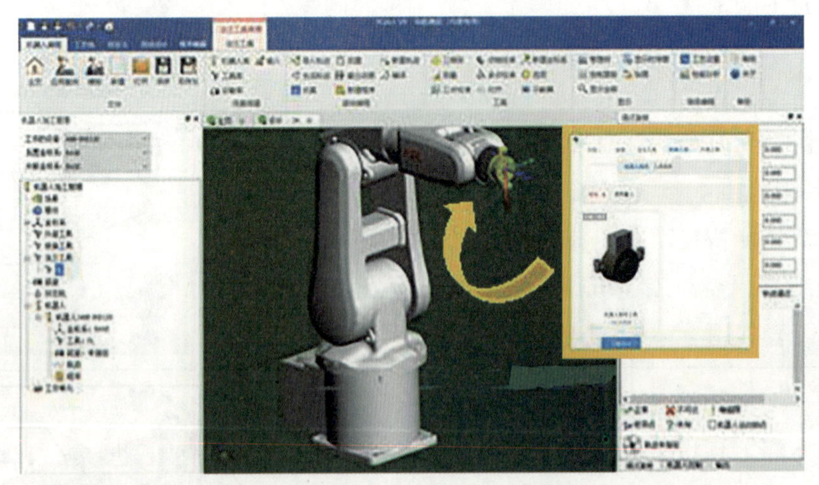

图 2-23　ABB IRB120 型工业机器人及配套机器人侧快换工具

2 导入CAD模型方式导入工具

当用户需要自定义工具时，需要先准备好 PQArt 软件支持格式的工具三维模型文件，然后新建 PQArt 软件工程文件将其“输入”到工程文件中，通过“定义工具”功能进行工具的自定义，完成自定义工具的定义并保存后，可以通过“导入工具”功能导入到工程环境中使用，如图 2–24 所示。使用方法与工具库中工具的使用方法相同。

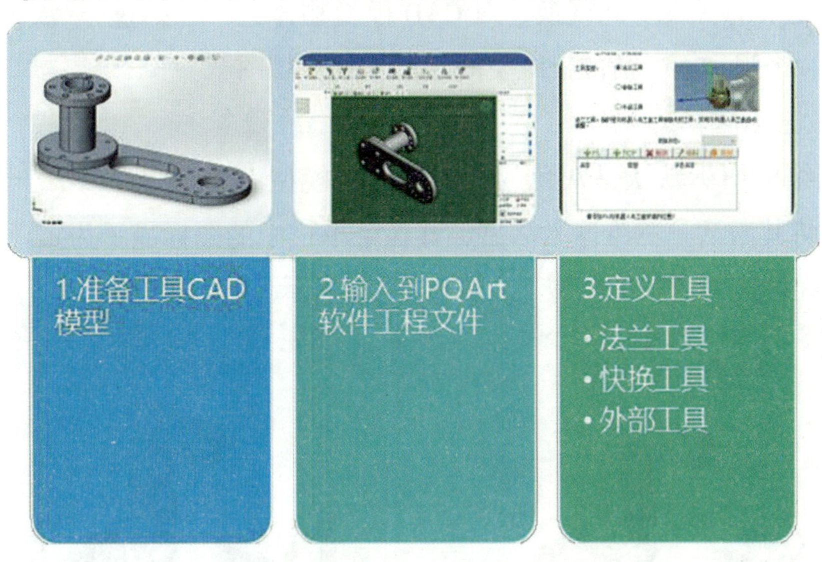

图 2–24　导入 CAD 模型方式定义工具流程

在进行工具自定义过程中，选择不同类型的工具，需要定义的参数并不相同，具体如图 2–25 所示，在定义的过程中需要使用 PQArt 软件中的三维球来实现，具体的使用方法见任务 2.2 中的知识学习 2——三维球的使用方法。

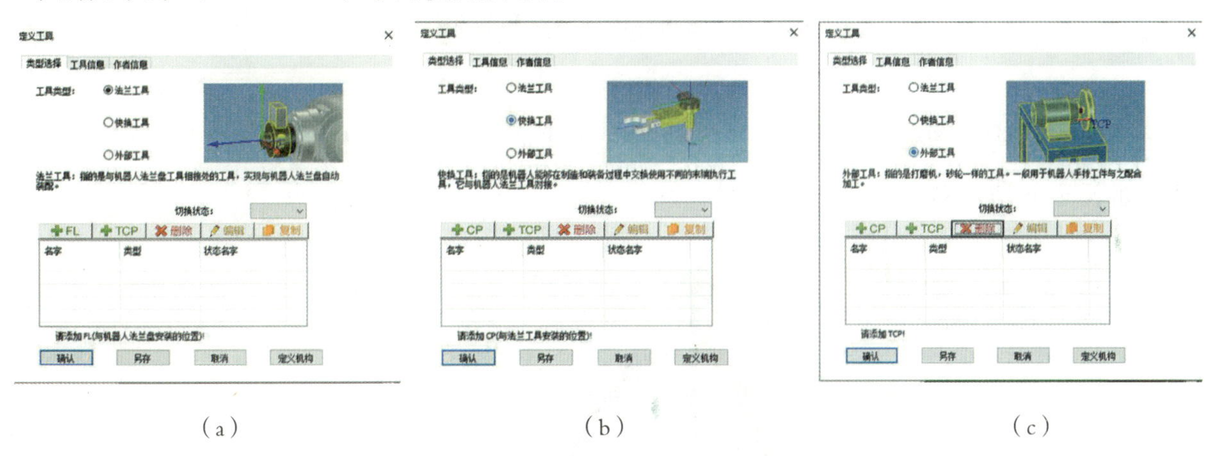

（a）　　（b）　　（c）

图 2–25　导入 CAD 模型方式定义工具流程

（a）法兰工具定义界面；（b）快换工具定义界面；（c）外部工具定义界面

知识学习 2——三维球的使用方法

在 PQArt 软件中进行虚拟工作站的搭建或者进行工具、机构、零件等场景文件的自定义过程中，需要使用三维球工具进行对象位置的调节，下面进行三维球使用方法的讲解。

三维球工具位于“工具”菜单栏中，三维球可以通过平移、旋转和其他复杂的三维空间变换，对 CAD 模型物体进行精确定位，是一个强大而灵活的三维空间定位工具，如图 2-26 所示。

图 2-26　三维球工具的位置

菜单栏中三维球图标默认是灰色的，选中三维模型，单击三维球即可将其激活。三维球激活后，其在菜单栏中的图标显示为黄色，在软件界面的绘图区域中附着在被选中的三维模型上，如图 2-27 所示。

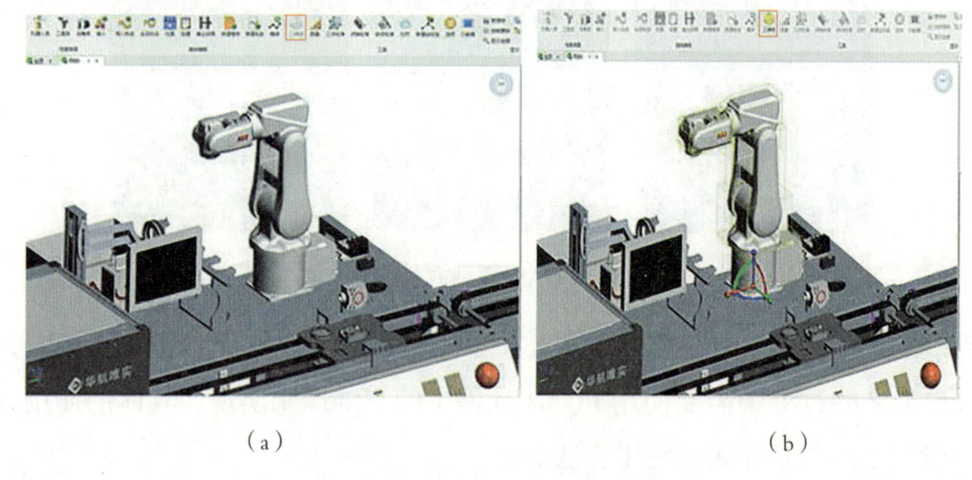

（a）　　　　（b）

图 2-27　三维球的未激活和激活状态

（a）三维球未激活；（b）三维球激活

三维球的结构如图 2-28 所示。三维球有一个中心点，3 个平移轴和 3 个旋转轴，具体功能说明如表 2-6 所示。

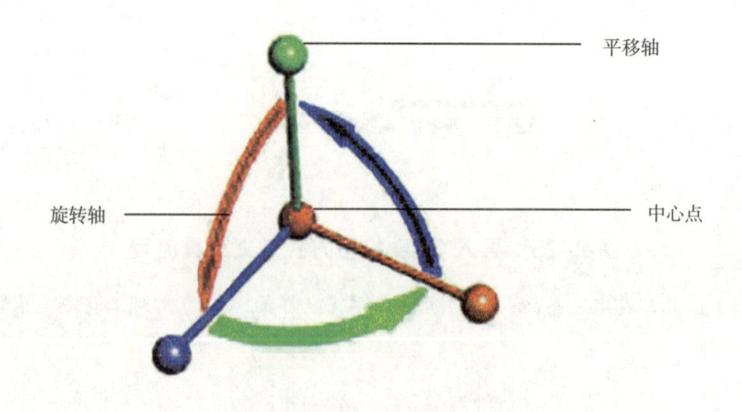

图 2-28　三维球的结构

表 2-6　三维球的功能说明及使用方法

结构名称	功能说明	使用方法
中心点	用于点到点的移动	选中三维球的中心点，单击鼠标右键，在右键菜单中选择移动方式
平移轴	用于指定移动方向	选中三维球的任意平移轴，拖动轴可使物体沿轴线的拖动方向运动；或单击鼠标右键，在右键菜单中进行选择，指定物体沿轴线移动的方向
旋转轴	用于指定旋转方向	选中三维球的任意旋转轴，可使得物体绕旋转轴指定的基准轴方向旋转；或单击鼠标右键，在右键菜单中进行选择，指定物体沿轴线旋转的方向

三维球有三种颜色：默认颜色（*X*、*Y*、*Z* 三个轴对应的颜色分别是红、绿、蓝）、白色（*X*、*Y*、*Z* 三个轴对应的颜色均为白色）和黄色（被选中的轴颜色为黄色）。三维球颜色的功能说明如表 2-7 所示。

表 2-7　三维球颜色的功能说明

颜色名称	显示	功能说明
默认颜色		三维球与物体关联，调节三维球的位置后，物体随三维球一起动
白色		三维球与物体互不关联，调节三维球的位置后仅三维球动，物体不动。三维球与物体的关联关系，可在三维球激活状态下通过操作键盘中的空格键进行切换
黄色		呈黄色的轴表示已被约束（操作鼠标单击绘图区空白处，可取消约束），三维物体只能在被选中轴的方向上进行平移或旋转定位。鼠标单击任意平移轴，激活对应平移轴和旋转轴的约束

1. 三维球平移、旋转三维模型方法

在搭建场景过程中，对三维球的平移轴和旋转轴进行操作，可实现对三维模型的平移和旋转，进而达到定位模型的目的。

（1）平移三维模型

利用三维球的平移功能可将三维模型沿指定的轴线方向上移动指定的距离。具体操作如

下，选中平移方向的轴后，操纵鼠标拖动三维球的平移轴，在沿平移方向拖动过程中出现的空白数值框内输入需要移动距离数值后按回车键，默认单位为 mm（输入数值的正负决定平移的正负方向），完成操作后物体将在该方向上平移与数值相对应的距离。如图 2-29 所示，操作三维球的 *X* 向的平移轴，使得工业机器人沿三维球中心点所在位置的 *X* 轴向进行平移。

2 旋转三维模型

利用三维球的旋转功能可将三维模型绕指定的基准轴旋转指定的角度。如图 2-30 所示，操作三维球的 *XY* 平面内的旋转轴，使得工业机器人绕三维球中心点所在位置的 *Z* 轴旋转。利用三维球控制三维模型进行旋转与平移的操作相似，在旋转物体的过程中会出现空白数值框，输入旋转角度的数值后按回车键，物体将绕指定轴旋转与数值相对应的角度（数值的正负，决定旋转的正负方向）。

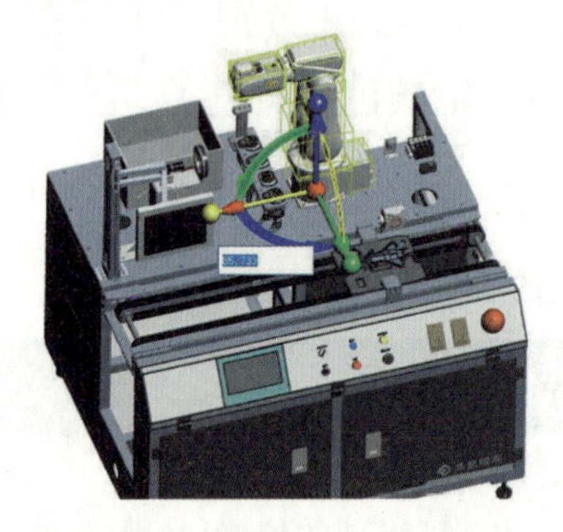

图 2-29　利用三维球平移工业机器人

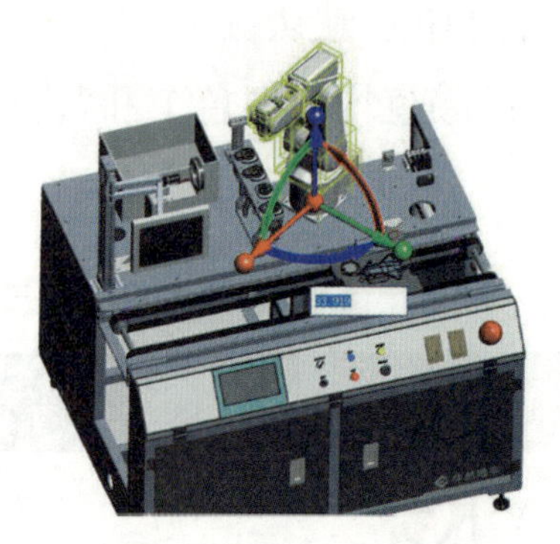

图 2-30　利用三维球旋转工业机器人

3 平移轴/旋转轴菜单功能

在场景搭建过程中，物体姿态和位置的调整、定位，是通过选择三维球平移轴 / 旋转轴的右键菜单中的不同选项实现的。图 2-31 所示为三维球平移轴 / 旋转轴的右键菜单，该菜单对应功能说明如表 2-8 所示。

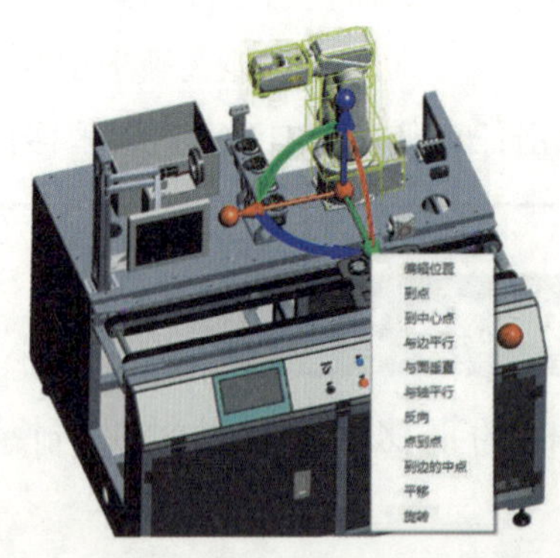

图 2-31　三维球平移轴 / 旋转轴的右键菜单

表 2-8　三维球平移轴 / 旋转轴的右键菜单功能说明

菜单项目名称	功能说明	用途
编辑位置	使鼠标捕捉的轴指向到数值对应的矢量方向	姿态调整（物体位置无移动）
到点	使鼠标捕捉的轴指向到指定点	
到中心点	使鼠标捕捉的轴指向到指定圆心点	
与边平行	使鼠标捕捉的轴与选取的边平行	
与面垂直	使鼠标捕捉的轴与选取的面垂直	
与轴平行	使鼠标捕捉的轴与柱面轴线（选柱面或柱面外环即代表选中对应面轴线）平行	
反向	使鼠标捕捉的轴转动180°	
点到点	将所选的三维球的轴指向所选对象的两点之间的中点位置	
到边的中点	将所选的三维球的轴指向所选边线的中心点位置	
平移	用于设定被选轴方向上的平移方向和距离	位置调整（物体位置发生移动）
旋转	用于设定被选轴方向上的旋转角的方向和大小	姿态调整（物体位置无移动）

2. 三维球中心点的定位方法

利用三维球的中心点可进行点定位。图 2-32 所示为三维球中心点的右键菜单，其功能说明如表 2-9 所示。

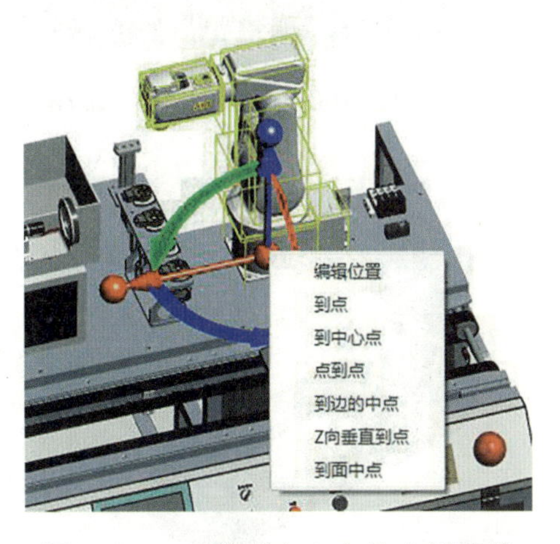

图 2-32　三维球中心点的右键菜单

表 2-9　三维球中心点的右键菜单的功能说明

菜单项目名称	功能说明
编辑位置	使物体随三维球中心点，移动到数值对应点的位置
到点	使物体随三维球中心点，移动到鼠标捕捉到的点的位置
到中心点	使物体随三维球中心点，移动到鼠标捕捉到的圆心点位置
点到点	使物体随三维球中心点，移动到鼠标捕捉到的两点之间的中点位置
到边的中点	使物体随三维球中心点，移动到鼠标捕捉到的边线的中心点位置
Z 向垂直到点	使物体随三维球中心点，保持Z轴垂直于点的姿态下移动到鼠标捕捉到的点位置
到面中点	使物体随三维球中心点，移动到鼠标捕捉到的面的几何中心点位置

注意：三维球中心点的定位，可以改变物体在世界坐标系中的位置，物体发生位置变化。

任务页 1——法兰工具的自定义

法兰工具的自定义

任务准备	PQArt 软件	教学模式	理实一体	建议学时	2
任务引入					

在虚拟生产线的智能加工区域中，ABB IRB2600型工业机器人的法兰工具需要进行自定义，如图2-33所示，完成定义后的法兰工具各坐标系方向如图2-34所示。

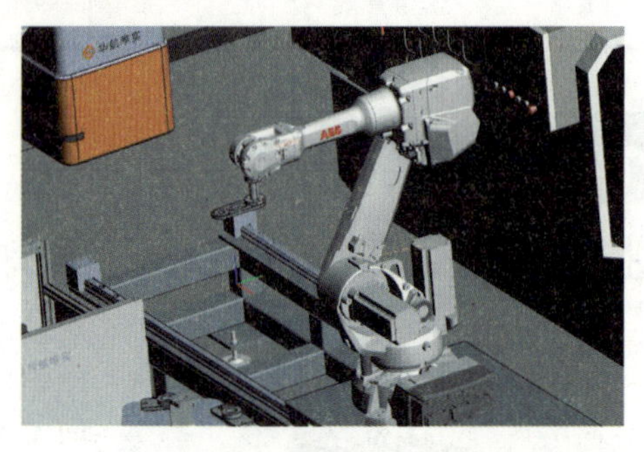

图 2-33　ABB IRB2600 型工业机器人的法兰工具

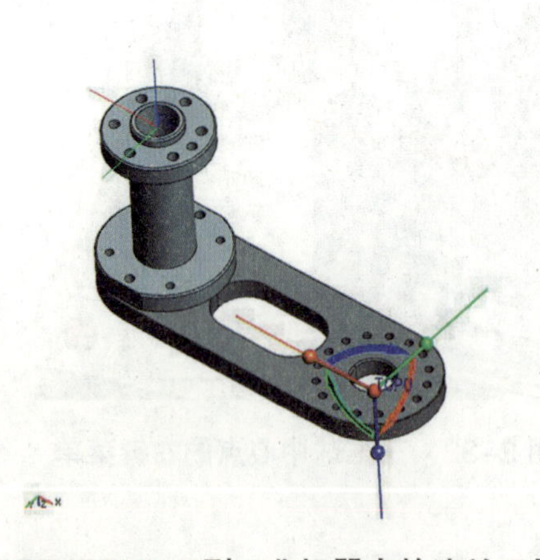

图 2-34　ABB IRB2600 型工业机器人的法兰工具的坐标系方向

①在PQArt软件中新建工程文件	③在弹窗中选择已经准备好的工业机器人法兰工具模型（PQArt软件支持的三维模型文件），然后单击“打开”
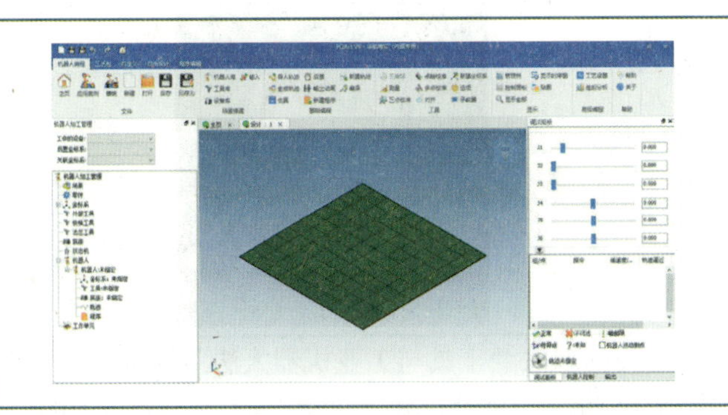	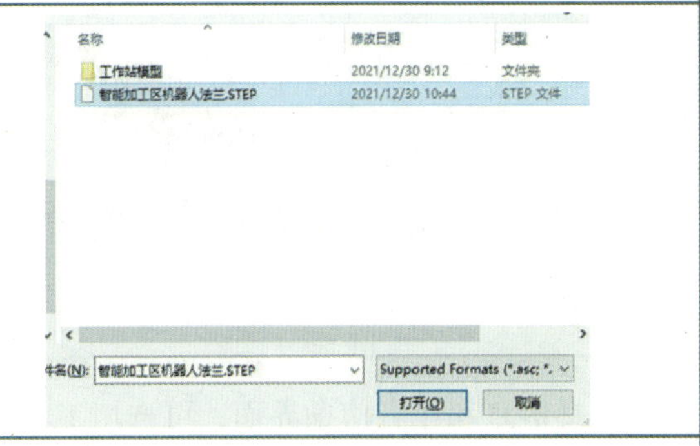
②单击“机器人编程”下的“输入”，或“自定义”下的“输入”	④完成工业机器人法兰工具模型的导入
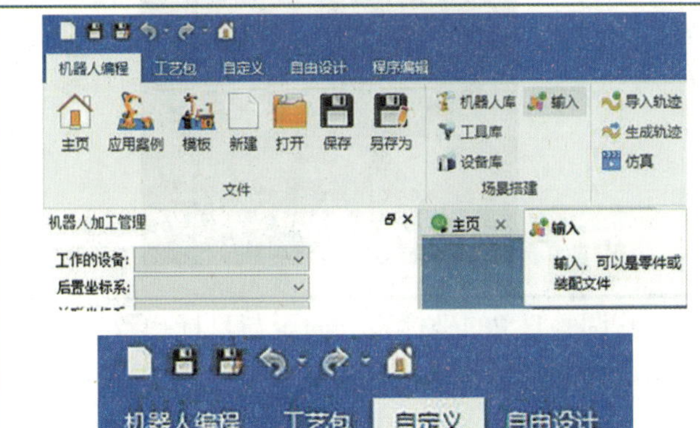 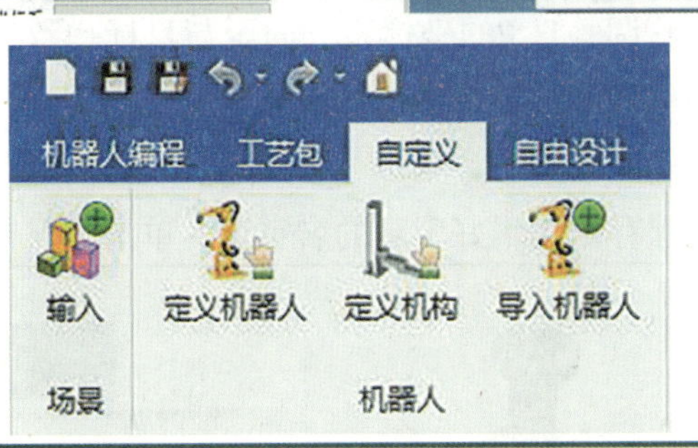	
⑤单击“自定义”，并选择“定义工具”	⑧单击“+FL”，添加法兰工具安装面的中心点，即定义本任务中法兰工具与工业机器人法兰盘的相接点
	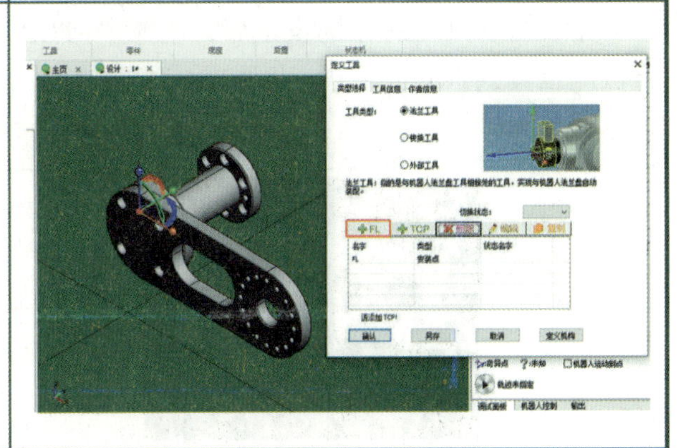

⑥在弹出的界面中，类型选择“法兰工具”，然后进行工业机器人侧用快换工具的自定义	⑨在绘图区中，单击三维球中心点（即FL），选择“到中心点”
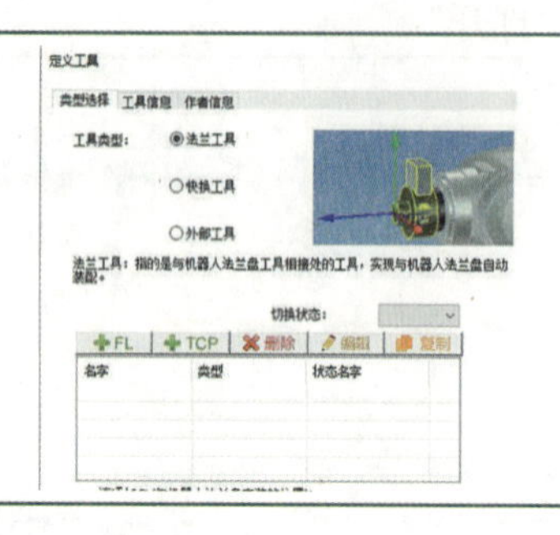	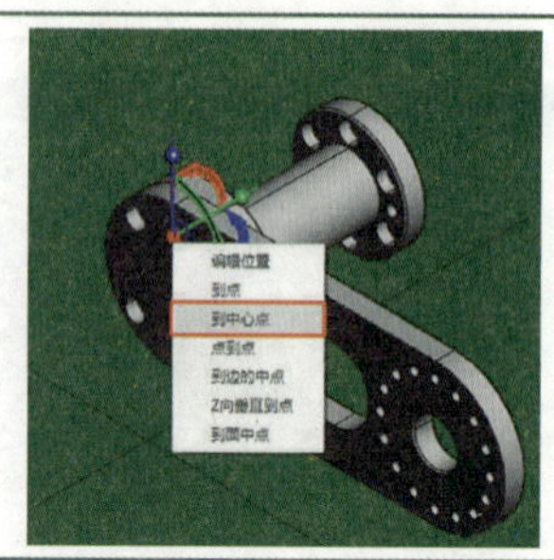
⑦工具信息和作者信息界面，可选填工具名字、型号、类型、参数、简介以及用户信息	⑩拾取法兰工具与工业机器人法兰盘的安装贴合面的边，三维球的中心将移动至安装面（圆形）的中心处
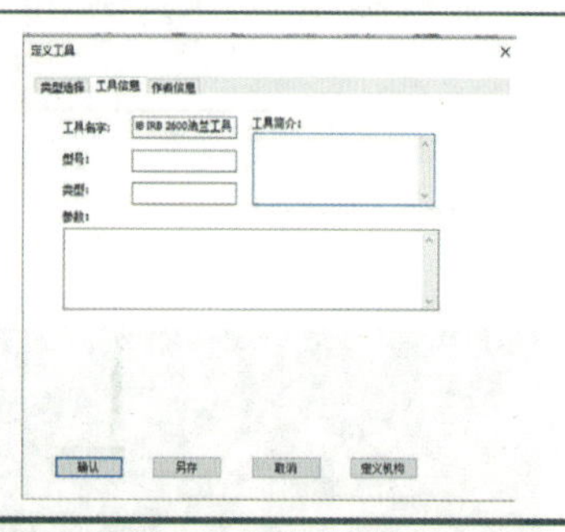	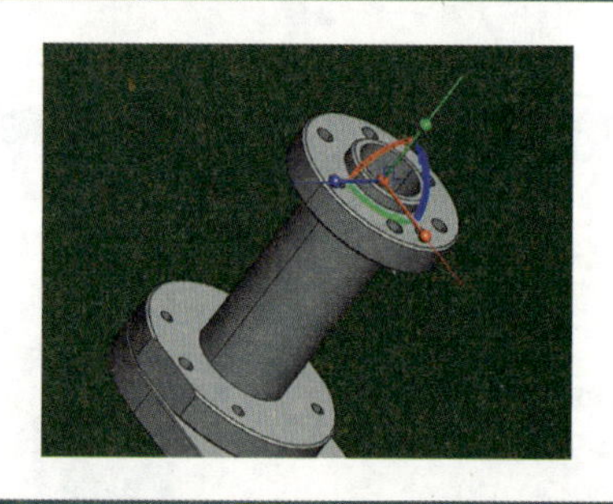
⑪FL的Z轴应指向工业机器人法兰侧的安装面，才能保证工具的正确安装。 对三维球进行操作，将X轴反向，同时保证FL的X、Y、Z轴的姿态与目标FL坐标系一致	⑭调整TCP的坐标系方向至与目标一致，其中Z轴应指向工具侧用快换工具。 完成设定后，单击“另存”，进行自定义工具的保存。编辑好工具的名字后，单击“保存”
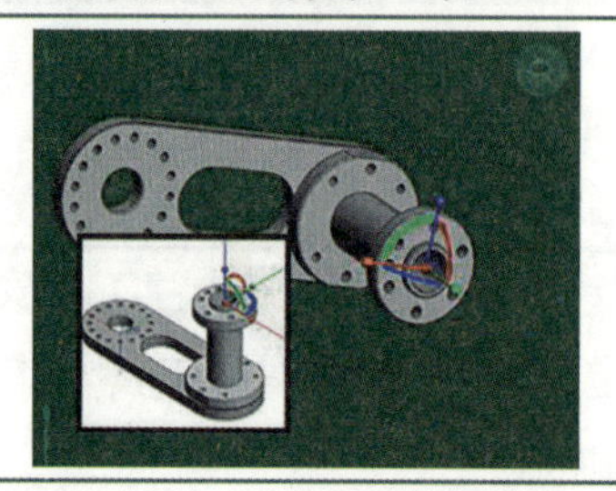	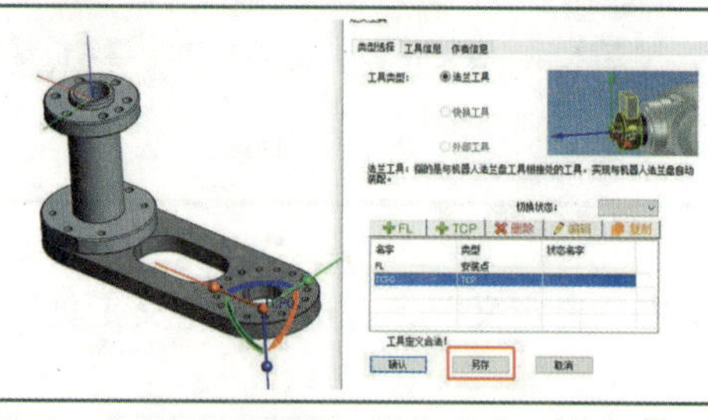
⑫完成图示FL坐标系的设定后，选择“+TCP”进行法兰工具侧TCP的设定，此处TCP为与快换工具的连接点	⑮在弹出的“工具保存成功”窗口，单击“确定”，完成自定义工具的保存
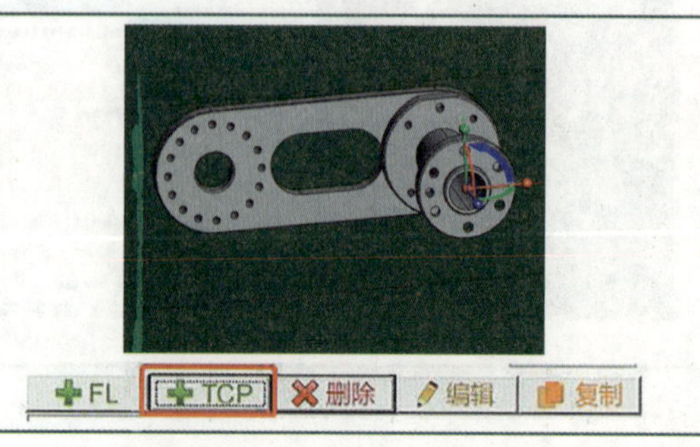	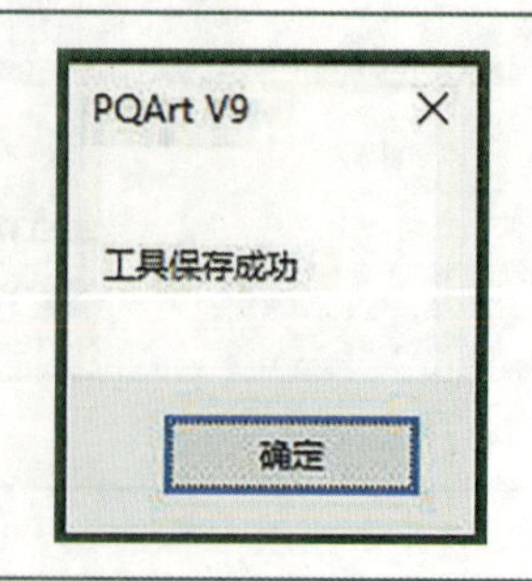

⑬在绘图区中，操作三维球，将三维球中心点（即TCP）移至法兰工具与工具侧用快换工具面交接的中心点	⑯关闭定义工具窗口。新建工程文件，按照任务2.1中的方法插入ABB IRB2600型工业机器人，然后通过自定义工具栏中的“导入工具”，导入完成定义的法兰工具，验证法兰工具定义的准确性，确认无误后完成工业机器人侧用快换工具即法兰工具的定义
	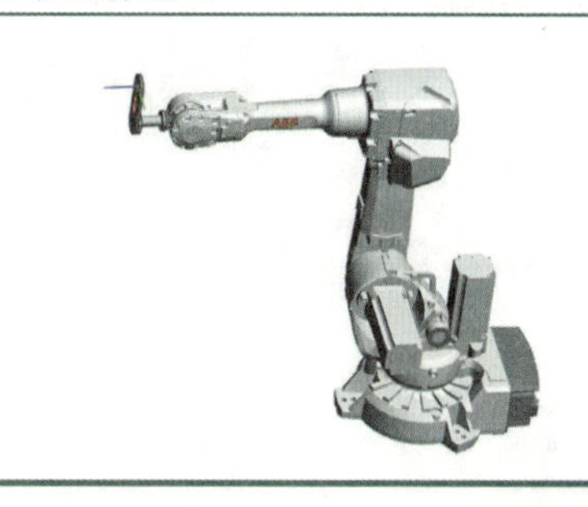

任务页 2——快换工具的自定义

快换工具的自定义

任务准备	PQArt 软件	教学模式	理实一体	建议学时	2

任务引入

在虚拟生产线的智能加工区域中，ABB IRB2600型工业机器人的夹爪工具A需要进行自定义，如图2-35所示，夹爪工具A的目标定义方向如图2-36所示

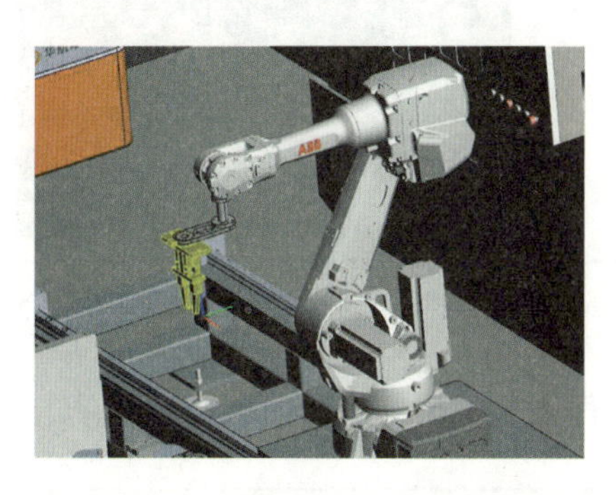

图 2-35　ABB IRB2600 型工业机器人的夹爪工具 A

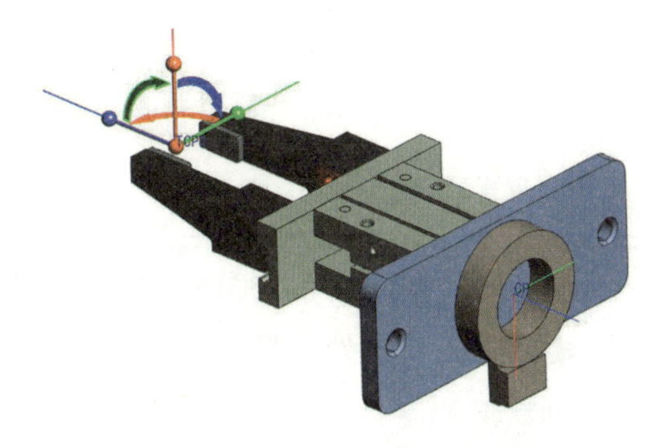

图 2-36　夹爪工具 A 的目标定义方向

①导入工具侧用工具模型后，单击“自定义”，并选择“定义工具”	③单击“+CP”，进行法兰工具与工业机器人快换工具连接点的设定
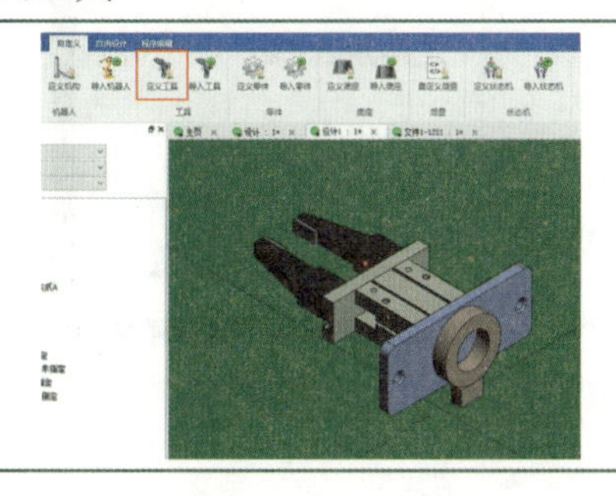	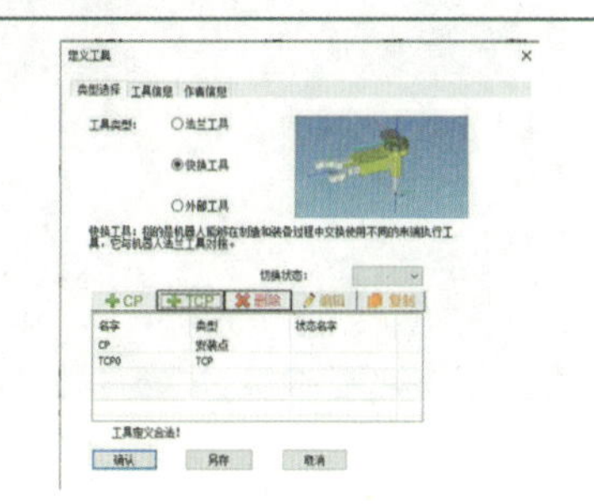

②在弹出的界面中，类型选择“快换工具”，进行快换工具的自定义	④在绘图区中，操作三维球，将三维球中心点移至快换工具安装面的中心点，定义为该工具的CP。 CP需为法兰工具与工具侧用快换工具交界面的中心点，其Z轴指向工业机器人侧用快换工具，Y轴与工业机器人侧用快换工具TCP的Y轴重合
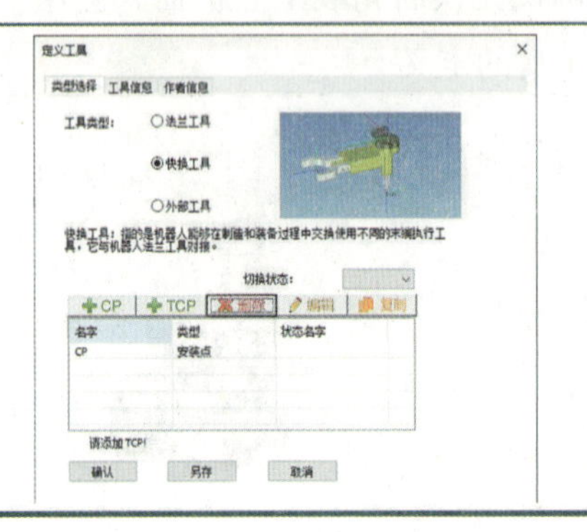	
⑤单击“+TCP”，进行快换工具TCP的设定	⑧选择图示参考边线，TCP所在三维球将沿着Y轴方向移动至目标位置
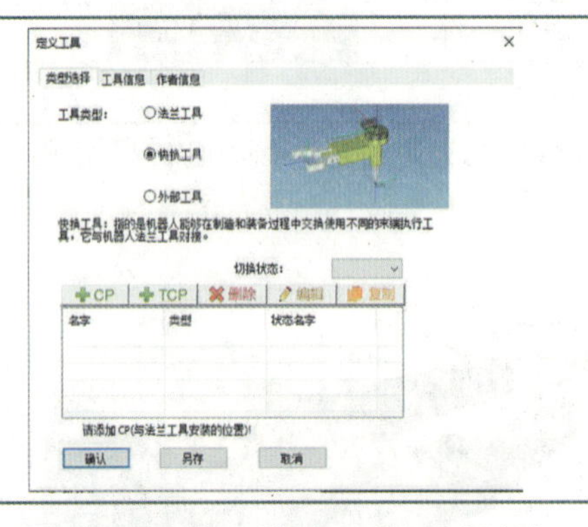	
⑥在绘图区中，操作三维球，将三维球中心点移至快换工具的图示边线中心位置处，调整TCP所在坐标系方向与目标方向一致	⑨完成设定后，单击“另存”，进行自定义工具的保存。编辑好工具的名字后，单击“保存”
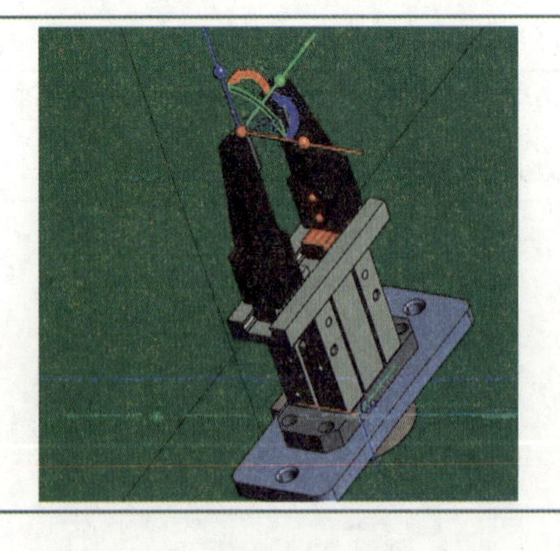	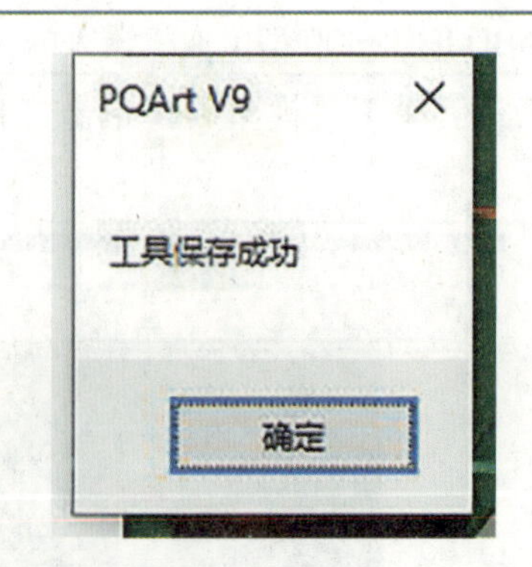

⑦选中TCP所在坐标系的*Y*轴（显示黄色），以锁定操纵三维球时，坐标系只能沿*Y*轴方向移动。然后，在三维球的中心点右键菜单中选择“到边的中点”	⑩关闭定义工具窗口。新建工程文件，插入ABB IRB2600型工业机器人，自定义功能栏处导入完成定义的法兰工具和夹爪工具A，验证快换工具定义的准确性，确认无误后完成快换工具的定义
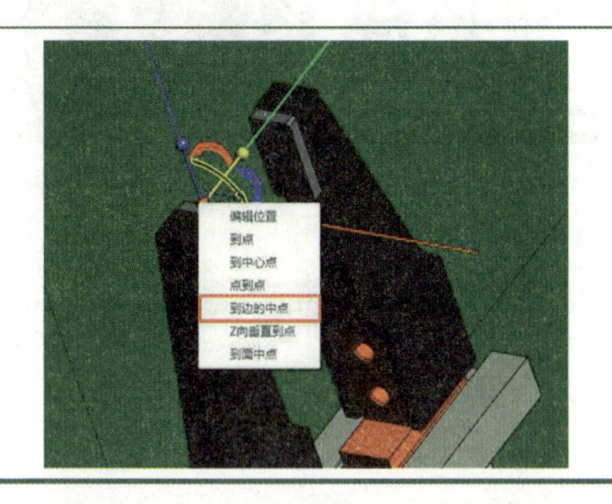	

【任务评价】

任务	配分	评分标准	自评	教师评价
工具的定义与使用	20	1.掌握PQArt中工具的种类，不符合条件扣20分		
	20	2.掌握三维球的使用方法，不符合条件扣20分		
	20	3.能够根据要求完成法兰工具的自定义，不符合条件扣20分		
	10	4.能够验证法兰工具定义的准确性，不符合条件扣10分		
	20	5.能够根据要求完成快换工具的自定义，不符合条件扣20分		
	10	6.能够验证快换工具定义的准确性，不符合条件扣10分		

任务 2.3 基础工作站搭建

在前面的任务中，已经学习了基础工作站重要组成部分工业机器人和工具的定义及配置方法，下面引入本文所述虚拟生产线中的基础工作站，对其搭建方法进行讲解。

知识学习——智能装配区检测站认知

1. 智能装配区检测站组成

智能装配区检测站如图 2-37 所示，检测站的主要功能是在安装配套快换工具的情况下，工业机器人拾取料盘上的零部件，进行 CCD 视觉检测，将不符合检测要求的零部件分拣至 NG 盒中，将符合要求的零部件放置到上层输送处的托盘（置于定位机构处）中。

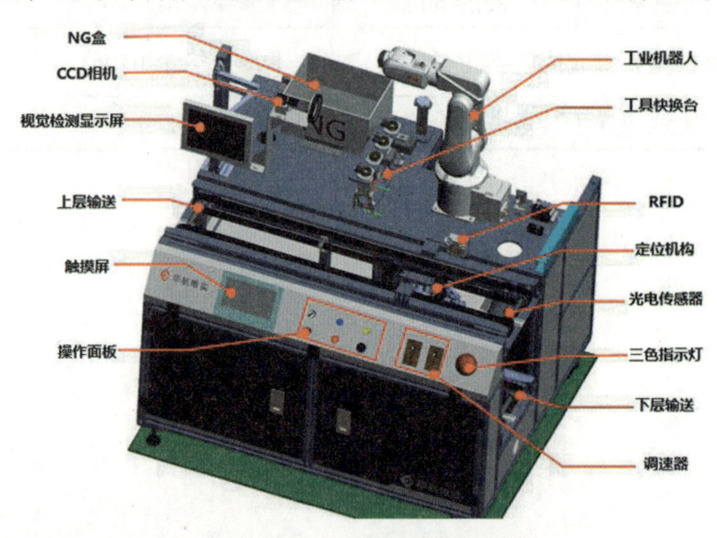

图 2-37　智能装配区检测站

2. 智能装配区检测站虚拟搭建规划

进行工作站虚拟搭建时，可以通过三维建模软件实现固定无动作结构的建模，通过输入功能导入到虚拟工作站中；常规使用的设备、工具及工业机器人则可以直接在 PQArt 软件中下载；自定义的工具、机构等可以进行定义后通过导入功能放置到虚拟工作站中。

下面以在 PQArt 软件中进行工作站虚拟搭建的角度，对智能装配区检测站进行搭建规划。

1 智能装配区检测站主体

智能装配区检测站主体如图 2-38 所示，是检测站中固定无动作的结构，可以在三维建模软件中完成搭建，然后将其转化为 PQArt 软件支持的格式，通过输入功能导入到工作站虚拟搭建环境中，通过三维球调整其位置。

注意: 智能装配区检测站的上层输送和下层输送，在 PQArt 软件中均可以简化通过零件（托盘）的定点运动实现，实现工艺流程仿真的方法见项目四。

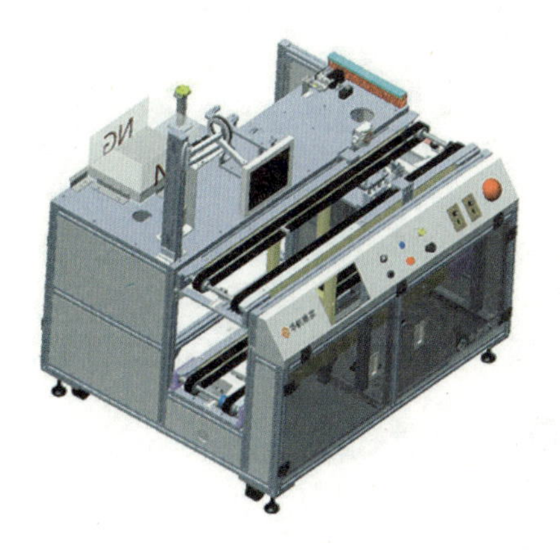

图 2-38　智能装配区检测站主体

2 PQArt软件中"机器人库""工具库""设备库"

智能装配区检测站中的触摸屏、工业机器人和快换法兰工具均可以通过 PQArt 软件的库文件下载获取，然后通过三维球进行放置，如图 2-39~ 图 2-43 所示。

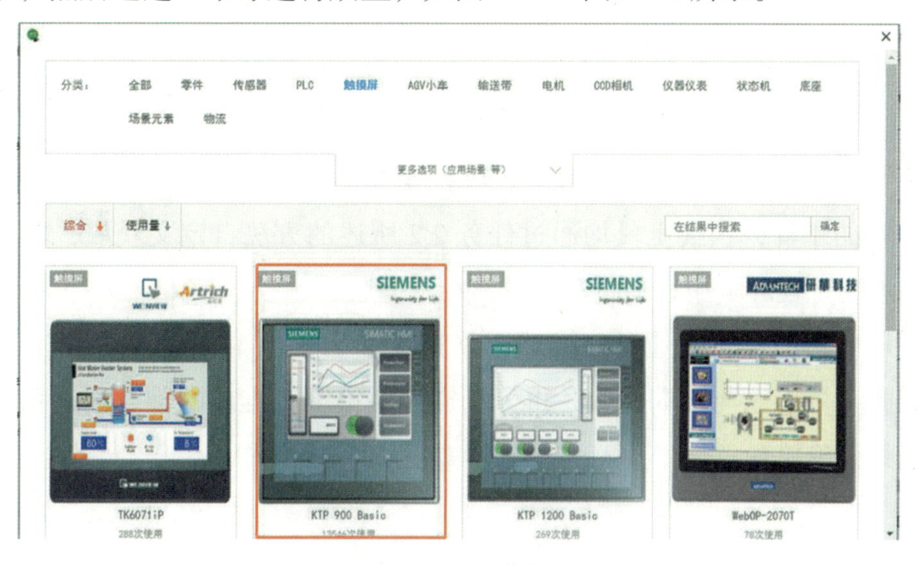

图 2-39　智能装配区检测站触摸屏

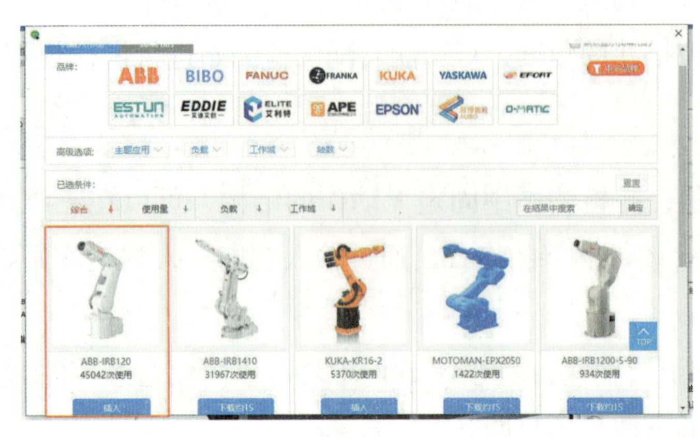

图 2-40　智能装配区检测站工业机器人

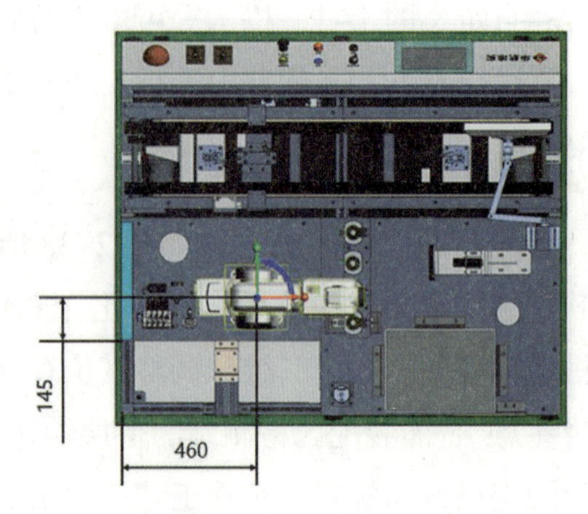

图 2-41　智能装配区检测站工业机器人安装位置

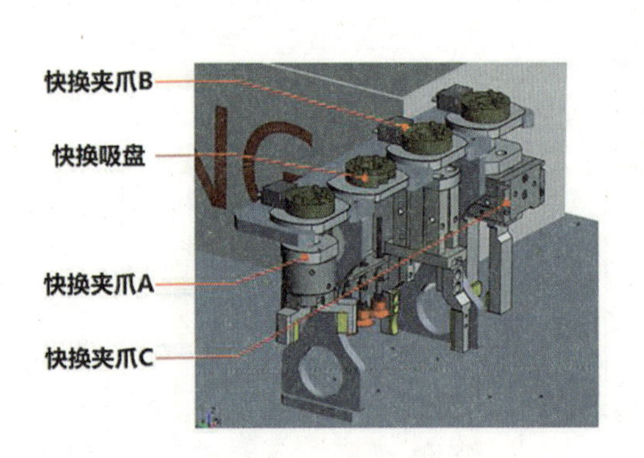

图 2-42　智能装配区检测站快换工具

图 2-43　智能装配区检测站快换工具—机器人侧

在 PQArt 软件中下载与工业机器人匹配的快换工具—机器人侧后，工具将会自动安装至工业机器人的法兰盘处。

3 自定义—导入工具

在智能装配区检测站的工具快换台上，放有 4 种样式的快换工具，便于工业机器人装载后抓取不同形状的工件，快换工具均通过任务 2.2 所述的方法自定义获取，然后通过“导入工具”功能导入到工程环境中，通过三维球进行放置。

进行触摸屏安装时，可先通过三维球调整其位置至图 2-44 所示的安装准备位置，然后通过参考边调整其姿态至与预期一致，再分别锁定触摸屏三维球的轴，通过移动至参考边中心的方式实现其正确放置。

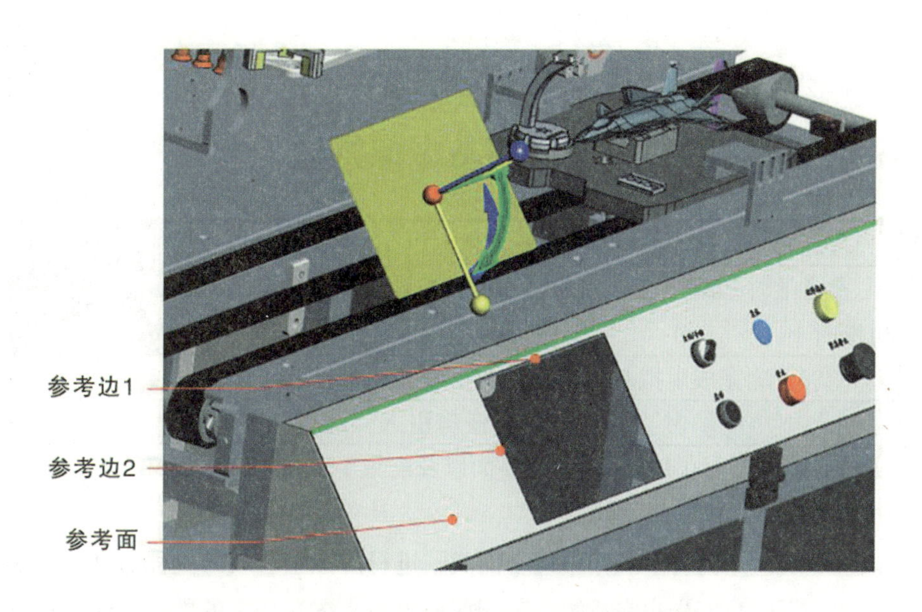

图 2-44　智能装配区检测站触摸屏安装示意图

在 PQArt 软件中下载的工业机器人，其三维球位置默认处于底座几何中心处，在智能装配区检测站快换工具放置位置如图 2-45 所示，可通过操作三维球完成其放置。

使用三维球将快换工具放置到快换台时，可以先将快换工具的三维球移动至快换工具与工具台贴合面的中心处，再通过三维球中心点菜单中的“到中心点”功能选择参考边，将其移动至参考边圆弧的圆心处，随后根据要求调整快换工具的姿态即可完成快换工具的放置。

图 2-45　智能装配区检测站快换工具放置位置示意图

任务页——智能装配区检测站虚拟搭建

工作任务	智能装配区检测站虚拟搭建	教学模式	理实一体
建议学时	参考学时共2学时，其中相关知识学习1学时；学员练习1学时	需设备、器材	PQArt软件
职业技能	能够正确完成虚拟基础工作站的搭建		

任务引入

在前面的任务中，已经学习了PQArt软件的界面以及配置工业机器人、定义工具的方法，下面基于前面学习的知识和技能，实施基础工作站的搭建。

本书所述虚拟生产线，是由若干工作站组合而成，进行虚拟生产线的流程仿真以及虚拟调试之前，需要完成其虚拟搭建，下面我们先来完成智能装配区检测站（图2-46）的虚拟搭建。执行工作站基础搭建流程时，建议先输入固定不动的机台等结构，再依次导入其余工作站，后续工作站组成导入顺序不分先后，此处仅示范其中一种方法。

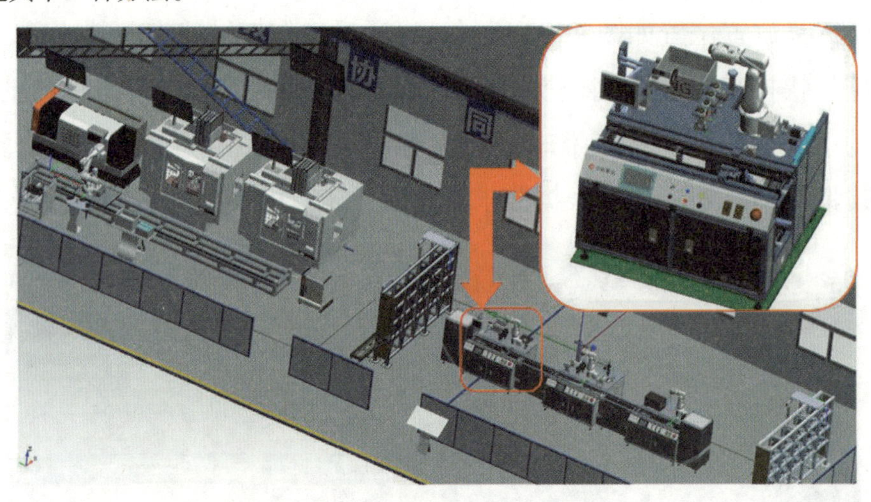

图 2-46　智能装配区检测站示意图

①新建PQArt工程文件，通过“输入”功能，输入智能装配区检测站的主体	②激活智能装配区检测站（下称“检测站”）主体的三维球，切换三维球至与物体互不关联状态（显示白色），然后将三维球移动至检测站的地脚中心
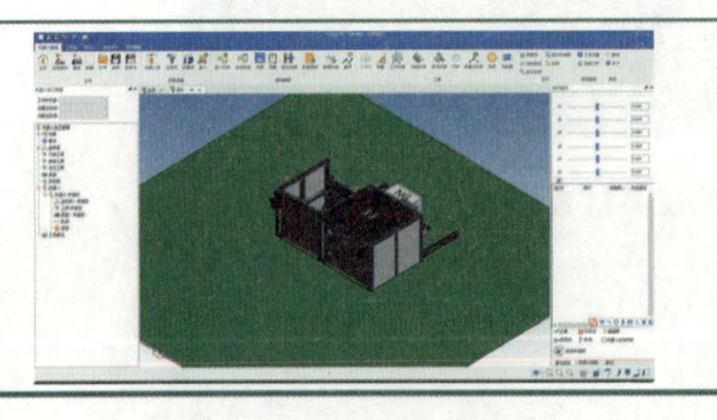	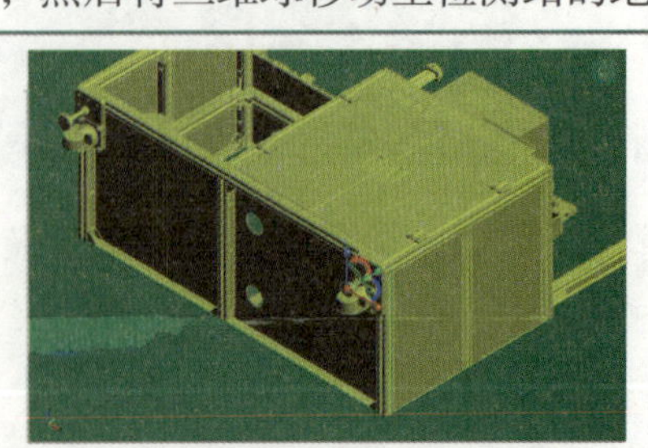

<table>
<tr><td>③为了便于后面的操作，可以通过三维球中心点右键菜单中的编辑位置功能，将当前检测站三维球中心移动至（0,0,0）处</td><td>⑥调整触摸屏设备至图示姿态</td></tr>
<tr><td>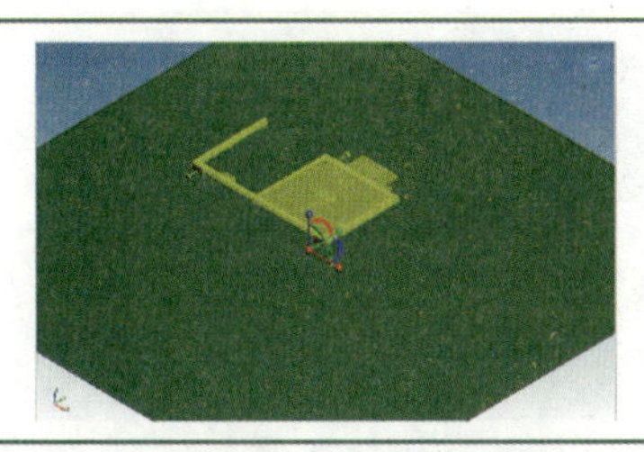</td><td>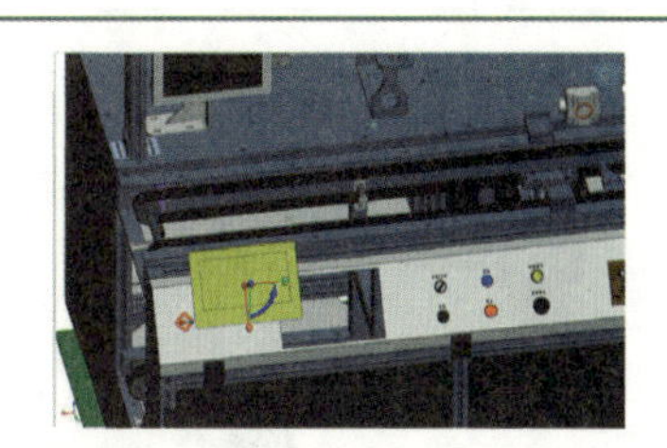</td></tr>
<tr><td>④然后通过三维球调整检测站的方向，使其处于软件环境中的地板上方。
注意：为了便于后面的操作以及特征的拾取，可以将软件操作环境中的背景设置为白色，地板设置为与检测站匹配的规格</td><td>⑦然后依次锁定触摸屏三维球的X/Y轴，利用中心点右键菜单中的“到边的中点”，完成其XY平面内的定位；再锁定其Z轴，利用中心点右键菜单中的“到面中点”，完成其Z向定位，完成触摸屏的放置</td></tr>
<tr><td>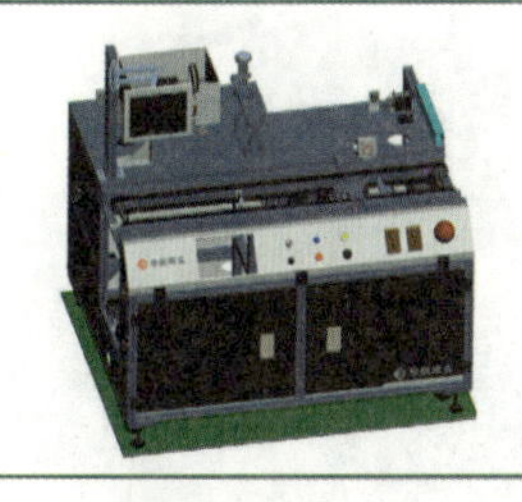</td><td>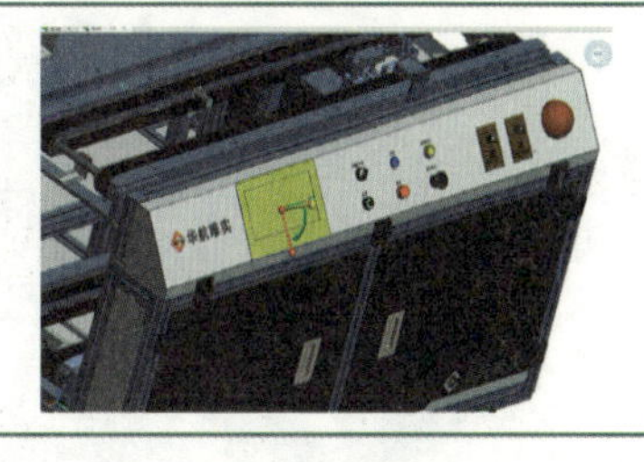</td></tr>
<tr><td>⑤通过设备库下载触摸屏设备，选择“KTP 900 Basic”</td><td>⑧在软件的机器人库中下载ABB IRB120型工业机器人</td></tr>
<tr><td>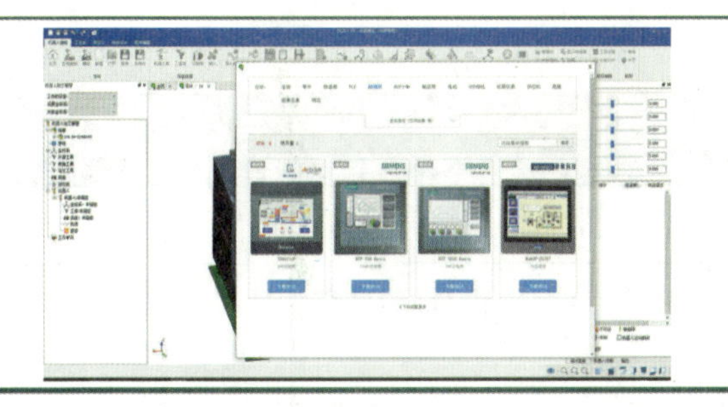</td><td>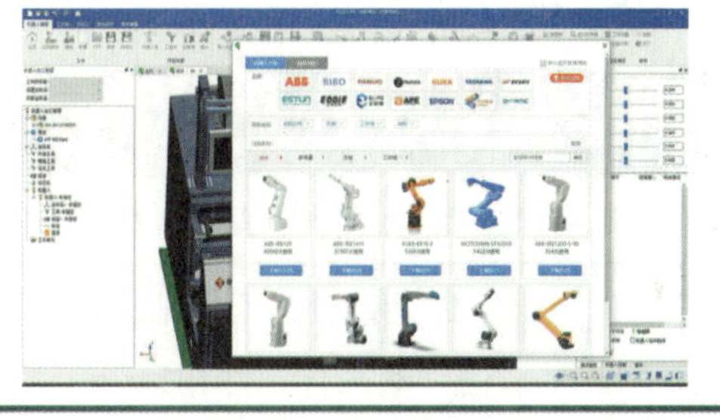</td></tr>
<tr><td>⑨激活工业机器人的三维球，锁定对应轴后，将其移动至对应参考边处，再拖动同一个轴，在对话框中输入需要移动的距离，完成此方向的定位，然后参考上述方法完成其他方向的放置</td><td>⑫激活快换夹爪A的三维球，将其中心点移动至快换工具与快换台接触面的几何中心位置，然后通过中心点右键菜单中的“到中心点”功能移动至快换工具台的对应位置处，调整工具的姿态，完成其放置</td></tr>
<tr><td>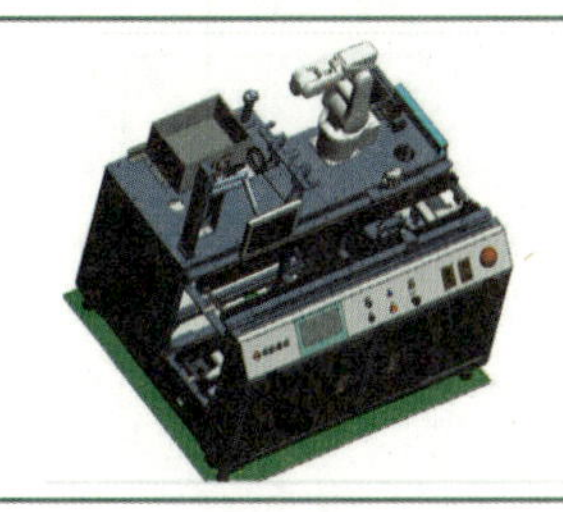</td><td></td></tr>
</table>

⑩在工具库中下载快换工具的机器人侧工具，工具将自动安装至工业机器人的法兰处	⑬参考上述方法，完成其余快换工具的放置
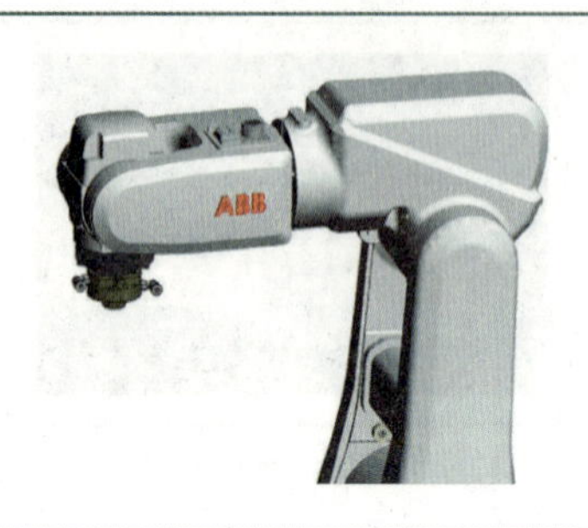	
⑪通过自定义功能栏中的导入工具功能，导入快换夹爪A，并为其重命名，以区分生产线中其他快换工具	⑭完成智能装配区检测站的搭建后，保存工程文件
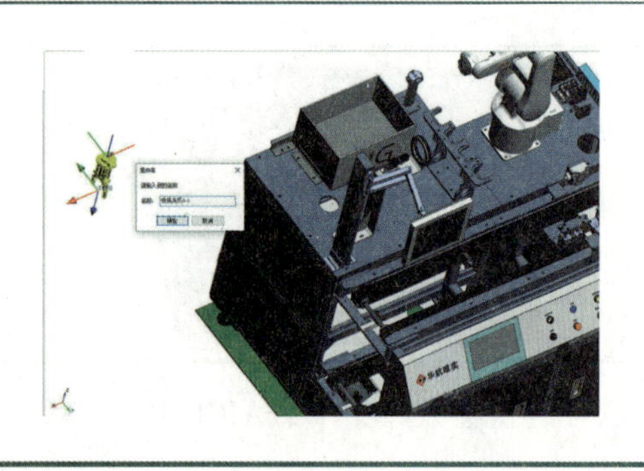	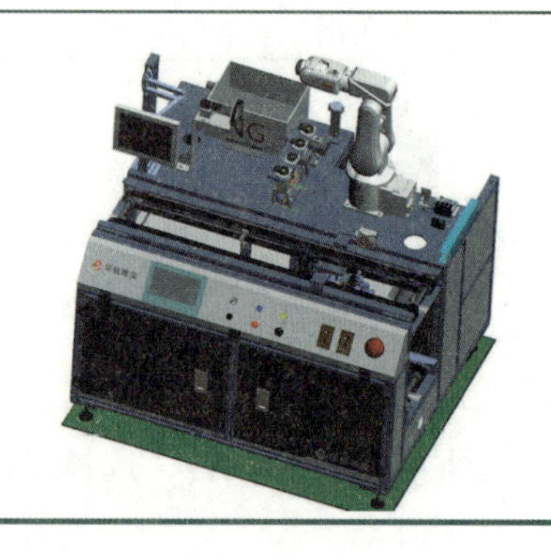

【任务评价】

任务	配分	评分标准	自评	教师评价
基础工作站搭建	10	1.了解智能装配区检测站的组成，不符合条件扣10分		
	15	2.能够根据工作站组成，分析其各组成部分导入工程环境的方法，不符合条件扣15分		
	15	3.能够输入智能装配区检测站主体并正确放置，不符合条件扣15分		
	15	4.能够正确导入触摸屏设备并正确放置，不符合条件扣15分		
	20	5.能够正确导入工业机器人并正确放置，不符合条件扣20分		
	5	6.能够正确导入快换公头，不符合条件扣5分		
	20	7.正确导入快换工具并正确放置，共4项，不符合条件每项扣5分，共计20分		

项目评测

项目二　知识测试

一、填空题

1. PQArt软件界面中，（　　　　）显示机器人执行的动作、指令、事件和轨迹点的状态。

2. PQArt软件的（　　　　）功能栏中，可将官方提供的模型从模型库（机器人库、工具库和设备库）导入到场景中，也可将绘图软件绘制的CAD模型通过“输入”导入至场景中。

3. PQArt软件工业机器人的导入方式有从（　　　　）库导入和导入（　　　　）两种方式。

4. 三维球有三种颜色：默认颜色（X、Y、Z三个轴对应的颜色分别是红、绿、蓝），（　　　　）和黄色（被选中的轴颜色为黄色）。

二、判断题

1. 选中三维球的任意平移轴，拖动轴可使物体沿轴线的拖动方向运动；或单击鼠标右键，在右键菜单中进行选择，指定物体沿轴线移动的方向。（　　）

2. 三维球处于默认显示状态时，三维球与物体互不关联，调节三维球的位置后仅三维球动，物体不动。（　　）

3. 在PQArt软件中进行虚拟工作站的搭建或者进行工具、机构、零件等场景文件的自定义过程中，需要使用三维球工具进行对象位置的调节。（　　）

项目三 搭建虚拟生产线

项目导言

本项目主要从生产线虚拟搭建任务来学习智能生产线数字化集成与仿真技术。通过配置外部轴、配置状态机设备以及虚拟生产线搭建任务，逐步深入学习。

在前面的项目中已经学习了基础工作站的搭建方法，在本项目中结合虚拟生产线案例背景，引入在虚拟仿真及调试时所需要的机构、状态机和零件的定义方法，讲解基于PQArt软件，实施生产线虚拟搭建的流程，为后续生产线虚拟搭建与流程仿真做准备。

知识目标

（1）认识典型外部轴。

（2）了解机构的自定义方式。

（3）掌握状态机的定义方法、虚拟生产线组成及功能、零件的种类及定义流程。

能力目标

能够根据要求配置外部轴、状态机，完成简单生产线的虚拟搭建。

情感目标

培养认真负责的工作态度、耐心细致的工作作风、严谨规范的工作理念与精益求精的工匠精神。

任务 3.1　配置外部轴

在现代化的智能生产线中，工业机器人可以通过外部轴实现其工作空间的扩展，通过外部轴可以实现工业机器人的高效使用，本任务我们学习基于 PQArt 软件进行外部轴配置的方法。

知识学习 1——认识机器人的外部轴

在工业现场中，为了充分利用工业机器人设备的柔性制造属性，往往设置机器人的行走机构，以实现扩展其运动空间的目的，下面先来逐一认识机器人的行走机构以及外部轴。

1. 机器人的行走机构

行走机构是行走式机器人的重要执行部件，它由驱动装置、传动机构、位置检测元件、传感器、电缆及管路等组成。行走机构一方面支承机器人的机身、臂部和手部，另一方面还根据工作任务的要求，带动机器人实现在更广阔空间内运动。

行走机构按其运动轨迹可分为固定轨迹式和无固定轨迹式两类，如图 3-1 所示。固定轨迹式行走机构主要用于工业机器人，此种方式常称之为外部轴。无固定轨迹式行走机构根据其结构特点分为轮式行走机构、履带式行走机构和关节式行走机构等。

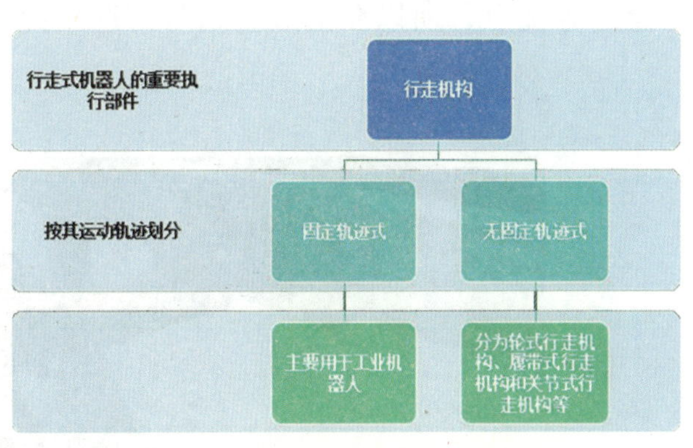

图 3-1　机器人的行走机构

2. 工业机器人的外部轴

随着工业的不断发展，工业自动化设备已经成为各生产企业必不可少的，其中工业机器人成为工业自动化设备的主要成员。由于机器人设计时为了保证精度臂展不宜过大，因此对于一些远距离的输送、搬运、码垛、上下料等工作就会受到限制。为了机器人能够满足各种特殊工况，实现一机服务多台设备，就需要配备不同形式的外部轴，如图 3–2 所示。

图 3–2　一台工业机器人服务多台设备场景

外部轴常设计成以下几种结构形式：齿轮齿条式、滚珠丝杠式、滚轮驱动、直线电动机、AGV 驱动等。按照导向方式分为：有轨导向和无轨导向，典型的无轨导向是运用 AGV 小车作为机器人的外部行走轴。

对于六轴工业机器人来说，外部轴便是第七轴，但是对于三轴、四轴等轴数的标准机器人来说便是第四轴或第五轴，所以下文统一叫机器人外部轴。

机器人外部轴的空间安装位置可分为以下几种：空中安装、地面安装、斜置等。空中安装又分为机器人倒装及侧置等，如图 3–3 所示。地面安装方式由于施工简单、成本较少、结构稳定等优点，所以在集成应用时常选用此方式，如图 3–4 所示。

图 3–3　工业机器人倒装于空中导轨

图 3–4　工业机器人地面安装于导轨

知识学习 2——机构的自定义方式

在 PQArt 软件中，为了实现外部轴与工业机器人的协同运动，需要先完成外部轴的定义，外部轴的定义则需通过机构自定义的方式完成。

1. 定义机构功能

PQArt 软件中“定义机构”位于图 3–5 所示的功能菜单下，单击即可进行机构的自定义，主要用来定义 10 轴以内（包含 10 轴）串联型运动机构和外部轴。

其中，串联型运动机构指的是组成机构的各部分零部件，通过移动关节（简称 P）或旋转关节（简称 R）首尾相连，形成一个串联型、非闭环构造形式。外部轴指的是除去机器人本体上的轴，为了工作需要所以再加上的轴。在 PQArt 内，一般指导轨、变位机、变位工具。

通过给机器人增加外部轴关节，本质上是增加了机器人的可达空间、加工的灵活性，如图 3–6 所示；从而使机器人在大小、型号不变的情况下，可以加工更加复杂、更加巨大的工件；使机器人可以胜任更加复杂的、多工位、多角度的加工工况。

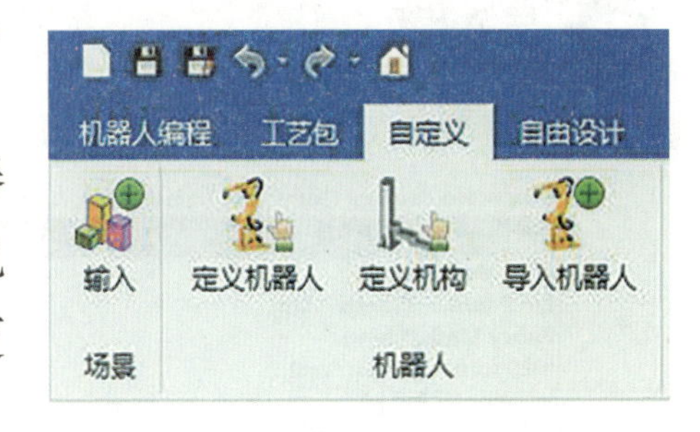

图 3–5　“定义机构”功能菜单

图 3–6　虚拟生产线中的多轴导轨

2. 定义机构流程

下面讲解在 PQArt 软件中定义机构的方法。定义机构的流程如图 3–7 所示，包含导入模型、模型预处理、定义机构以及机构检测，下面分别对其中的注意事项以及要点进行讲解。

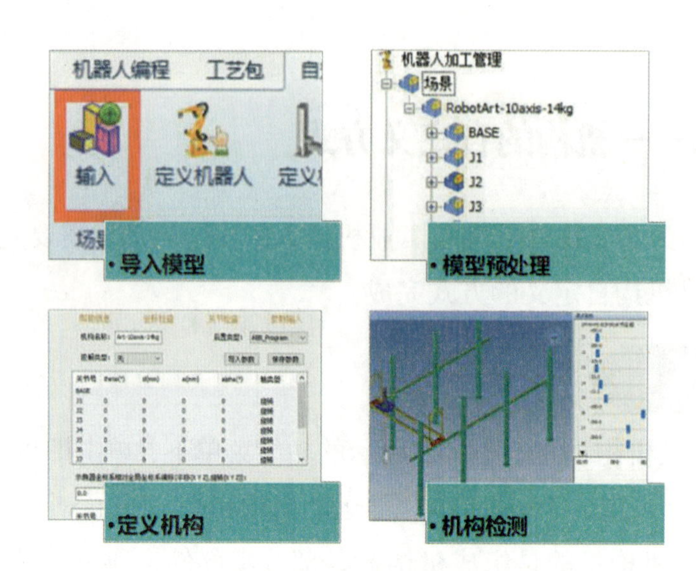

图 3-7 定义机构的流程

1 导入模型

通过“输入”来导入模型，PQArt 软件支持的 CAD 文件格式如图 3-8 所示。

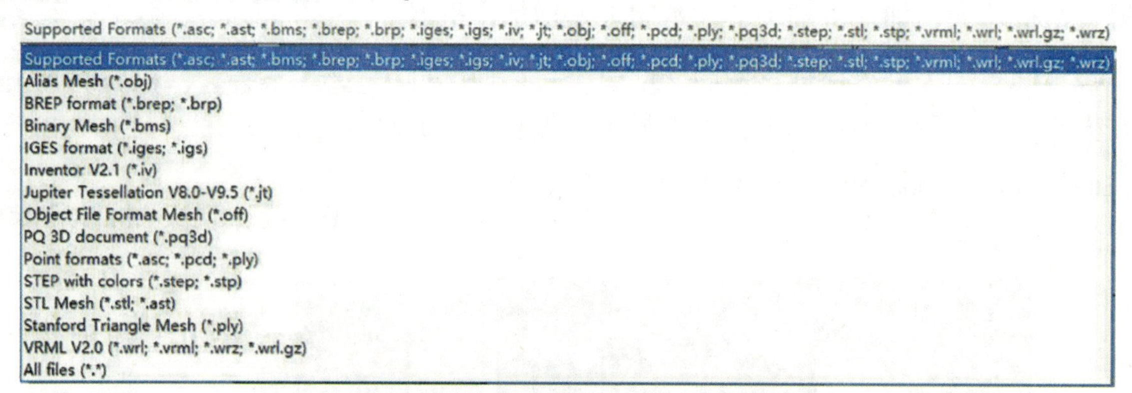

图 3-8 PQArt 软件支持的 CAD 文件格式

需要注意的是，将 CAD 模型导入 PQArt 软件环境之前，建议将 CAD 模型中每个自定义连杆的部件装配起来，每个连杆对应于一个装配。

2 模型预处理

导入的模型，其零部件层次关系不一，定义机构前需要对这些零部件进行一次预处理，使之符合定义所要求的层次结构。

运动机构零部件的树结构一般要求：根目录为一个总装，名字一般为机器人的官方名称，子节点下依次为 BASE、J1、J2、…、J*n* 排列。BASE 为机构的机座，J1~J*n* 为由机座端开始串联机构的关节轴，注意命名顺序要准确。

注意：环境中不允许有其他任何额外的零件 / 装配，否则会弹出警告，阻止机构的定义。

在机器人加工管理树中可以对导入 PQArt 软件环境的场景文件进行管理，选择对应的场景文件后通过其右键菜单（图 3-9）中的功能，对场景文件进行装配、解除装配和重命名操作，以实现机构的预处理。

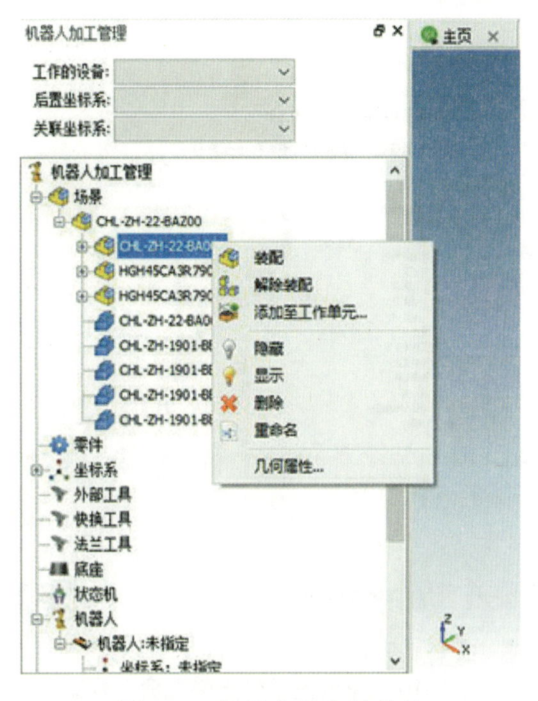

图 3-9　场景文件右键菜单

3 定义机构

在完成模型预处理的前提下，可以进行机构的自定义。定义机构时，需要依次了解基础知识、确认机构的坐标、关节检查和参数输入。

（1）了解基础知识。

进入定义界面后，将会弹出对应的窗口，定义机构涉及多方面知识，为了达到定义机构的目标，取得良好的定义效果，需要先了解基础知识，实现流畅操作。

（2）确认机构的坐标。

一般运动机构在 DH 参数建模时以世界坐标系为参考零点。

（3）关节检查。

关节数量 = 运动方式为平移的关节 + 运动方式为旋转的关节

在模型预处理时，已经对自定义的机构进行了关节轴的命名及划分，软件会自动识别出机构的关节数。如果之前未对模型进行预处理，则会弹出警告提示，如图 3-10 所示。只有在模型预处理成功后才能进行下一步的操作。

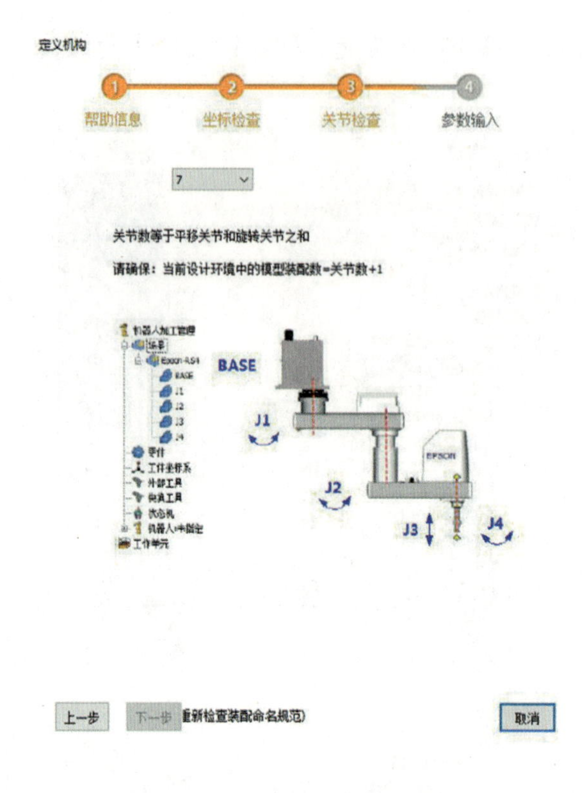

图 3-10　提示重新检查装配命名规范

（4）参数输入。

此处需要设定模型的 DH 参数、软件零点、机械零点、各个轴的运动范围及运动方向等，如图 3-11 所示，详细的内容说明如表 3-1 所示。

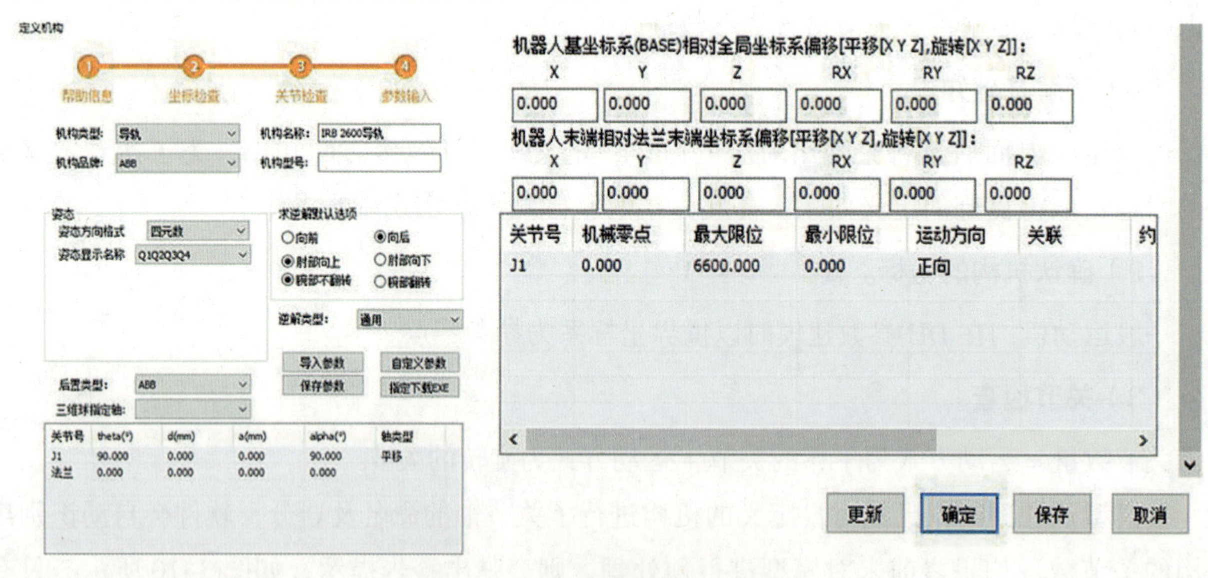

图 3-11　定义机构参数输入界面

表 3-1　定义机构参数输入内容说明

选项	内容说明
机构类型	 有通用机构、变位机和导轨3种选项，可以根据实际定义的内容选择
机构名称	目标机构的名称
机构品牌	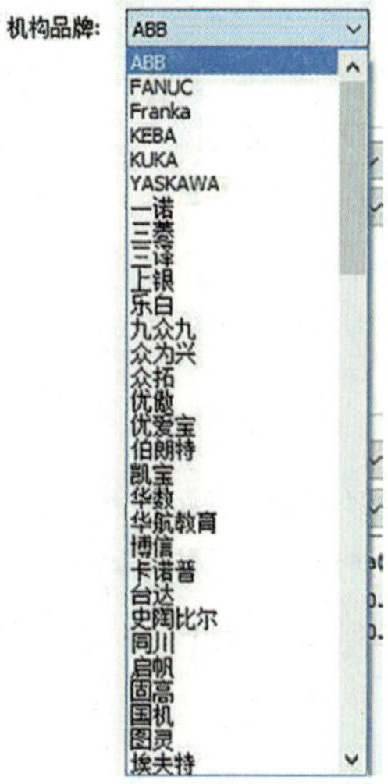 选择与机构匹配的品牌
机构型号	用户自行定义，以区分标记自定义的机构
姿态	四元数和欧拉角两种姿态表达方式，一般选用默认的四元数方式
求逆解默认选项	根据机构实际的应用场景进行设置，当选择机构类型为导轨时，由于只涉及线性运动，此处选项将锁定
逆解类型	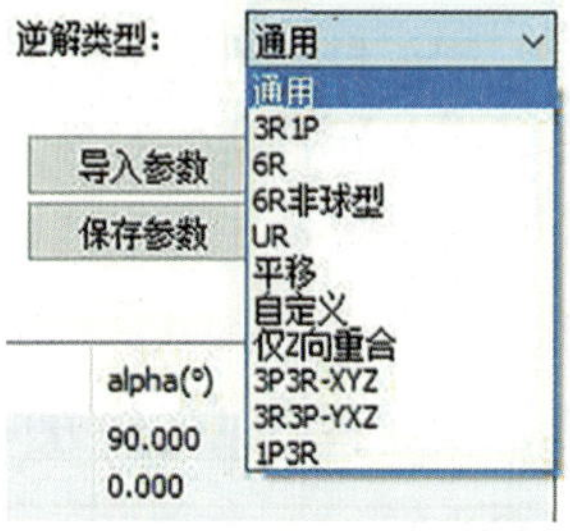 R：Revolute，代表旋转关节；P：Prismatic，代表平移关节。常用选项说明如下： 3R1P：表示常见的四轴机器人（旋转-旋转-平移-旋转）。 6R：表示通用6轴机器人，该类型机器人的最后三个旋转轴交于一点。 6R非球型：最后三轴不相交于一点的6轴旋转机器人
后置类型	选择与当前所定义的机构相匹配的后置类型。若列表中无对应的机构类型，选择“自定义”。选择“自定义”需将提前准备好的后置文件（格式为.ropost)导入进来

续表

<table>
<tr><th>选项</th><th>内容说明</th></tr>
<tr><td>三维球指定轴</td><td>三维球指定轴: BASE
BASE
J1
法兰
关节号 theta(°) nm)
J1 90.000 .000
选择指定轴后，将会激活对应自定义机构对应轴的三维球，用户可以通过操作三维球调整轴的位置</td></tr>
<tr><td>轴坐标系转换到法兰坐标系的参数</td><td><table><tr><th>关节号</th><th>theta(°)</th><th>d(mm)</th><th>a(mm)</th><th>alpha(°)</th><th>轴类型</th></tr><tr><td>J1</td><td>90.000</td><td>0.000</td><td>0.000</td><td>90.000</td><td>平移</td></tr><tr><td>法兰</td><td>0.000</td><td>0.000</td><td>0.000</td><td>0.000</td><td></td></tr></table>theta(°)表示坐标系Z轴旋转的角度；
d(mm)代表Z 轴平移的距离；
a(mm) 表示坐标系X轴平移的距离；
alpha(°)代表X轴旋转的角度；
轴类型有平移和旋转两种，根据轴实际运动情况进行设置。
这四个参数存在先后顺序，即坐标系先按照设定角度旋转Z轴，按照设定距离平移Z轴，然后再进行X轴的平移与旋转。绕Z轴或者X轴旋转均遵从右手定则，即大拇指沿着Z轴或者X轴方向，四指弯曲方向为正方向（X轴始终垂直于Y、Z两轴组成的平面）。
在定义机构的过程中，是从世界坐标系开始，依次转换每个轴的坐标系，Z轴方向决定的是每个轴的运动方向</td></tr>
<tr><td>机械零点、最大限位、运动方向等</td><td><table><tr><th>关节号</th><th>机械零点</th><th>最大限位</th><th>最小限位</th><th>运动方向</th><th>关联</th><th>约</th></tr><tr><td>J1</td><td>0.000</td><td>6600.000</td><td>0.000</td><td>正向</td><td></td><td></td></tr></table>机械零点：确定好运动机构的机械零点后，观察当前机构模型与机械零点状态是否有差异。若有差异，需要对各个轴的位置进行调整。
最大限位与最小限位：各个轴运动（平移/旋转）的最大与最小距离/角度，即各轴的运动范围。
运动方向：设定各个轴运动方向的正反。可通过【更新】，实时查看运动机构的运动方向是否正确</td></tr>
<tr><td>更新、确定、保存、取消</td><td>更新 确定 保存 取消
更新：完成参数设置后，单击可以同步更新数据。
确定：确认当前设置。
保存：保存定义机构。
取消：取消当前的设置</td></tr>
</table>

4 机构检测

机构定义完成后，对机构进行功能检测是非常重要的操作。可通过拖动画面右侧“调试面板”中对应的关节滑块，检测定义机构的运动与关节行程，是否与要求一致，如图 3-12 所示。确认无误后，机构定义操作全部完成。

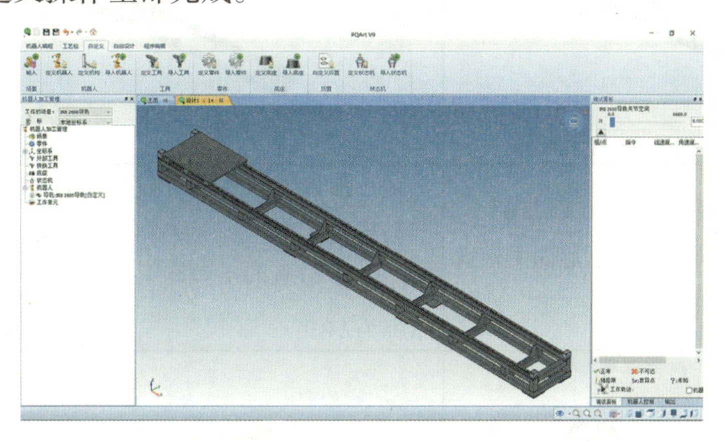

图 3-12　机构检测

任务页——配置智能加工区工业机器人外部轴（导轨）

配置智能加工区工业机器人外部轴

<table>
<tr><td>任务准备</td><td>PQArt 软件</td><td>教学模式</td><td>理实一体</td><td>建议学时</td><td>2</td></tr>
<tr><td colspan="6">任务引入</td></tr>
<tr><td colspan="6">在虚拟生产线中，智能加工区处的六轴机器人ABB IRB2600通过外部轴实现其工作空间的扩展，达到在智能加工区转运零部件的目的
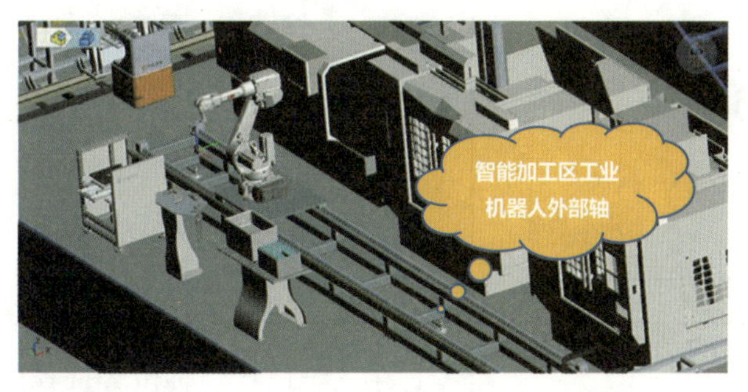

由前面知识内容可知，在PQArt软件中，工业机器人外部轴的设置需要通过自定义机构实现，下图所示为六轴机器人ABB IRB2600外部轴的数据。
本任务需要完成外部轴的设置，最终实现在虚拟仿真中外部轴与工业机器人的协同运动。
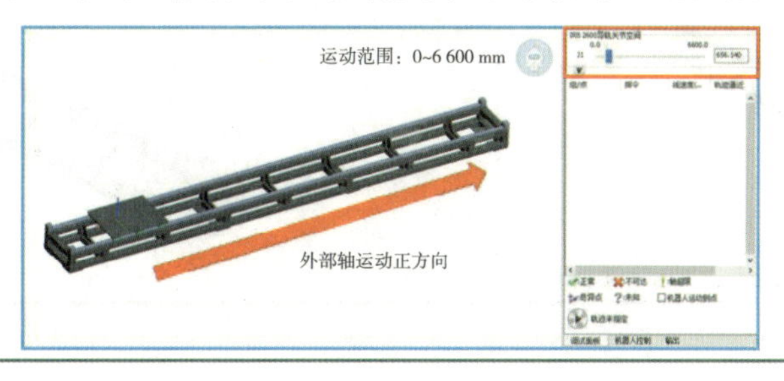
</td></tr>
</table>

①新建工程文件，通过“输入”功能导入外部轴的CAD文件	②对模型进行预处理，将机架装配为BASE名称的装配，将一轴装配为J1名称的装配，J1与BASE同处于一个装配中
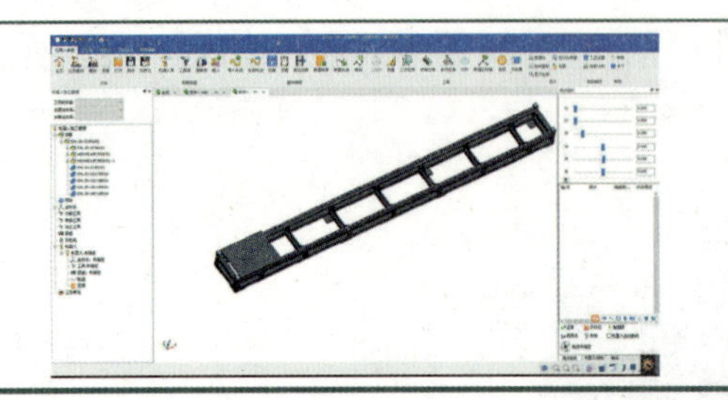	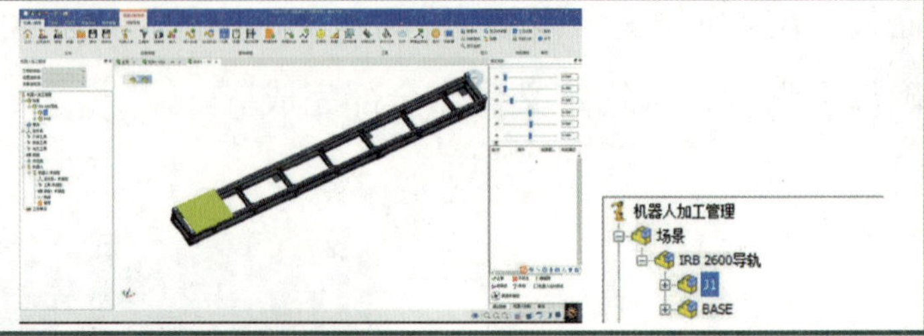
③选择“自定义”菜单中的“定义机构”，进行机构的自定义。在弹出的图示界面中勾选“我已熟知上述内容”并单击“下一步”	⑥在参数输入界面，设定机构类型、机构名称、逆解类型和后置类型。 设定机构类型为导轨，机构名称为IRB 2600导轨，机构品牌为ABB
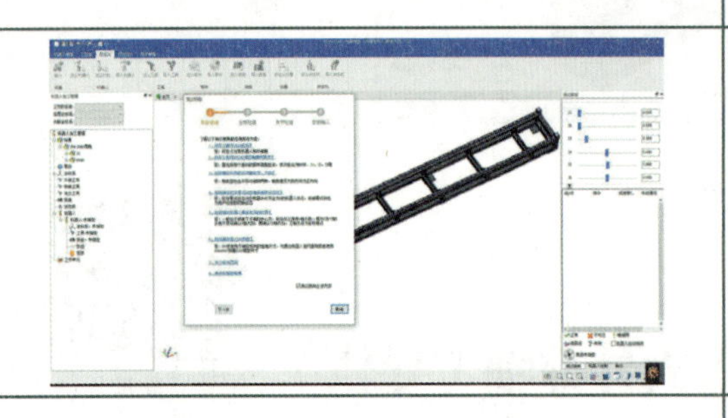	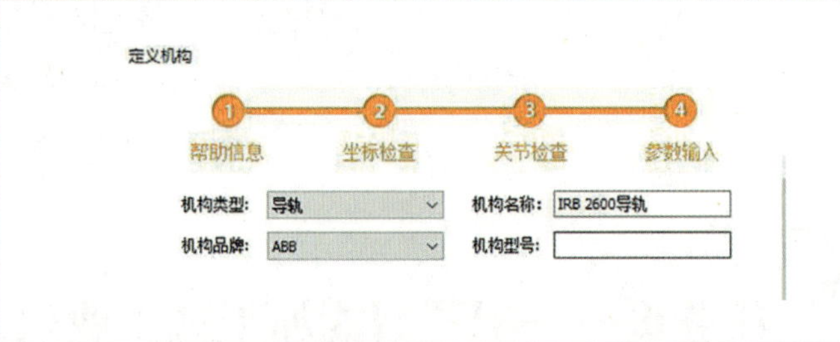
④确认坐标系后，单击“下一步”	⑦姿态方向选择四元数，逆解类型保持默认即可
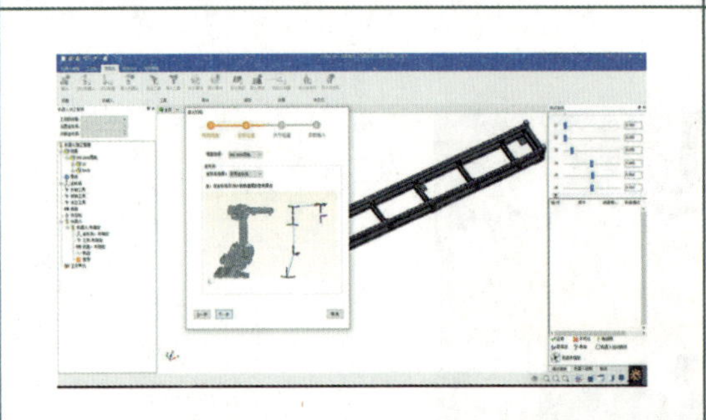	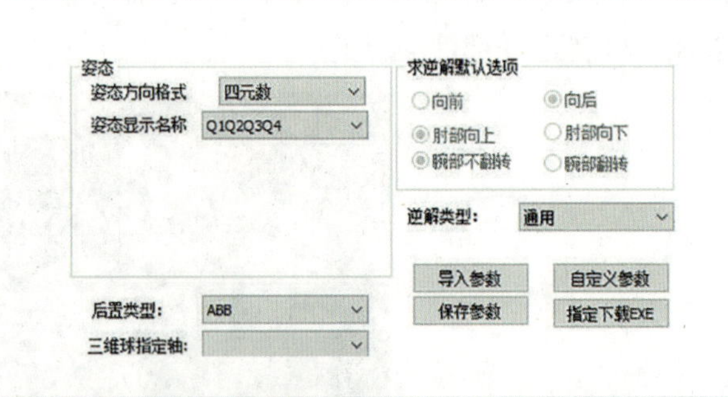
⑤选择并确认自定义机构的关节数，案例中外部轴机构的关节数为1，故选择“1”，单击“下一步”	⑧在三维球指定轴位置选择BASE，通过操纵三维球，将其调节至图示位置
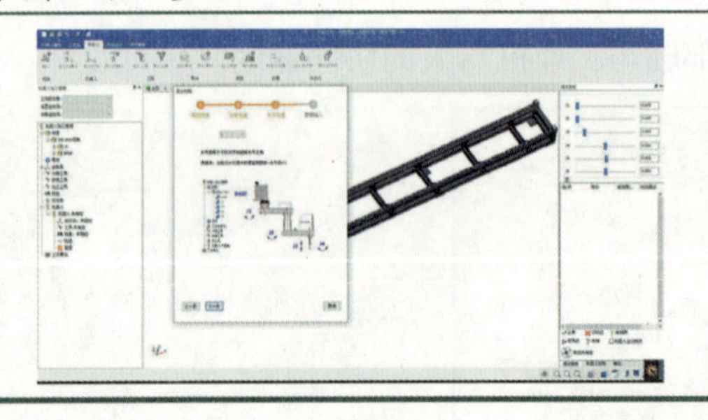	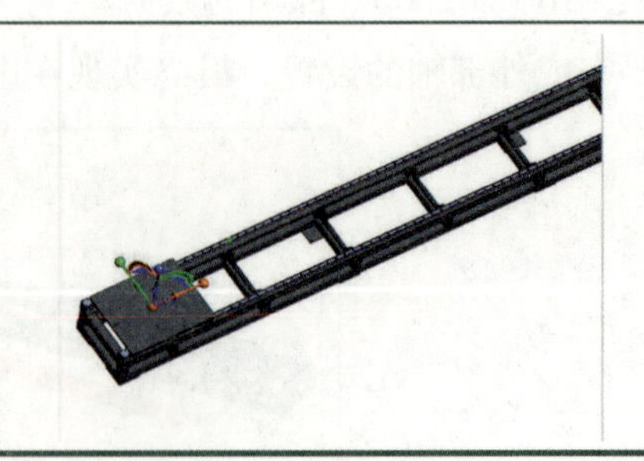

⑨在三维球指定轴位置选择J1，设置J1关节的转换参数，使之坐标转换后Z轴方向为预期的外部轴正方向。法兰的位置保持与BASE默认一致即可

⑩设置外部轴的机械零点和限位位置，运动方向选择正向，如选择反向将沿着J1三维球的Z轴反向运动，与预期相反。

单击“更新”，在调试面板测试机构设置的准确性。选择保存，存储完成设置的外部轴机构

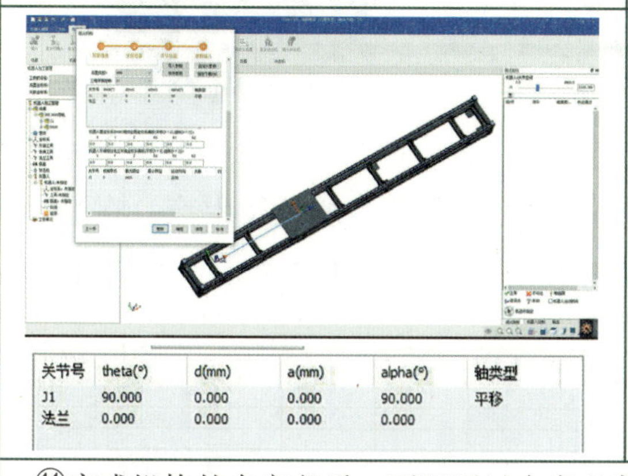

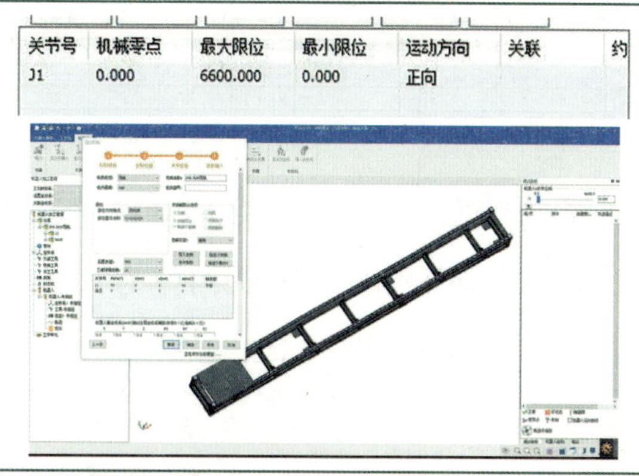

⑪完成机构的自定义后，可以通过自定义菜单中的“导入机器人”功能导入机构，然后导入IRB2600工业机器人，使用三维球将工业机器人移动至预期的导轨安装位置处，在管理树处选择导轨右键，在弹出的菜单中选择“抓取（改变状态-无轨迹）”，抓取工业机器人。

完成以上操作后，可以在调试面板测试工业机器人随着完成设置的外部轴一起运动

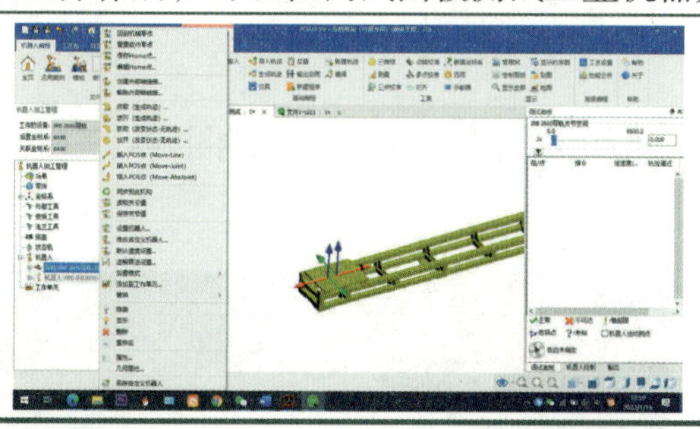

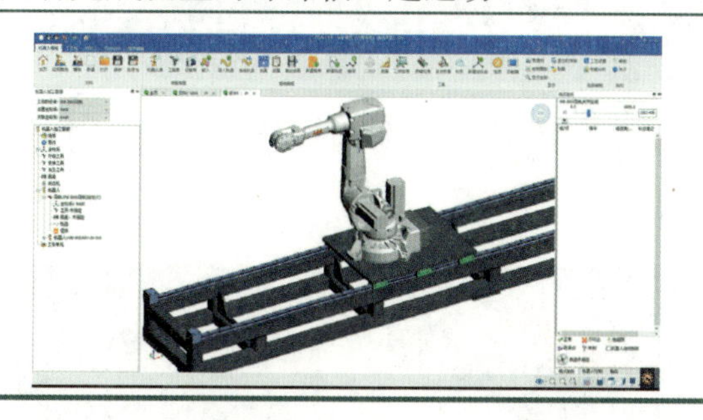

【任务评价】

任务	配分	评分标准	自评	教师评价
配置外部轴	20	1.认识工业机器人的外部轴，不符合要求的扣20分		
	10	2.掌握定义机构的功能和定义范围，不符合要求的扣10分		
	10	3.能够新建PQArt软件工程文件，正确导入自定义机构的CAD模型，不符合条件扣10分		
	20	4.能够在PQArt软件中完成定义机构之前的预处理，不符合条件扣20分		
	30	5.能够正确完成外部轴机构的自定义，不符合条件扣30分		
	10	6.能够验证外部轴机构的正确性，不符合条件扣10分		

任务 3.2 配置状态机设备

在智能生产线中，通常由多种自动化设备配合使用，实现产品的加工及生产。在 PQArt 软件中，具备有限工作状态的机构称为状态机，本任务学习配置状态机的方法，为后续虚拟生产线搭建及仿真调试做准备。

知识学习 1——状态机的定义方法

在 PQArt 软件中，定义只有几种特定状态的机构为状态机。

1.PQArt 软件中的状态机

比如，在虚拟生产线中数控车床的门只有打开和关闭两种状态，如图 3-13 所示，即为典型的状态机。

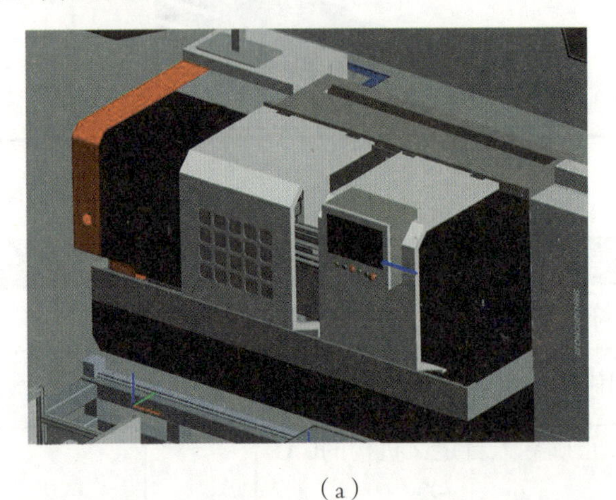

（a）

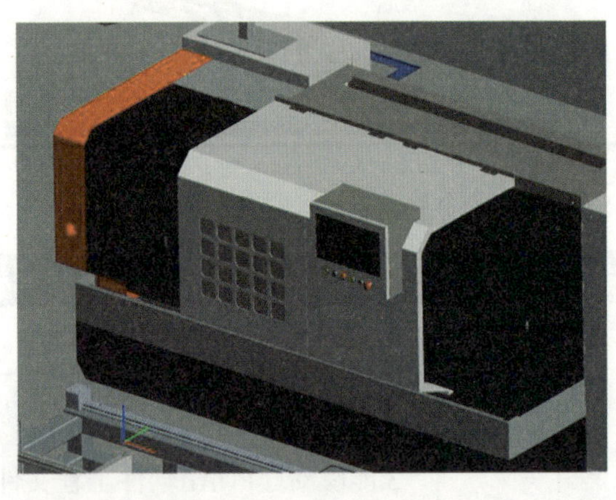

（b）

图 3-13 数控车床的门的状态

（a）打开状态；（b）关闭状态

在实施固定产品的生产加工时，加工中心的滑台通常只有几种固定的停留位置，如图 3-14 所示，只有推出和缩回两种状态时，在软件中可以将其设置为状态机。

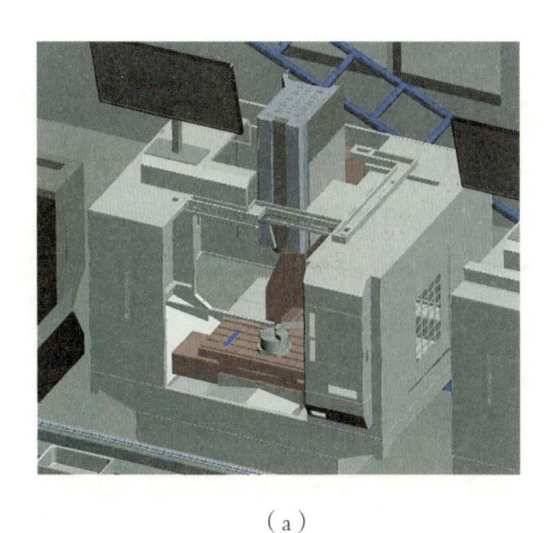
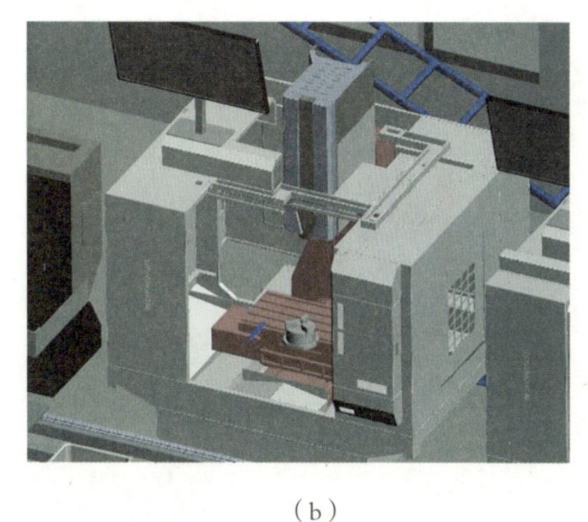

（a）　　（b）

图 3–14　加工中心移动平台状态机

（a）缩回状态；（b）推出状态

在自动化生产线中，通常会使用旋转气缸（又称回转气缸）实现零部件状态的切换，如图 3–15 所示，在软件中可以通过定义状态机的方式，实现其状态的精准切换及仿真。

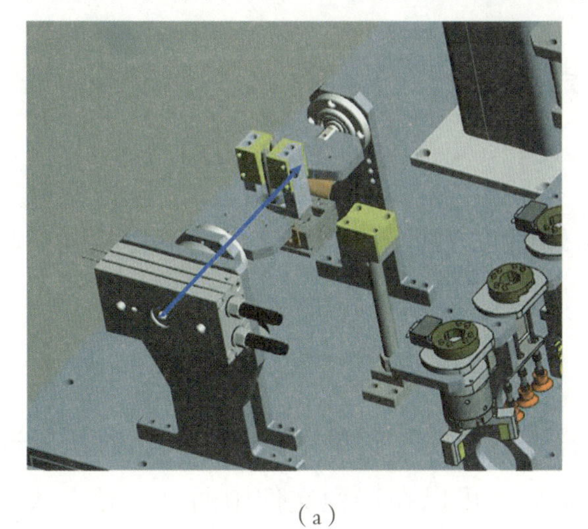
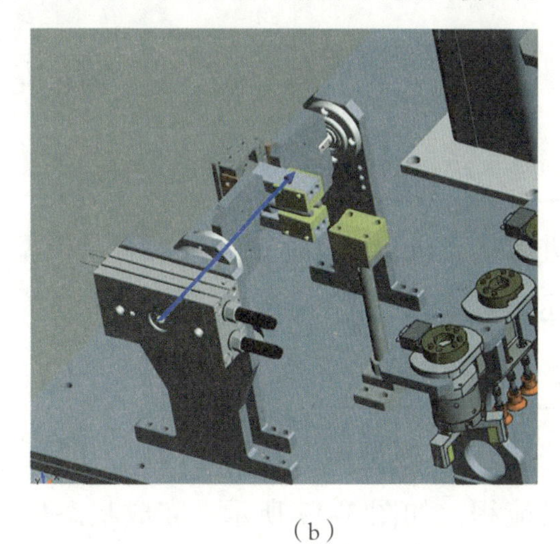

（a）　　（b）

图 3–15　旋转气缸状态机

（a）旋转 0° 状态；（b）旋转 90° 状态

2. 定义状态机的方法

状态机通常有两种及以上的姿态，定义状态机需经过导入模型、模型预处理和定义状态机等步骤，如图 3–16 所示。

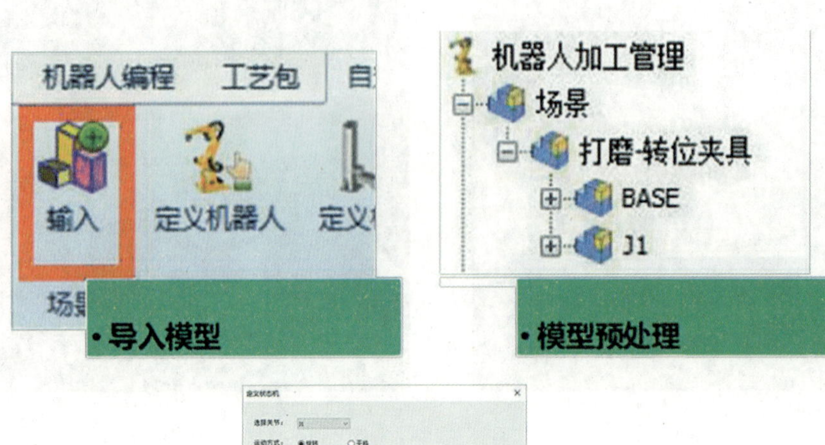

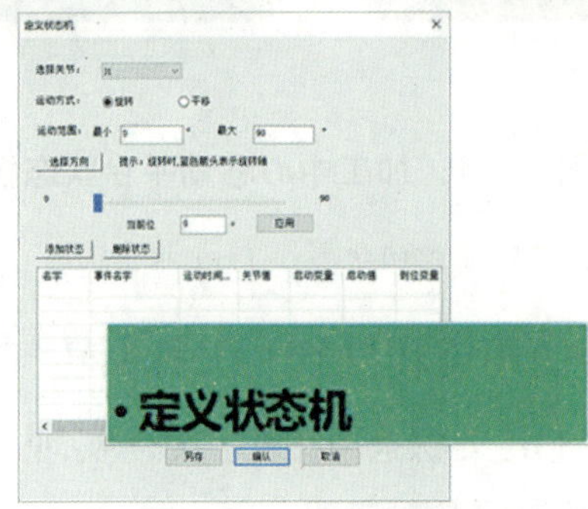

图 3-16　定义状态机

1 导入模型及模型预处理

进行状态机自定义时，导入模型及模型预处理的方法与机构自定义的流程相同，此处不再赘述。

2 定义状态机

完成 CAD 模型导入及预处理后，即可选择“自定义”菜单中的“定义状态机”选项进入定义流程，如图 3-17 所示。完成状态机定义后，可以在工程文件中通过“导入状态机”完成状态机的导入及使用。

图 3-17　定义状态机选项

进入定义状态机流程后，在图 3-18 所示界面中进行相应选项的设置，各选项的说明如表 3-2 所示。

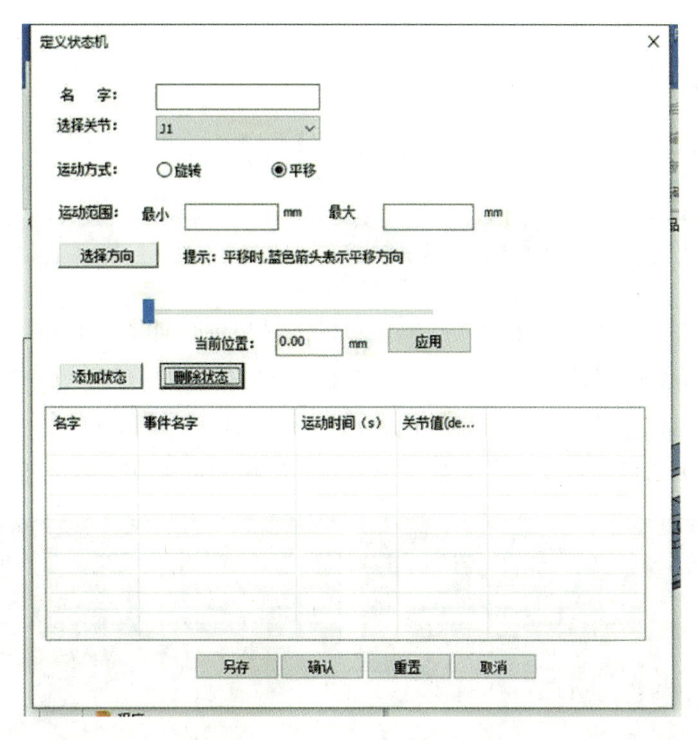

图 3-18　定义状态机界面

表 3-2　定义状态机选项说明

选项	内容说明
名字	用户自定义状态机名称
选择关节	选择当前需要定义的关节
运动方式	当前所选关节是旋转轴还是平移轴
运动范围	当选择当前关节轴为旋转轴时，此处的范围是旋转角度，单位为（°）；当选择当前轴为平移轴时，此处的范围设定是移动范围，单位为mm
选择方向	选择按钮后，将弹出蓝色箭头，该箭头表示的是当前选择关节轴的旋转轴或移动方向，需要对其定义。利用三维球可以移动关节轴的旋转中心位置或移动轴的机械零点位置。 单击“应用”，将应用以上的设置
添加状态、删除状态	选择添加状态后，可以根据需要自行定义状态机对应状态的名称、运动时间、关节值等。 也可以选择完成定义的状态，然后单击通过“删除状态”进行删减

任务页 1——配置半成品仓储送料气缸

任务准备	PQArt软件	教学模式	理实一体	建议学时	2

任务引入

在虚拟生产线的智能加工区域中，半成品仓储区域的零件可通过如图3-19所示的机构和图3-20所示的状态机实现取料，并将取到的半成品运送至等候在半成品仓储区域的AGV小车中。

半成品仓储送料机构可以沿着三个坐标轴方向移动，将半成品仓储送料气缸状态机移动至需要取料的目标料仓处，以及将取出的零件料盘运送至AGV小车处。机构的定义方法参见任务3.1。

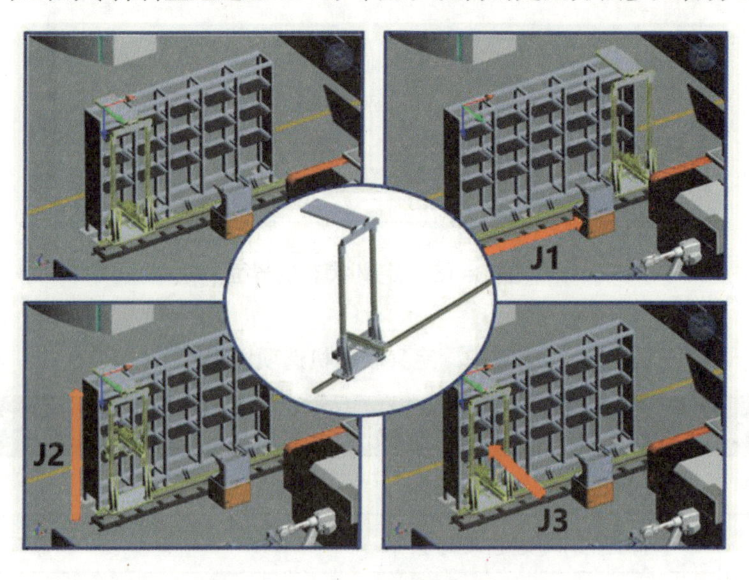

图 3-19　半成品仓储送料机构

半成品仓储送料气缸状态机具备3种状态，实现当半成品仓储送料机构到位后，将半成品料仓内零件料盘取出，以及将料盘运送至AGV小车，如图3-20所示。

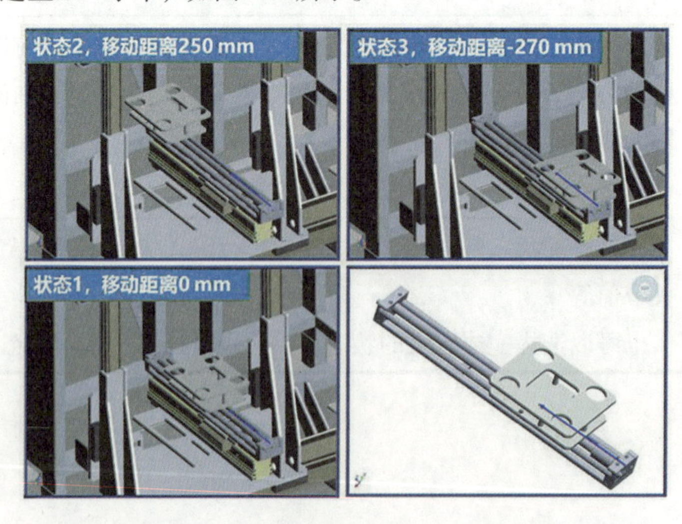

图 3-20　半成品仓储送料气缸状态机

半成品仓储区域取料的流程如图3-21所示。机构的定义方法在前面的任务中已经学习，为了完成虚拟生产线的搭建，现在需要掌握状态机定义的方法，完成半成品仓储送料气缸状态机的定义。

图 3-21　半成品仓储区域取料的流程

①新建PQArt软件工程文件，将半成品仓储送料气缸状态机三维模型导入到工程环境中	③选择状态机中的机架模型，装配在一起后命名为BASE
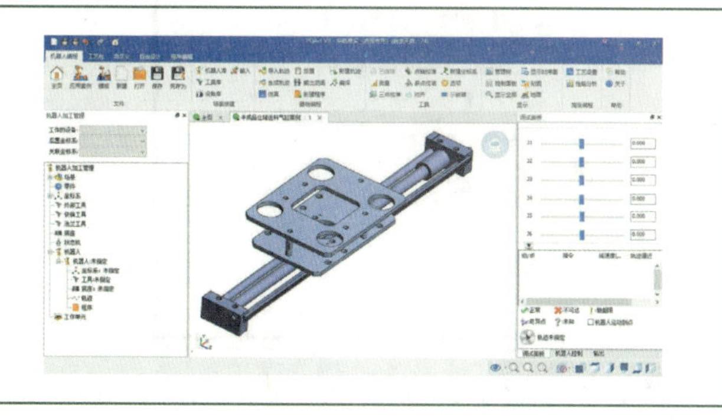	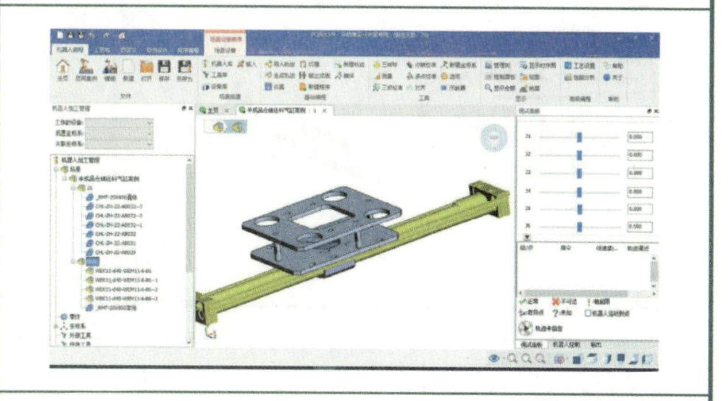
②选择状态机中的J1关节对应模型，将其装配在一起并命名为J1	④如下图所示，完成状态机定义的模型预处理
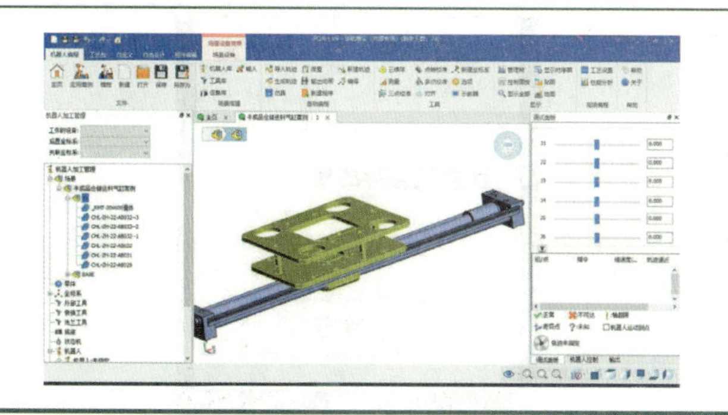	

⑤选择“自定义”菜单中的“定义状态机”，进行状态机的自定义。按照案例要求，完成状态机名称的设定，然后进行J1关节的设定。选择关节为J1，设定其运动方式为平移，设定其运动范围为-270~250 mm	⑧确认状态机关节运动方向无误后，可以选择“添加状态”以添加状态机的工作状态。事件名称可以根据实际状态自行定义，运动时间为从上一状态运动至此状态的时间，关节值为当前状态时关节的移动距离
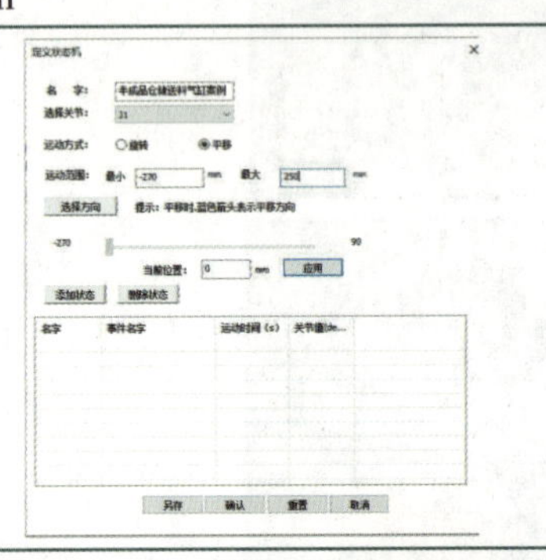	
⑥选择“选择方向”激活状态机方向设定的三维球，此时蓝色箭头方向表示平移的正方向。 将三维球移动至图示的状态机BASE处，然后选择应用以确认当前的设置	⑨根据案例需要，完成图示3种状态的添加
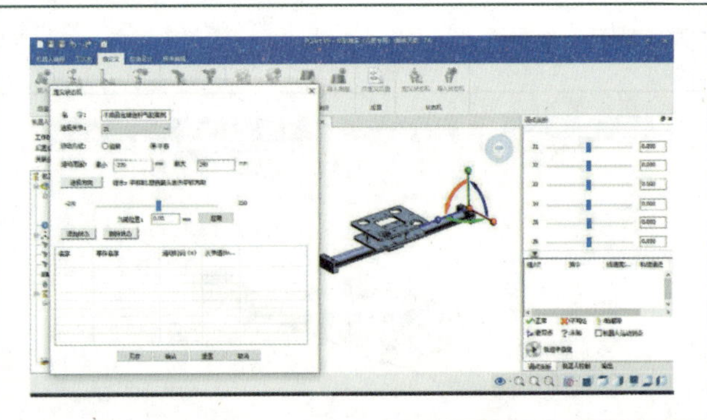	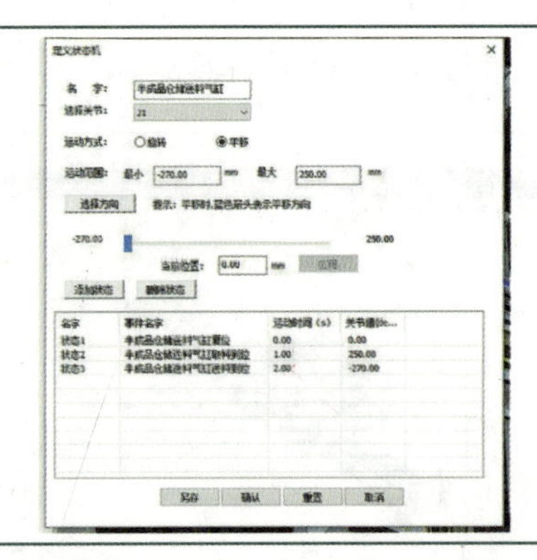
⑦此时，可以通过调节“选择方向”下方的滑动器测试当前状态机关节运动方向准确性，如有误则可以重新选择“选择方向”激活三维球进行设置	⑩完成状态机定义后，可以进行另存。在进行虚拟生产线或者工作站搭建时，可以通过自定义菜单中的“导入状态机”将其导入工程环境中
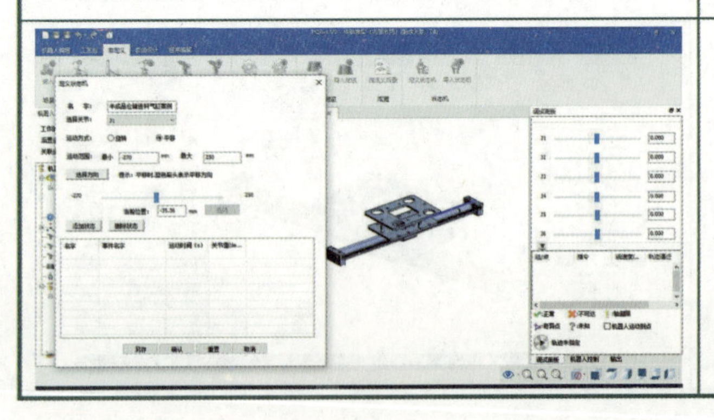	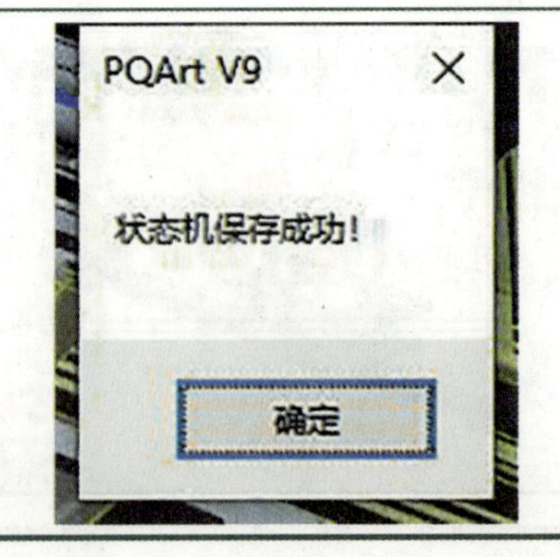

【任务评价】

任务	配分	评分标准	自评	教师评价
配置状态机	20	1.掌握PQArt中机构与状态机的区别，不符合条件扣20分		
	20	2.掌握状态机的定义方法，不符合条件扣20分		
	20	3.能够根据要求完成状态机定义前的模型预处理，不符合条件扣20分		
	10	4.能够正确定义状态机的运动方向及运动范围，不符合条件扣10分		
	10	5.能够验证状态机关节运动方向定义的准确性，不符合条件扣10分		
	20	6.能够根据要求完成状态机的自定义，不符合条件扣20分		

任务 3.3　虚拟生产线搭建

在前面的任务中，已经学习了虚拟生产线搭建所需机构及状态机的配置方法，下面引入本文所述虚拟生产线中的智能加工区，对其搭建方法进行讲解。

知识学习 1——虚拟生产线认知

虚拟生产线是典型的工业集成化应用，以飞机模型为生产装配对象，结合了工业机器人、数控车床、输送线、AGV、物料仓库、快换工具、电子看板等先进技术，涵盖了物料仓库、智能加工、智能组装和智能监控等功能。

虚拟生产线展示了工业自动化、生产数字化、控制网络化、系统集成化等思想，涉及智能控制技术、数控技术、工业机器人技术、机电一体化技术、工业工程技术、计算机应用技术、软件技术、自动化技术、相机测量技术等领域的知识和技能。

在执行虚拟生产线搭建任务前，我们先来认识虚拟生产线的组成。

1. 虚拟生产线组成

图 3-22 所示为虚拟生产线的组成，涵盖三个仓储区域、一个加工区域和一个装配区域。完整的虚拟生产线可以实施零件、备件的自动化出库，通过智能物流运送至智能加工区，实施待加工件的定制化加工，然后通过智能物流（AGV 小车）将经过加工的产品零件、配件运送至中转仓；在智能装配区，配套的产品零件、配件将被运送至不同的装配站，实施零件、配件的智能检测、装配以及最后的装箱，最后入库至成品仓储区域。

2. 虚拟生产线产品

飞机模型由飞机机身、机腹仿形盖板、底座和底座支架四部分组成，如图 3-23 所示。其中飞机机身是在机床加工完成的备件；机腹仿形盖板需要在智能加工区完成加工；底座支架是加工完成的备件；底座需要在智能加工区完成加工。

在智能装配区，机身与机腹仿形盖板、底座支架与底座分别通过锁螺纹进行装配连接，机身与底座支架为普通装配连接。

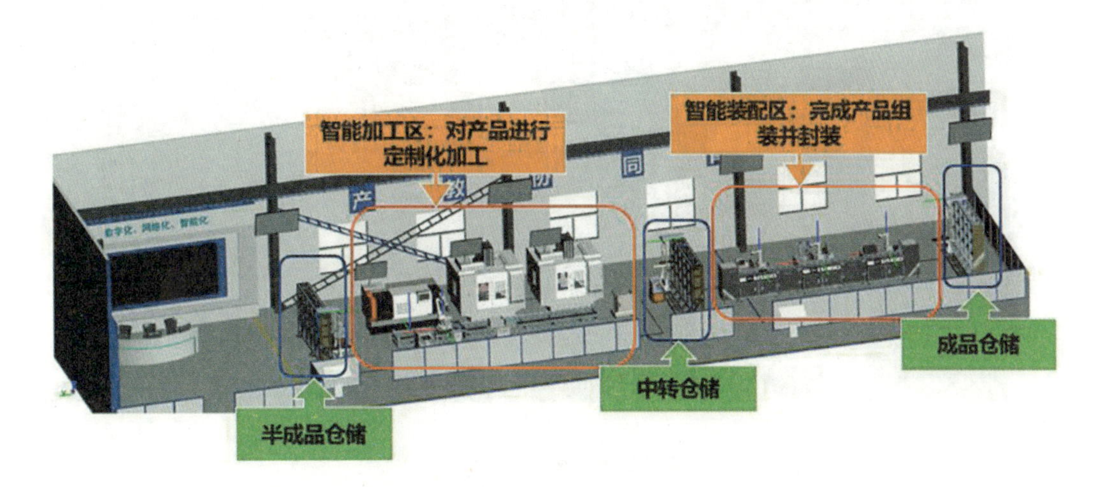

图 3–22　虚拟生产线的组成

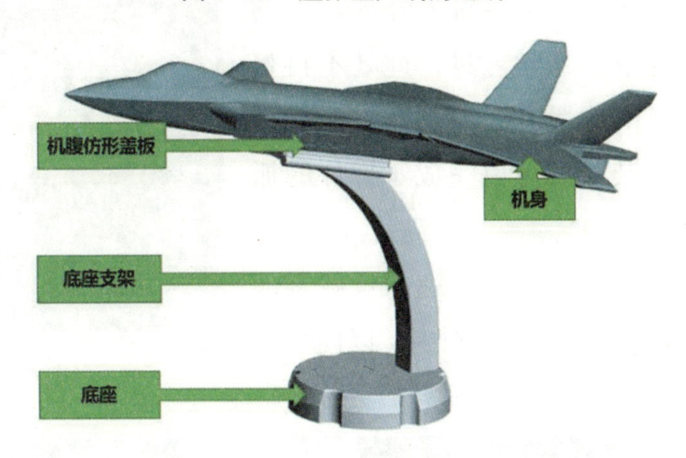

图 3–23　飞机模型产品

3. 智能仓储区

物料仓库分为原料库、中转库和成品库，每个库都有 15 个库位，由取料机构、物料托盘等组成，如图 3–24 所示。其中，机构以及状态机的设置方法在任务 3.1 和任务 3.2 中已经完成对应内容的学习。

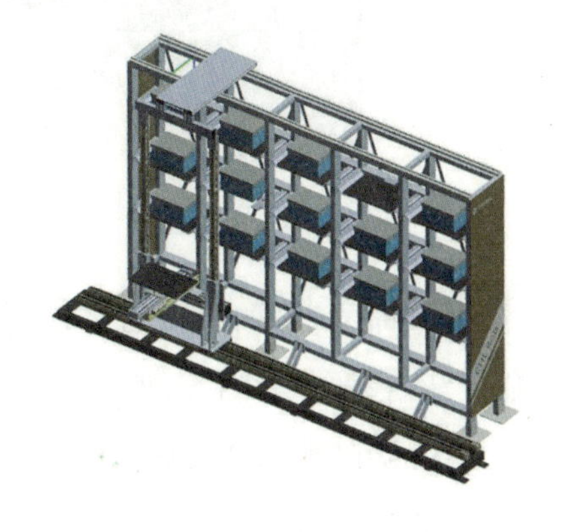

图 3–24　成品仓储区

4. 智能加工区

智能加工区由 ABB IRB2600 工业机器人、导轨、加工中心、数控车床、清洗机、工具库、上料机构等组成，如图 3–25 所示。

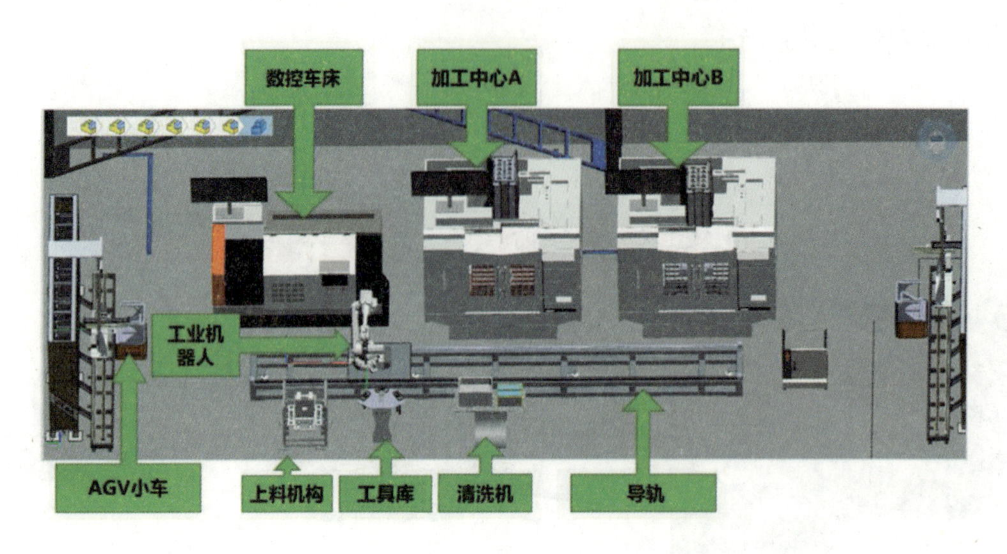

图 3-25　智能加工区

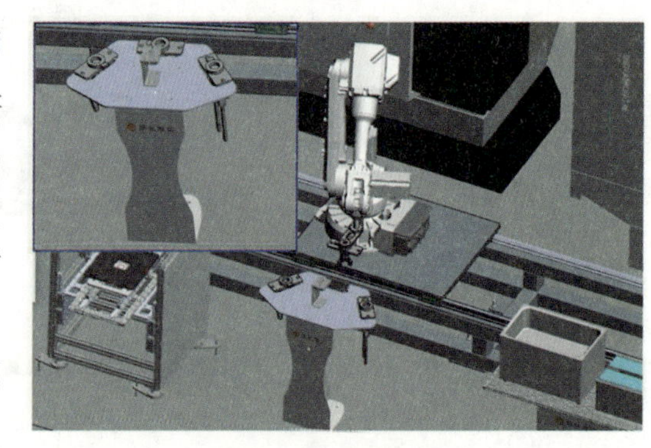

图 3-26　工具库

ABB IRB2600 工业机器人及导轨（外部轴）的设置方法在前面的内容中已经学习过，此处不再赘述。智能加工区工具库中放置有 3 种快换夹爪如图 3-26 所示，工业机器人装载后可以完成零部件的抓取及转运。

上料机构主要用来将 AGV 小车送达的承载零部件的料盘运送至工业机器人的工作范围内，以便于工业机器人实施零部件的灵活转运，如图 3-27 所示。

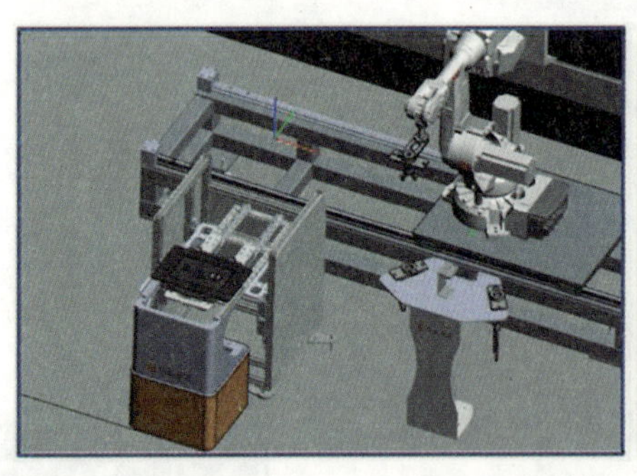
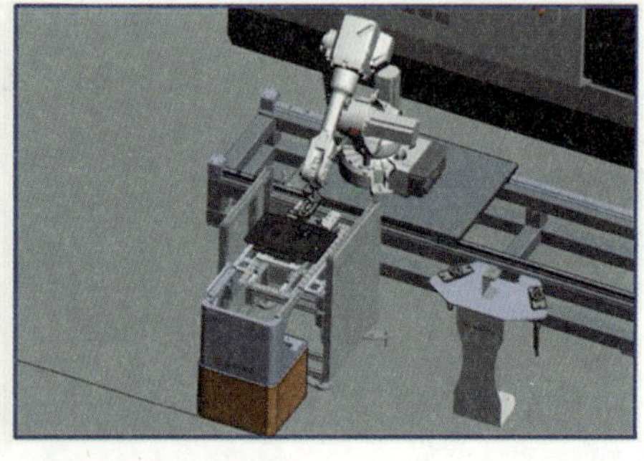

图 3-27　上料机构

工业机器人将半成品仓储区域运送过来的待加工底座运送至数控车床，在数控车床处可以实施产品底座的加工，如图 3-28 所示。在虚拟生产线仿真调试中，工业机器人程序、PLC 程序以及机构的配合为调试重点，此处数控车床的加工为模拟。

智能加工区域完成加工的零部件将被放置在料盘中，如图 3-29 所示，然后通过 AGV 小车转运至中转仓储区域。

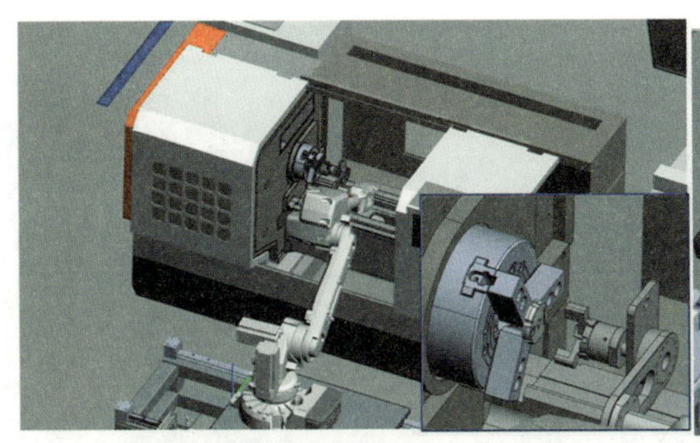

图 3-28 数控车床加工示意

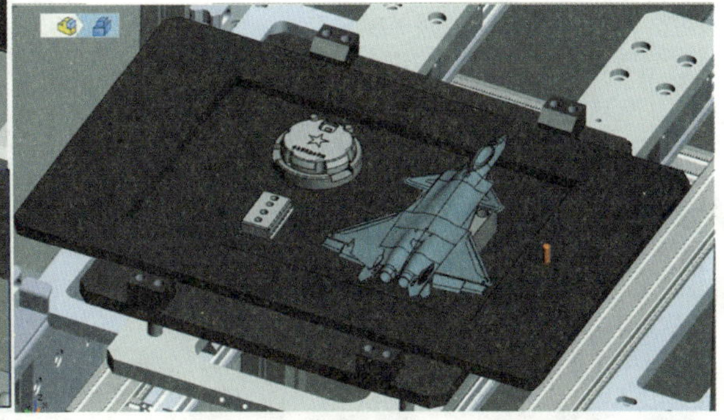

图 3-29 智能加工区完成加工的待装配零部件

5. 智能装配区

智能装配单元由检测站、组装站、贴标站组成，如图 3-30 所示。

首先AGV小车从中转仓储区域取料，并送料到检测站，进行CCD视觉检测，检测飞机机身、底座以及仿形盖板；完成检测后，飞机模型零部件随料盘跟随传送带运送至组装站，由组装站进行组装工序；完成飞机模型部分螺钉紧固及组装后，以上部件随料盘跟随传送带运送至贴标站，由贴标站完成整个自动装配最后过程，然后由 AGV 小车运送成品飞机模型至成品仓储区域。

检测站在前面的项目中已经学习过，主要功能是控制 AGV 对接机构从 AGV 小车上取走料盘，如图 3-31 所示，工业机器人从料盘上取底座、盖板、机身进行 CCD 视觉检测。

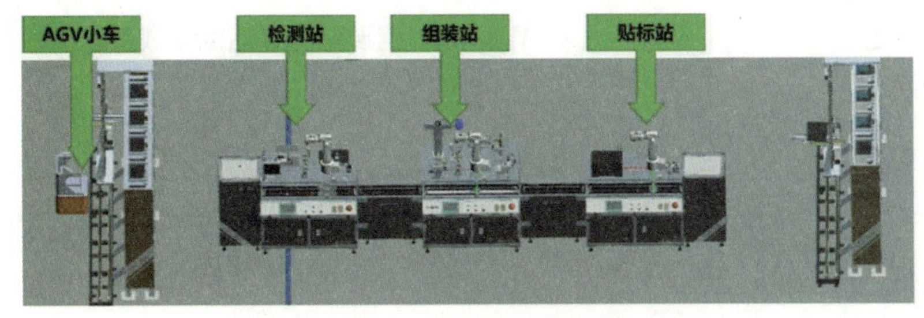

图 3-30 智能装配区组成

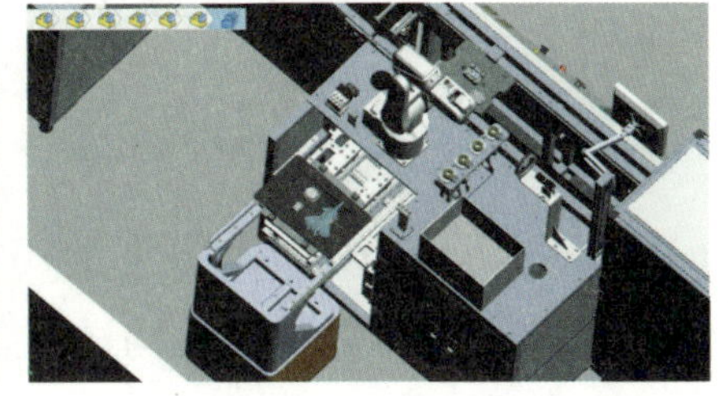

图 3- 31 检测站取料示意图

(1) 组装站

组装站的组成如图 3-32 所示，主要功能是安装机身、机腹仿形盖板、底座、支架及激光打标机。

翻转机构提供了机身定位装夹位置，工业机器人装载吸盘工具吸取机身并将其固定在翻转机构对应位置后，翻转机构将 90° 翻转机身，使机身处于便于安装机腹仿形盖板的姿态。完成机身翻转后，工业机器人将在装载工具的情况下，完成机腹仿形盖板的安装以及紧固，如图 3-33 所示。

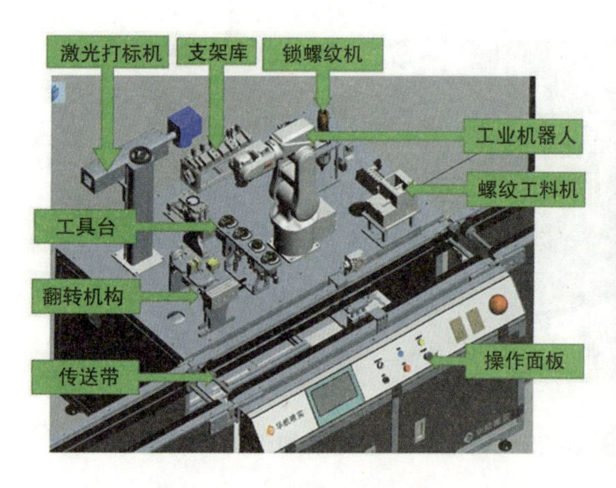

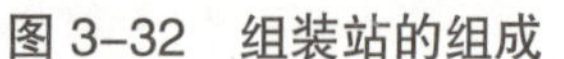

图 3-32　组装站的组成

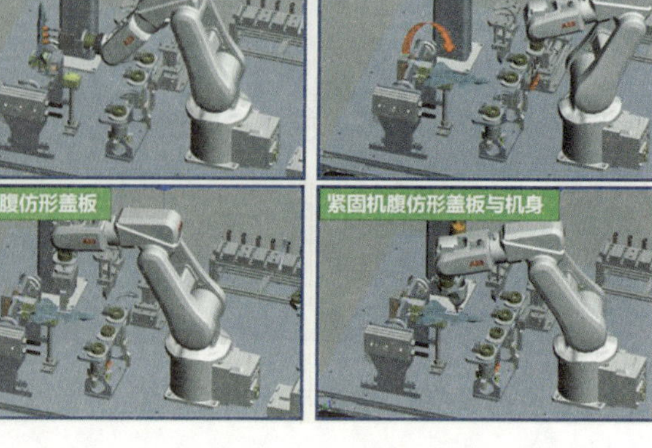
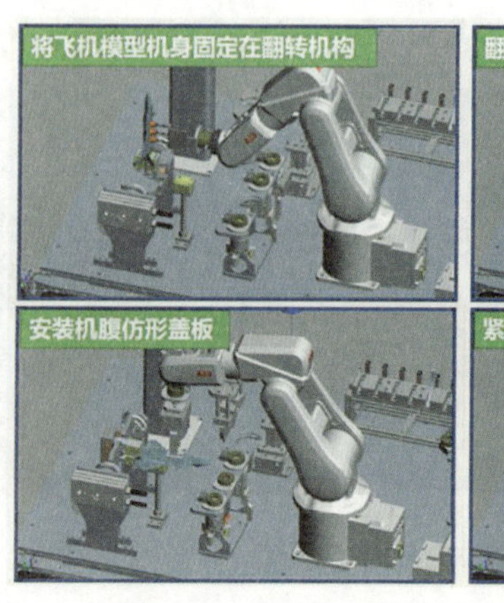

图 3-33　组装站——翻转机构处工作示意图

在组装站的激光打标工位完成飞机模型底座的雕刻，此处在虚拟仿真中为模拟雕刻。完成激光雕刻后，工业机器人将在装载工具的条件下完成底座与支架的紧固，如图 3-34 所示。组装站安装后的半成品如图 3-35 所示。

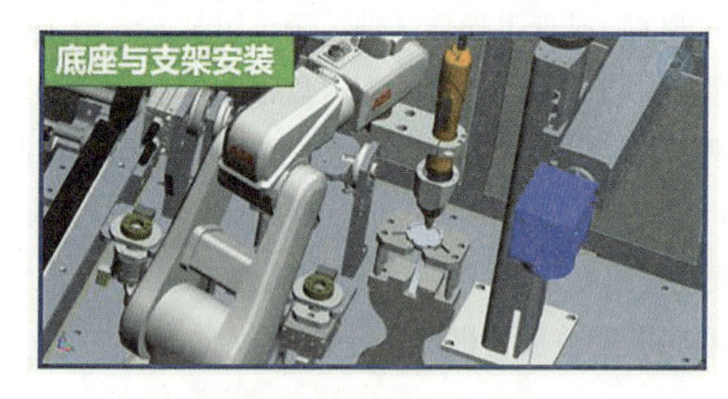

图 3-34　底座与支架安装

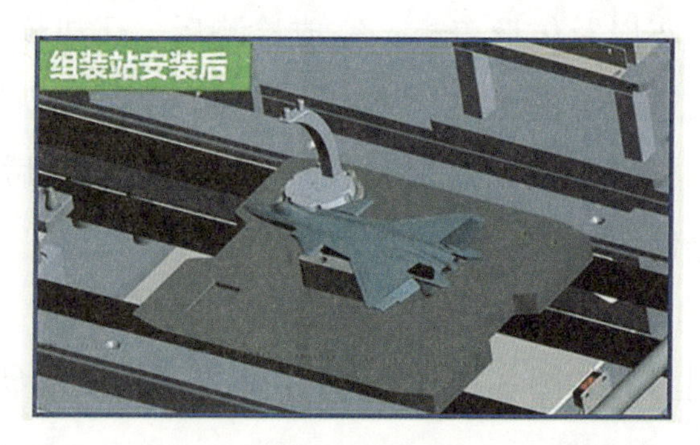

图 3-35　组装站安装后的半成品

2 贴标站

贴标站的组成如图 3-36 所示，主要功能是将飞机模型放入包装盒，贴条码，并将打包好的产品通过 AGV 对接机构送至 AGV 小车上进行入库。

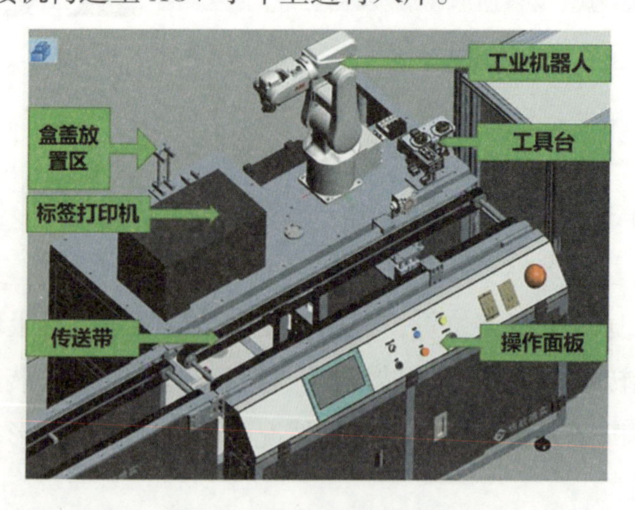

图 3-36　贴标站的组成

在贴标站中，将完成组装的底座和支架、机身与机腹仿形盖板组装在一起，然后将完整的飞机模型放置于打包盒中，完成打包，如图 3–37 所示。

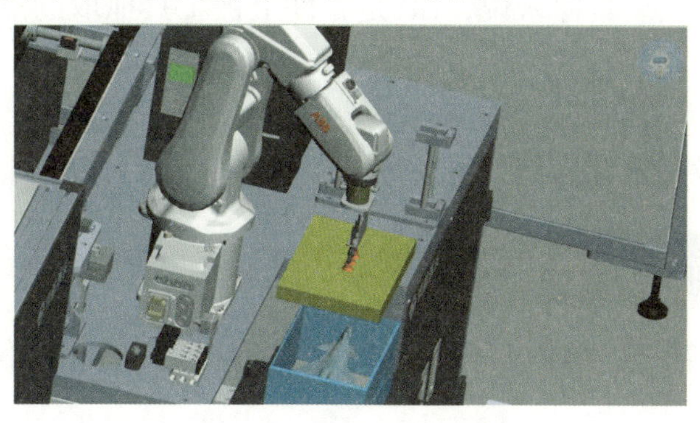

图 3–37　飞机模型打包示意图

知识学习 2——零件定义方法

在虚拟生产线中，不仅包含固定无动作的场景文件，还包含工业机器人、机构、状态机、工具和零件等。其中，机构、状态机和工具的定义方法，在前面已经学习，此处学习零件的定义方法。

在 PQArt 中可以对零件进行自定义，将实际场合所应用的零件定义为 PQArt 软件可识别的零件文件（.robp），便于在软件环境中进行工作站零件动作的模拟。

1. 零件相关概念

1）工件

正在加工还没有成为成品的零件。

2）零件

机械中不可拆分的单个制件，是机器的基本组成要素，也是机械制造过程中的合格的具有一定功能的物件。通过零件的组合能构成部件，部件组合能构成产品。在 PQArt 中，零件可分为场景零件和加工零件两种。场景零件用于搭建工作环境，而加工零件则是机器人加工制造的对象。零件的格式为 .robp。

3）部件

部件是机械的一部分，由若干装配在一起的零件组成。

4 CP

CP 为安装点、抓取点。具体来说，CP 是零件上被工具抓取的点。

5 RP

RP 为放开点，一般是机器人放开零件时，零件与工作台接触的点。

2.PQArt 软件中零件的操作

（1）工件校准：确保软件的设计环境中机器人与零件的相对位置与真实环境中两者的相对位置保持一致。

（2）机器人搬运零件：机器人通过零件上的 CP 和 RP 点来实现上下料、搬运、码垛等。

（3）加工零件：在零件上生成加工轨迹，从而完成零件的加工。

（4）创建工件坐标系：新建工件坐标系，相对于工件坐标系创建的轨迹，在机器人的位置改变后（也就是说机器人的基坐标发生变化），后置代码中这些轨迹的点数据不会改变，仅仅工件坐标系的位置姿态的数据会发生变化。

3. 零件定义方法

自定义零件分为两类，一类带附着点（可用于零件被抓取以及零件放置的基准点），另一类不带附着点。

1 不带附着点零件定义

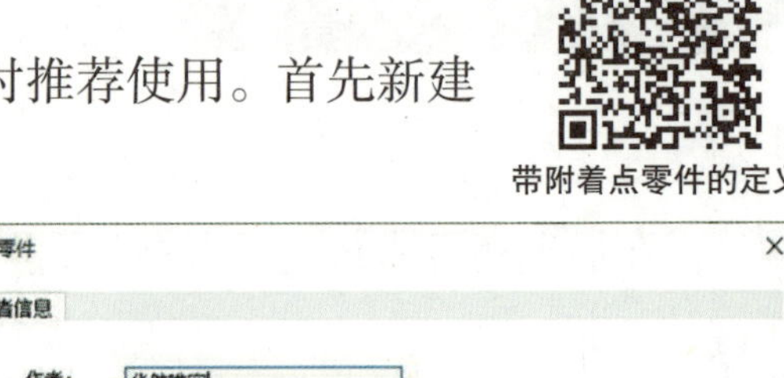

带附着点零件的定义

此种零件定义方式较为简单，当零件特征不规律时推荐使用。首先新建工程文件，然后在设备库中查找设备所需自定义的零件的场景元素或者通过输入功能输入待定义零件的 CAD 模型；然后，在菜单栏的“自定义”下单击“定义零件”，开始零件的自定义；弹出如图 3–38 所示的界面，自行定义零件相关信息后，选择“另存”即可完成零件的定义，零件将被存为 .robp 格式的零件文件。

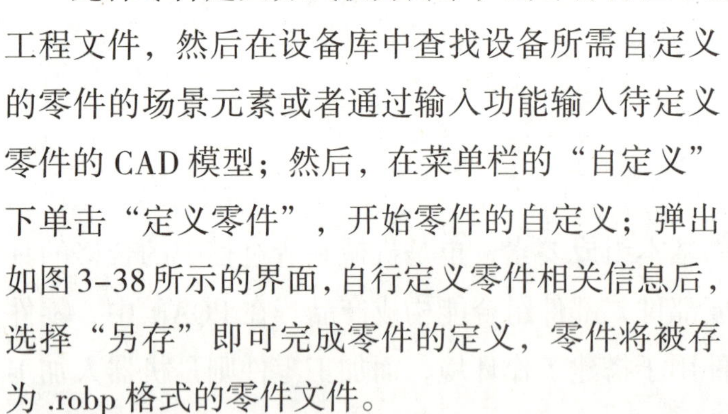

2 带附着点零件定义

以飞机模型中机腹仿形盖板零件的定义为例进行讲解，详细方法如表 3–3 所示。

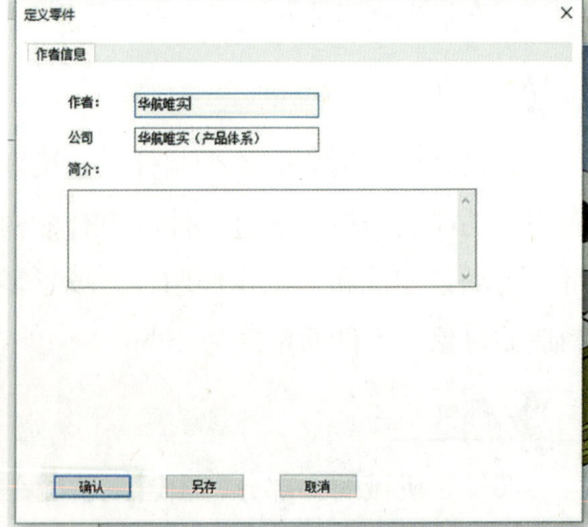

图 3–38　定义不带附着点零件

表 3-3　带附着点零件定义方法

步骤	方法	图片
1	定义带附着点的零件时，软件环境中必须存在抓取该零件的工业机器人、工具以及工具TCP。此处打开符合案例要求的模型	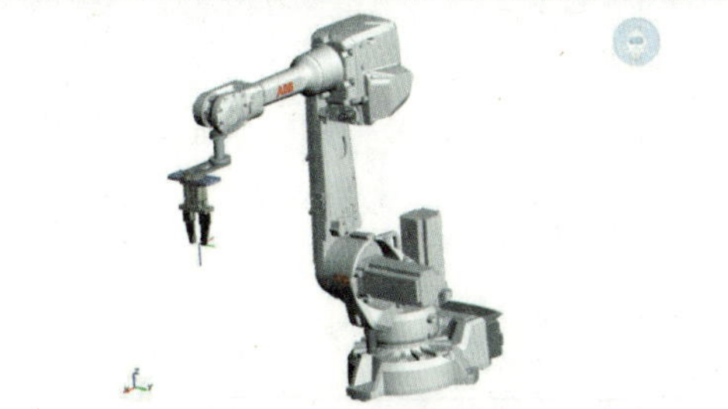
2	通过“输入”功能，输入机腹仿形盖板零件	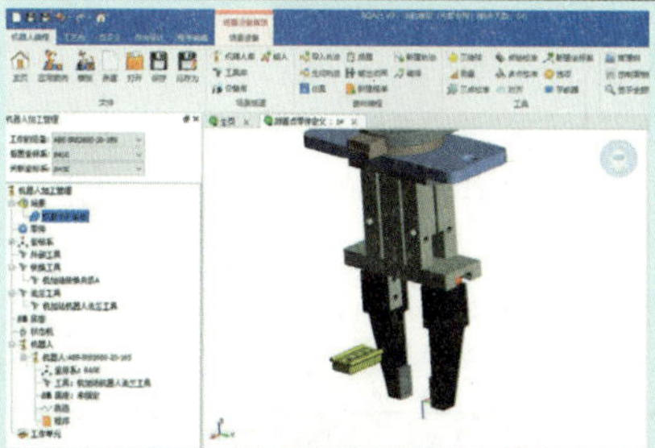
3	选择定义零件，开始零件的自定义。在选择模型界面中，选择“场景”，选择“机腹仿形盖板”，进行带附着点零件（机腹仿形盖板）的自定义	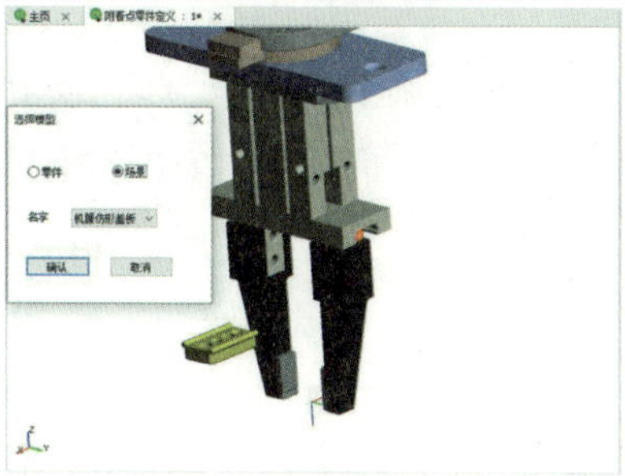 选择模型 ○零件 ◉场景 名字 机腹仿形盖板 确认 取消
4	确认零件的基本信息后，单击“确认”	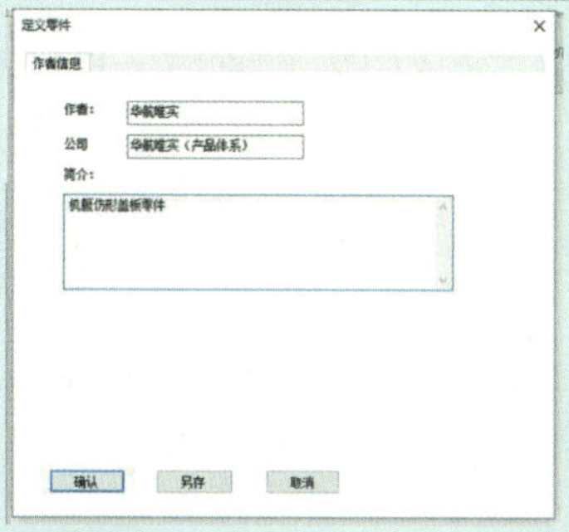 定义零件 作者信息 作者：华航唯实 公司 华航唯实（产品体系） 简介： 机腹仿形盖板零件 确认 另存 取消
5	在管理树零件选项中，右键选择“机腹仿形盖板”，在右键菜单中选择“添加抓取点...”	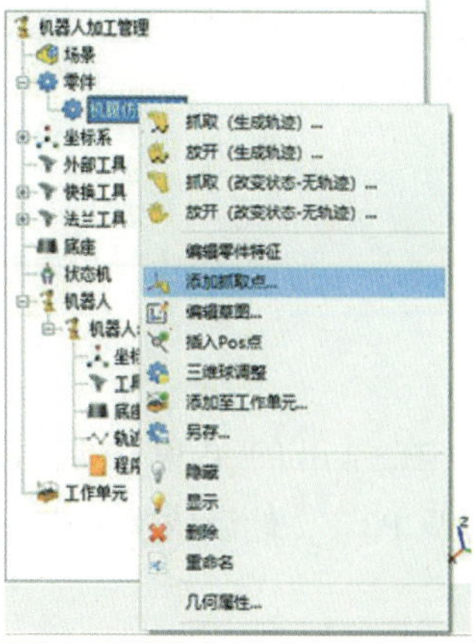 机器人加工管理 场景 零件 坐标系 外部工具 快换工具 法兰工具 底座 状态机 机器人 工作单元 抓取（生成轨迹）... 放开（生成轨迹）... 抓取（改变状态-无轨迹）... 放开（改变状态-无轨迹）... 编辑零件特征 添加抓取点... 编辑草图... 插入Pos点 三维球调整 添加至工作单元... 另存... 隐藏 显示 删除 重命名 几何属性...

续表

步骤	方法	图片
6	在“抓取点管理”界面中，选择图示按钮增加CP点	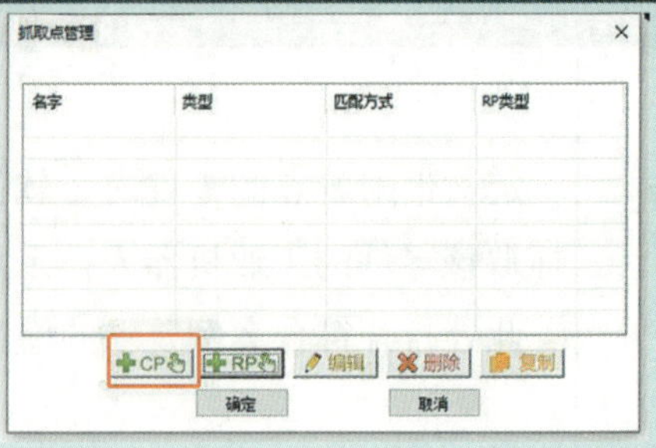 抓取点管理 名字 类型 匹配方式 RP类型 CP RP 编辑 删除 复制 确定 取消
7	选中建立的CP点后，单击“编辑”	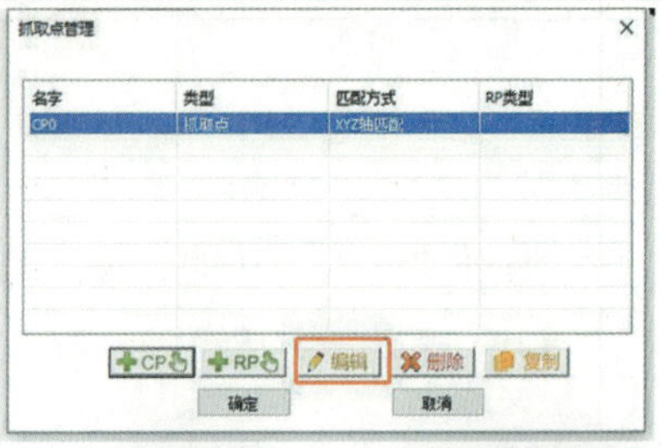 抓取点管理 名字 类型 匹配方式 RP类型 CP0 抓取点 XYZ轴匹配 CP RP 编辑 删除 复制 确定 取消
8	通过调节三维球，调节零件的CP点，使CP点处坐标方向与工具TCP各坐标轴方向相反，如右图所示。完成设置后，确认即可	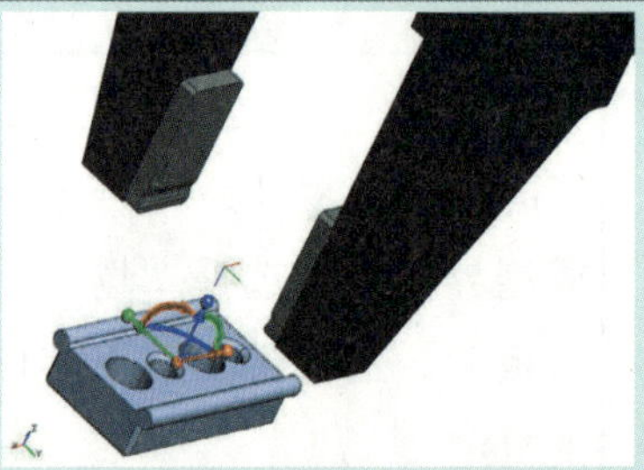
9	完成CP点设置后，可以右键选择安装于工业机器人处的快换工具，选择右键菜单中的“抓取（改变状态–无轨迹）”	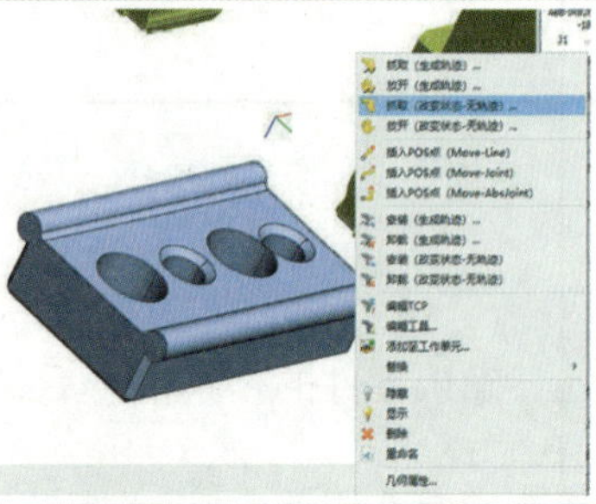 编辑工具... 添加到工作单元... 替换 隐藏 显示 删除 重命名 几何属性...
10	选中机腹仿形盖板，然后单击“添加”，再单击“确定”	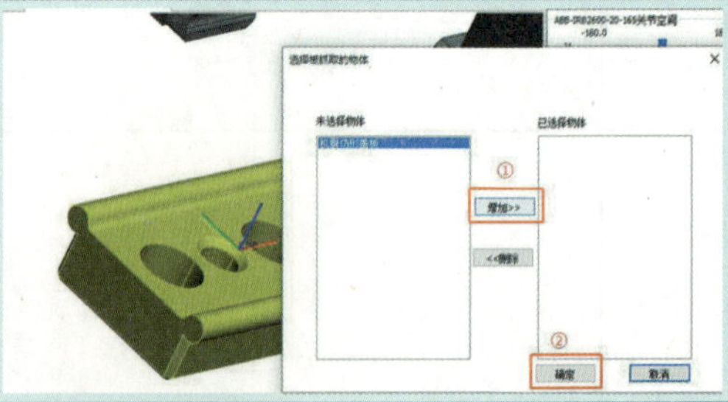 选择被抓取的物体 未选择物体 已选择物体 ① 增加>> <<删除 ② 确定 取消
11	在弹出的菜单中选择承接位置为添加的“CP0”，然后依次单击“增加”“确定”	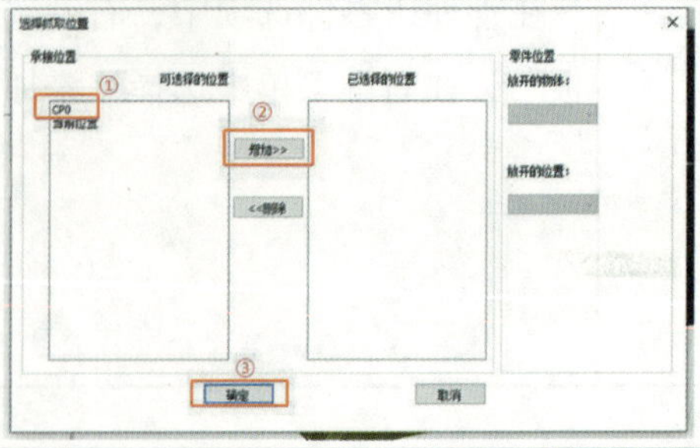 选择抓取位置 承接位置 ① 可选择的位置 已选择的位置 CP0 ② 增加>> <<删除 零件位置 放开的物体： 放开的位置： ③ 确定 取消

续表

步骤	方法	图片
12	此时可以看到，零件已经处于被工业机器人工具抓取的状态，验证零件CP点设置成功	
13	RP点的设置方法与CP点类似，新建RP点后，选中建立的RP点进行编辑，通过调节三维球实现RP点位置的调整，确认无误后单击“确定”即可，此处不再赘述	

任务页——智能加工区生产线虚拟搭建

智能加工区生产线虚拟搭建

任务准备	PQArt软件	教学模式	理实一体	建议学时	4
任务引入					

完成图3-39所示智能加工区虚拟搭建。

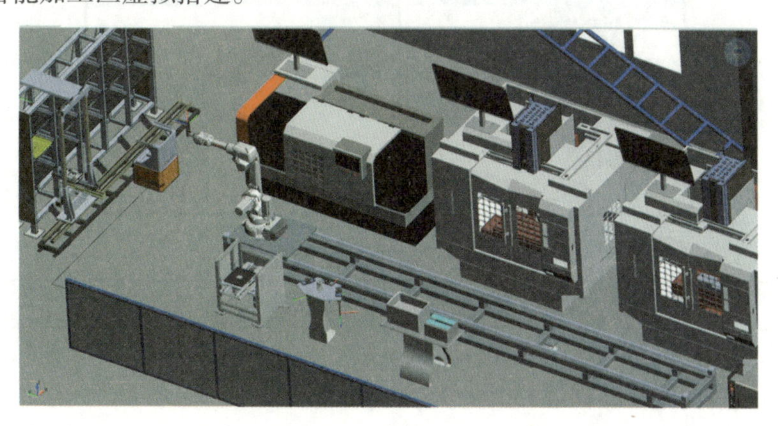

图 3-39　智能加工区虚拟搭建完成示意图

进行虚拟生产线搭建前，需要准备生产线搭建所需素材，以及相应的场景文件。下面对搭建流程进行详细分析。

任务实施

任务活动 1：场景文件准备

进行虚拟生产线搭建前，先划分归类生产线中固定不动的结构，在三维建模软件完成场景文件的建模，并转化为PQArt软件支持的中间格式文件。智能加工区生产线场景示意图如图3-40所示。

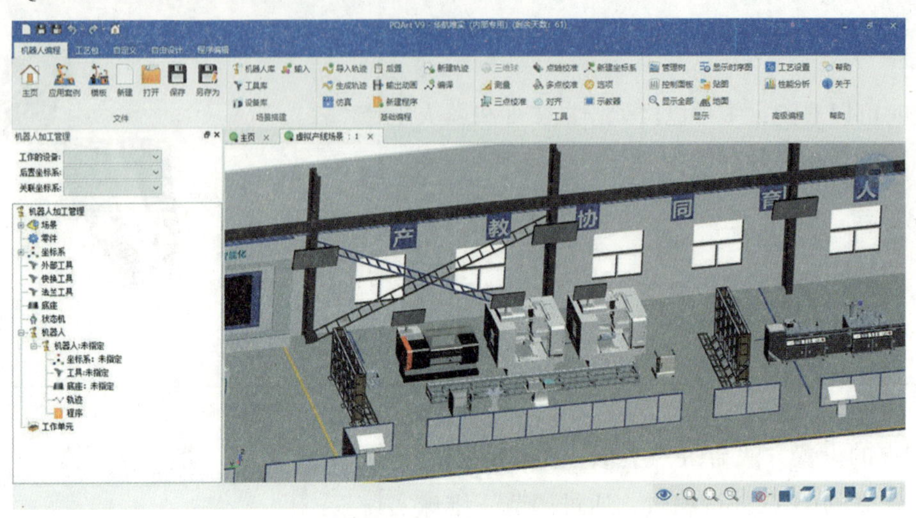

图 3-40　智能加工区生产线场景示意图

任务活动 2：工具

智能加工区中包含的工具如图3-41所示。工具的定义参见项目二，4种工具均与智能加工区的ABB IRB 2600工业机器人配套使用，用于零部件的抓取。

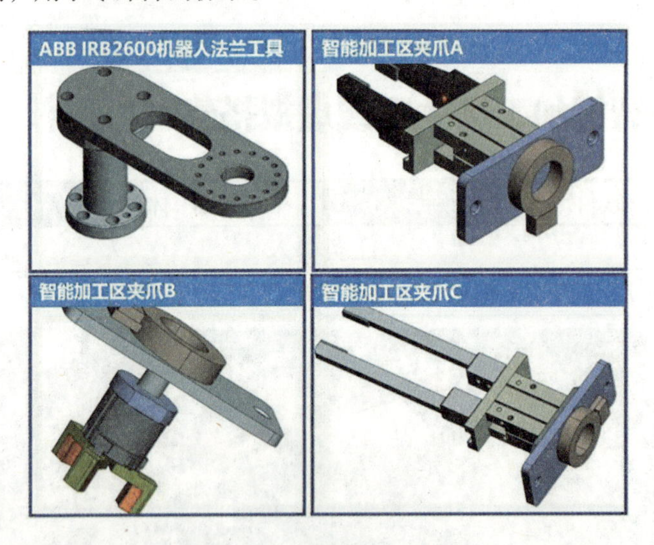

图 3-41　智能加工区工具

任务活动 3：状态机

智能加工区生产线包含图3-42~图3-45所示的状态机，完成自定义后逐步导入生产线工程文件中。其中，半成品仓储送料气缸的定义在任务3.2中已经完成学习。

图3-43所示上料机构由生产线的场景文件、半成品AGV送料升降气缸和半成品AGV送料气缸组成，半成品AGV送料升降气缸实现上料机构的上、下两种状态的转换，半成品AGV送料气缸实现上料机构取物料托盘和送物料托盘两种状态的切换。

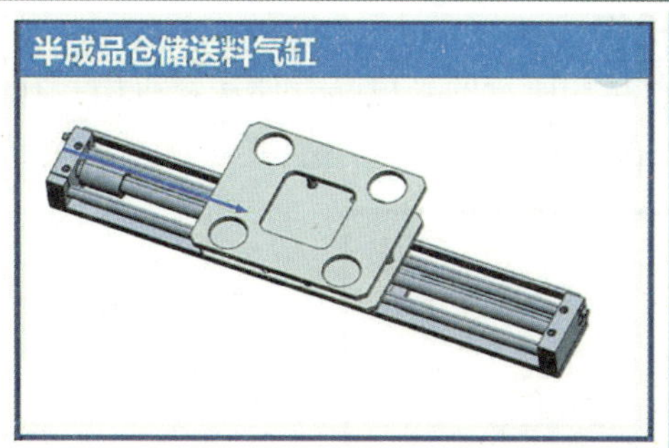

图 3-42　半成品仓储送料气缸

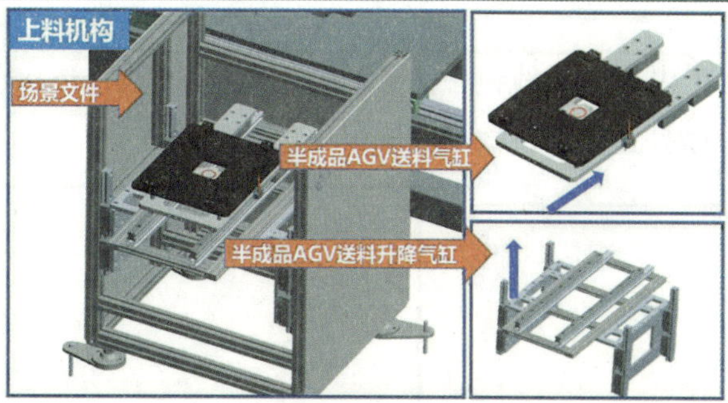

图 3-43　上料机构中的状态机

智能加工区生产线数控车床中的状态机如图3-44所示，由数控车床机架场景文件、数控车床左门状态机和数控车床右门状态机组成，左、右门状态机均包含开门和关门两种状态。

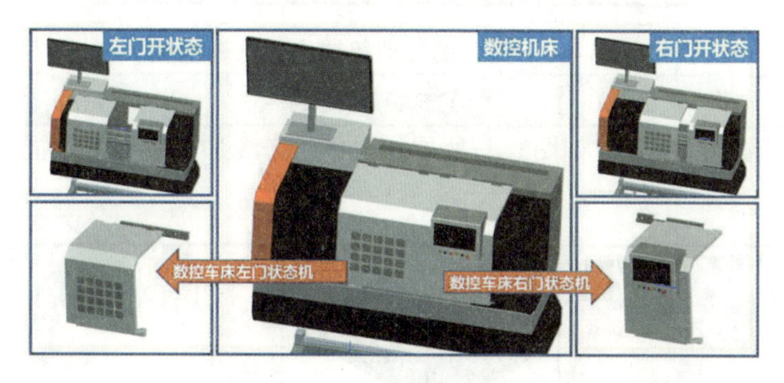

图 3-44　数控车床中的状态机

加工中心A和加工中心B的组成相似，此处仅举例说明加工中心A的结构。加工中心的状态机如图3-45所示，由加工中心机架场景文件、加工中心A左门状态机、加工中心A右门状态机和移动平台状态机组成。加工中心A的左门和右门状态机均包含开门和关门两种状态，移动平台包含缩进位置和推出位置两种状态。

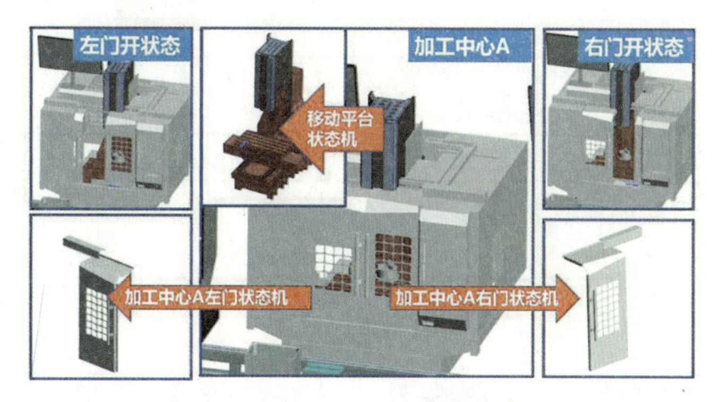

图 3-45　加工中心中的状态机

<table>
<tr><td colspan="2">任务活动 4: 机构</td></tr>
<tr><td colspan="2">智能加工中心生产线包含任务3.1所述的外部轴机构和图3-19所示的半成品仓储送料机构，其中为了更好地区分场景文件与机构，案例将外部轴机构简化为图3-46所示。
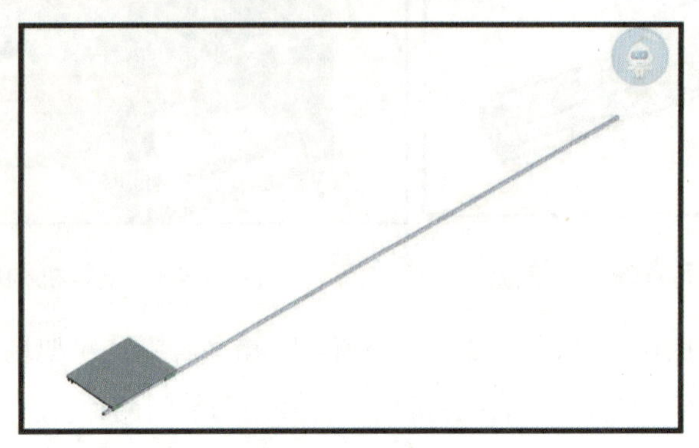
图 3-46　简化的工业机器人外部轴机构</td></tr>
<tr><td colspan="2">任务活动 5: 零件</td></tr>
<tr><td colspan="2">智能加工区生产线包含的基本零件如图3-47所示，根据生产线加工零件的不同，可以自行定义并安装零件至完成搭建的虚拟生产线中。
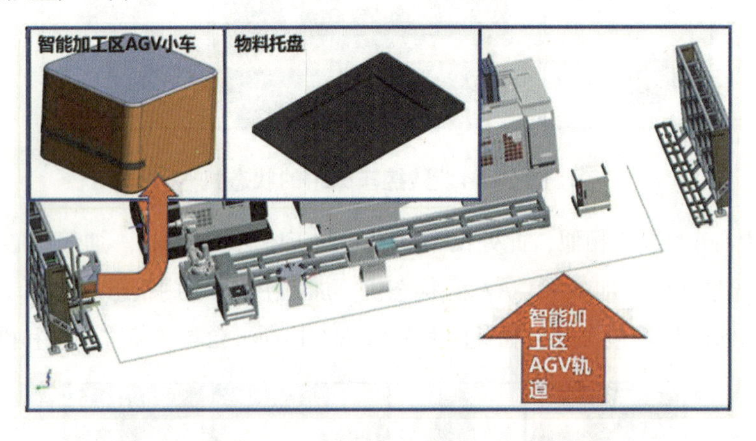

图 3-47　智能加工区中的零件</td></tr>
<tr><td colspan="2">智能加工区生产线虚拟搭建</td></tr>
<tr><td colspan="2">智能加工区生产线虚拟搭建流程如下，案例中将按照场景文件、机构、工业机器人、工具、状态机、零件的顺序进行装配</td></tr>
<tr><td>①新建工程文件，将场景文件导入工程文件中</td><td>②为了便于后续组成部分的装配，此处可以隐藏部分场景文件</td></tr>
<tr><td>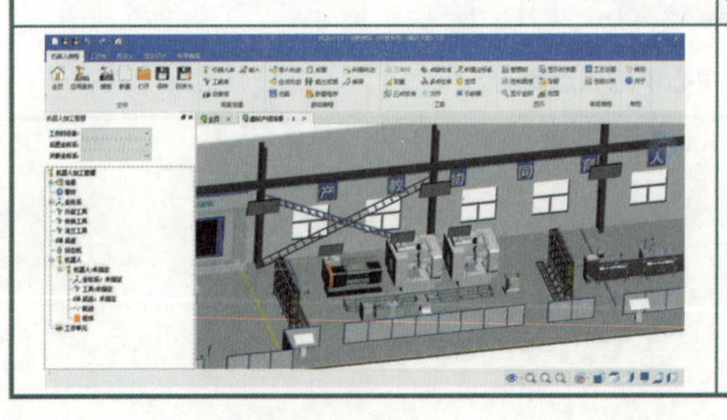</td><td>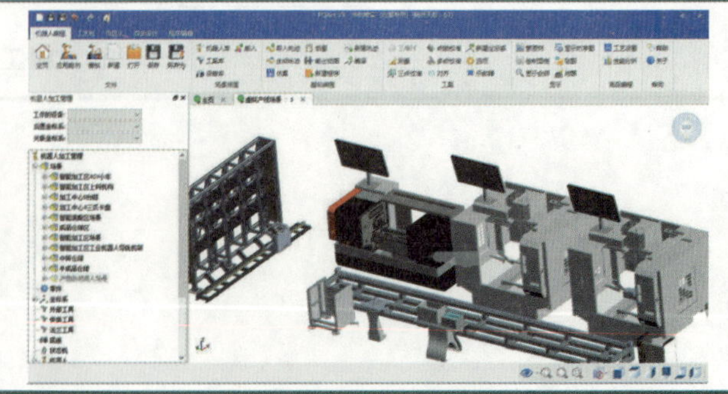</td></tr>
</table>

③导入半成品仓储送料机构，并调整至图示便于安装的姿态，送料机构的安装将以机构一轴导轨为基准进行，通过导轨端面平齐、处于同一水平面以及导轨间距150 mm实现最终定位	⑦安装完成的半成品仓储送料机构如下图所示
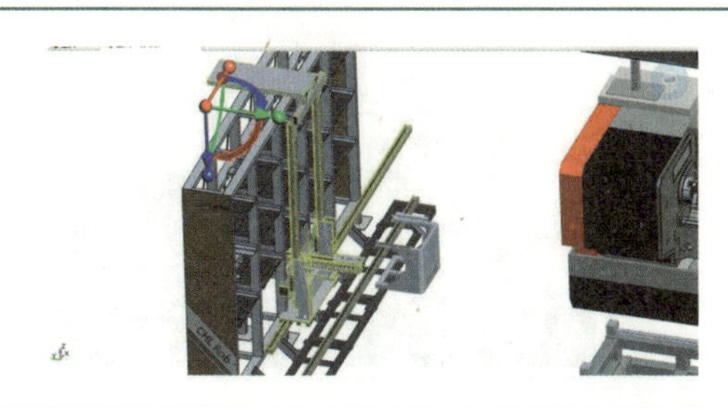	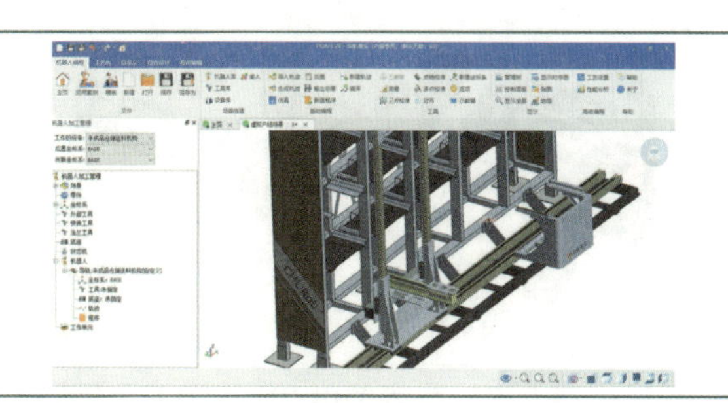
④调整半成品仓储送料机构的三维球至白色与物体互不关联状态，然后通过中心点的“到点”功能，将三维球移动至导轨端面处。 调整三维球至与物体关联状态，通过中心点右键菜单中的“到点”功能实现导轨端面对齐	⑧导入智能加工区工业机器人导轨，调整其至便于安装的姿态，然后参照通过导轨端面平齐、处于同一水平面以及导轨间距700 mm实现最终定位
	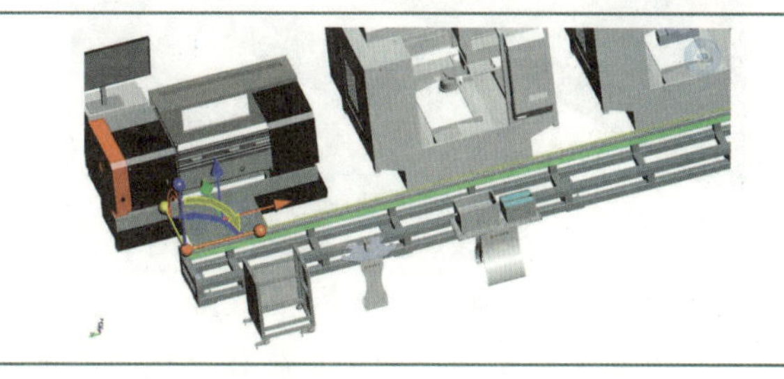
⑤参照步骤④，通过操控三维球调整三维球与机构的位置，使半成品仓储送料机构中的导轨与场景中的导轨重合	⑨通过操控三维球，使智能加工区工业机器人导轨与场景文件中导轨重合
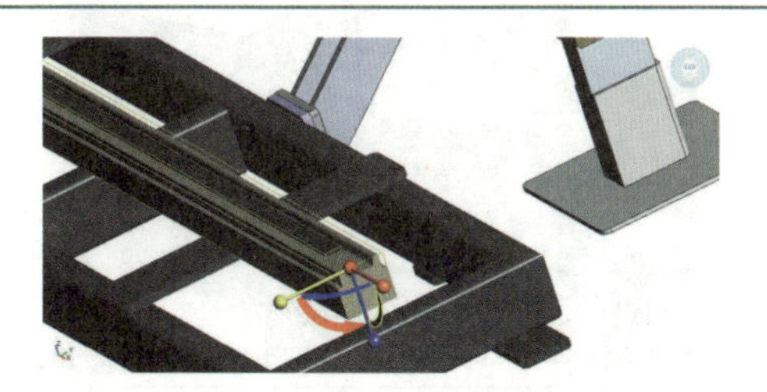	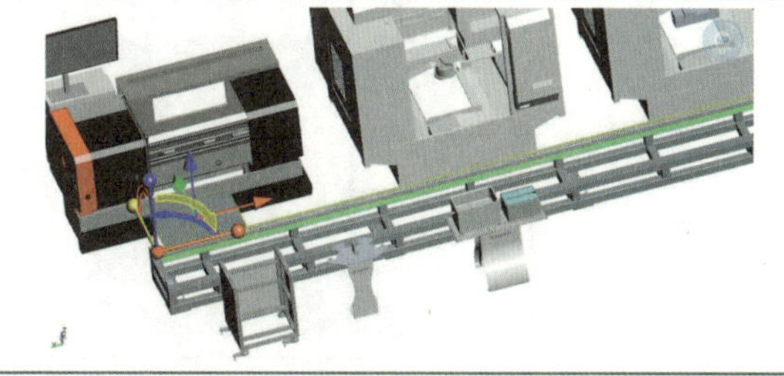
⑥调整三维球至与物体关联状态，选中半成品仓储送料机构三维球的Y轴，然后拖动Y轴移动−150 mm，完成半成品仓储送料机构的安装	⑩调整三维球至与物体关联状态，选中智能加工区工业机器人导轨三维球的Y轴，使其锁定，然后拖动Y轴移动−700 mm，完成智能加工区工业机器人导轨的安装
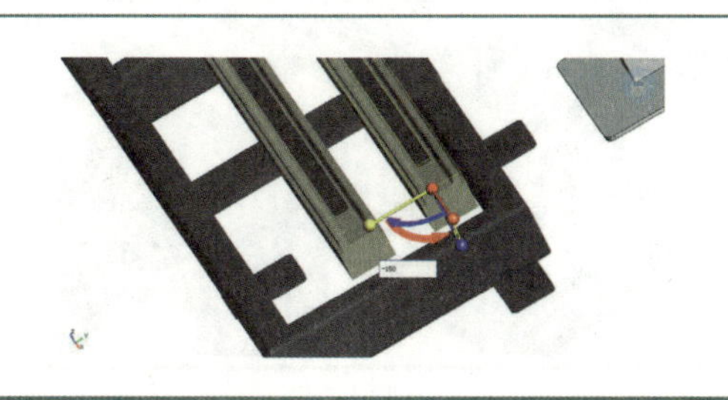	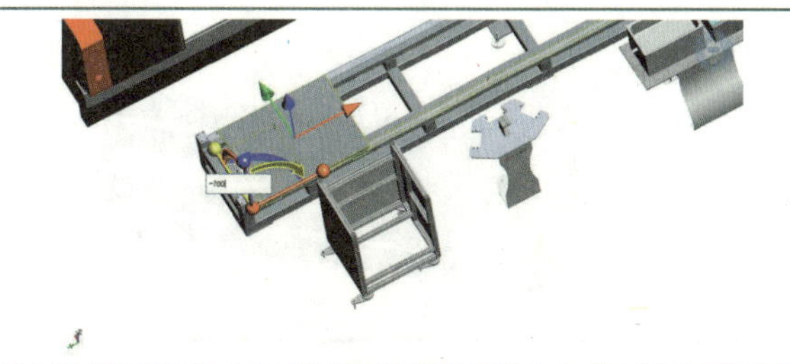

⑪完成安装的智能加工区工业机器人导轨如下图所示	⑮然后，选中并锁定工业机器人的X轴，选择中心点右键菜单中的“到点”功能，选择图示法兰参考面，使工业机器人三维球中心沿X向移动至图示参考面处
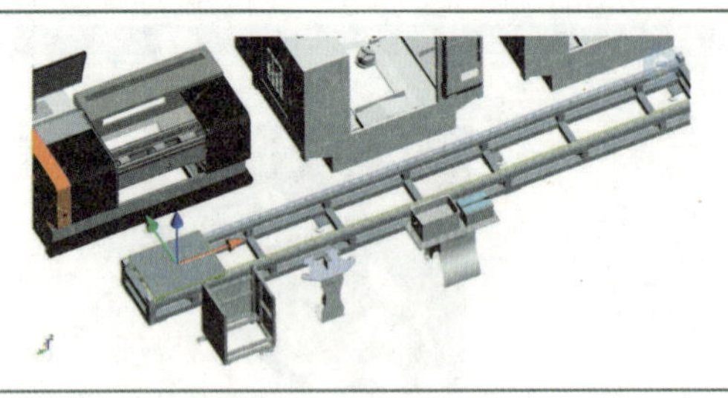	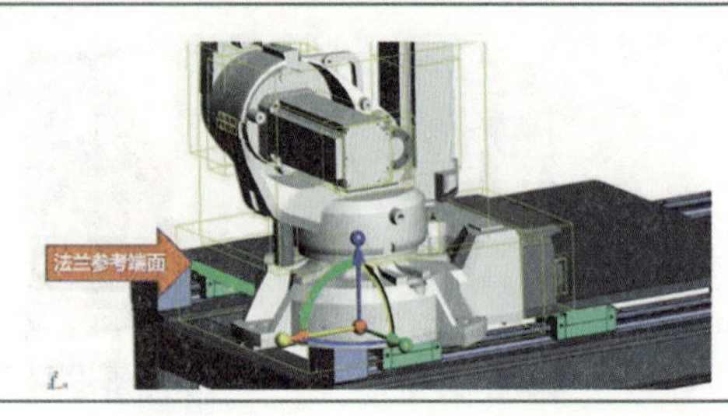
⑫通过机器人库，导入ABB IRB2600工业机器人，并调整其姿态至图示便于安装的姿态。此处工业机器人的安装通过工业机器人端面与导轨法兰贴合，以及距离法兰边界的距离实现定位	⑯拖动工业机器人的X轴，使其沿X轴负向移动290 mm，完成其X向定位
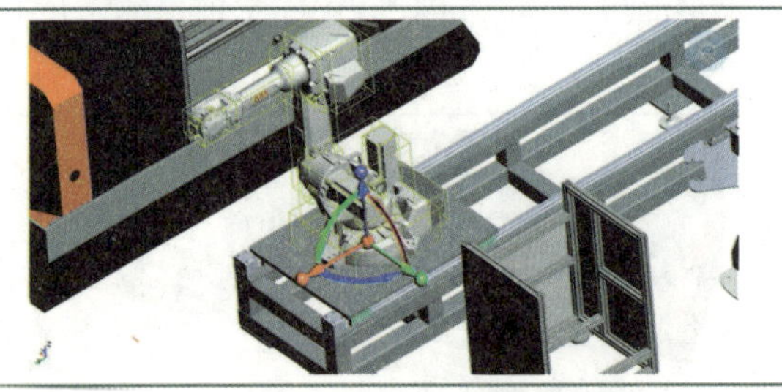	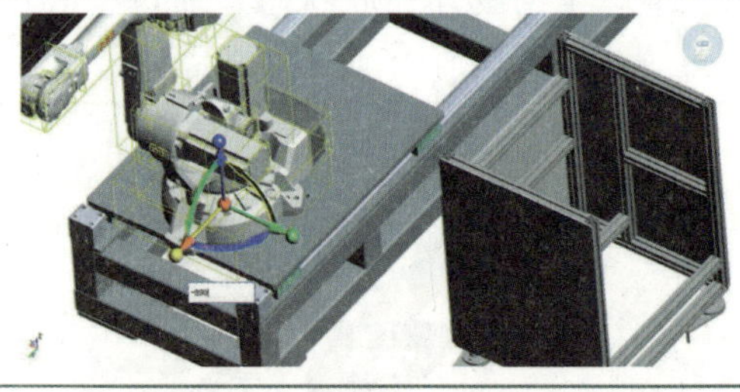
⑬工业机器人与工业机器人导轨法兰边界间距如下图所示	⑰然后，选中并锁定工业机器人的Y轴，选择中心点右键菜单中的“到点”功能，选择图示法兰参考面，使工业机器人三维球中心沿Y向移动至图示参考面处
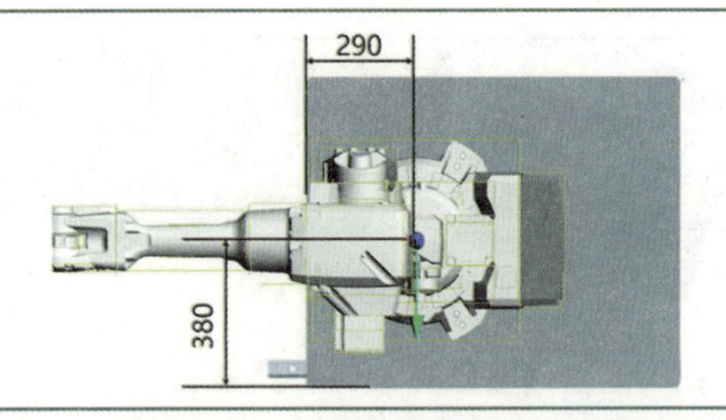	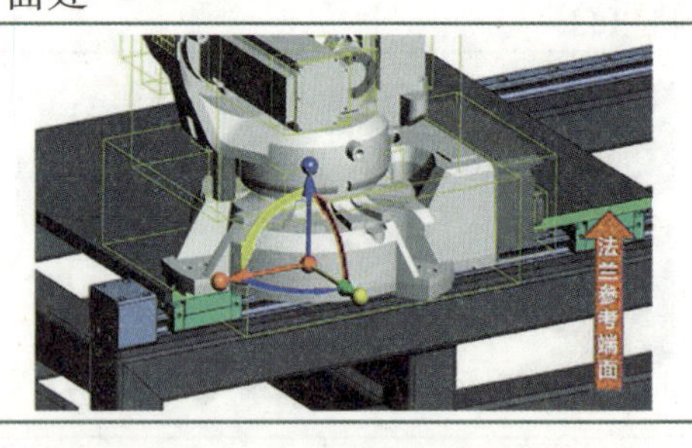
⑭调整三维球至与物体关联状态，选中并锁定工业机器人的Z轴，然后选择中心点右键菜单中的“到点”功能，选择法兰表面，使工业机器人的底座与法兰表面贴合	⑱拖动工业机器人的Y轴，使其沿X轴负向移动380 mm，完成其Y向定位
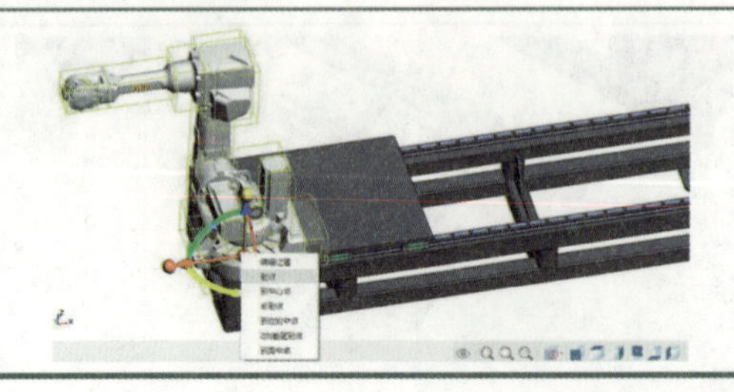	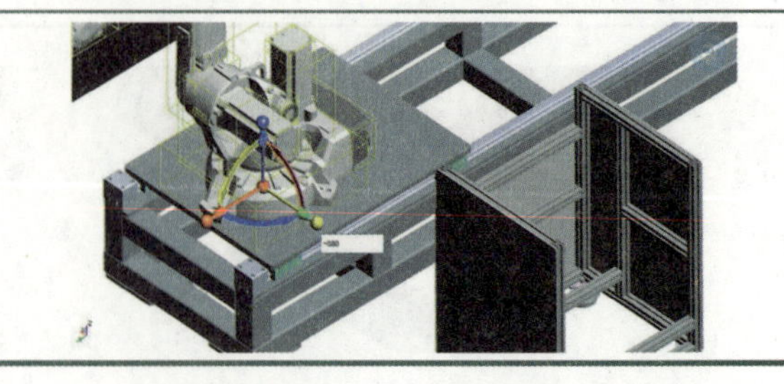

⑲完成工业机器人的安装后，选择导入并完成工业机器人法兰工具的安装	㉒参照夹爪工具A的安装方法，依次导入并完成夹爪工具B和夹爪工具C的安装
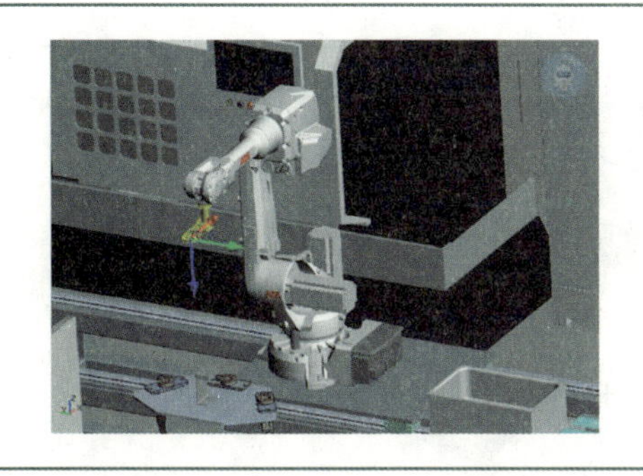	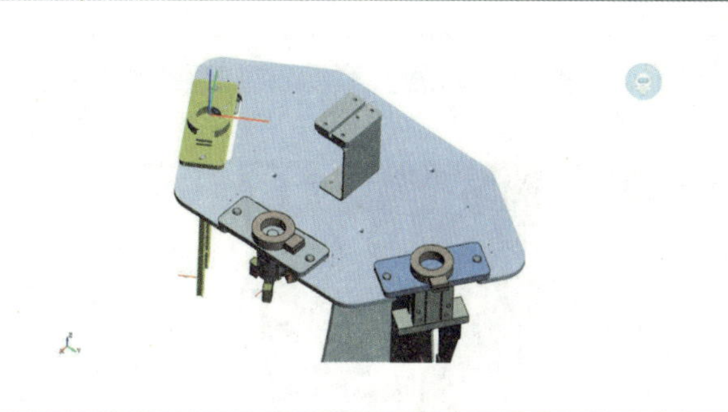
⑳导入夹爪工具A，通过工具定位孔与工具库处定位销匹配，以及贴合面配合，实现工具的定位。 此处先将夹爪工具A的三维球移动至图示定位孔中心处（贴合面侧）	㉓导入半成品仓储送料气缸状态机，并调整姿态至图示便于安装的状态
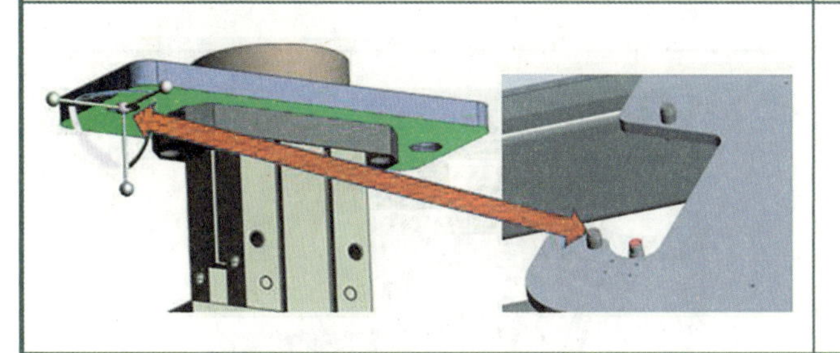	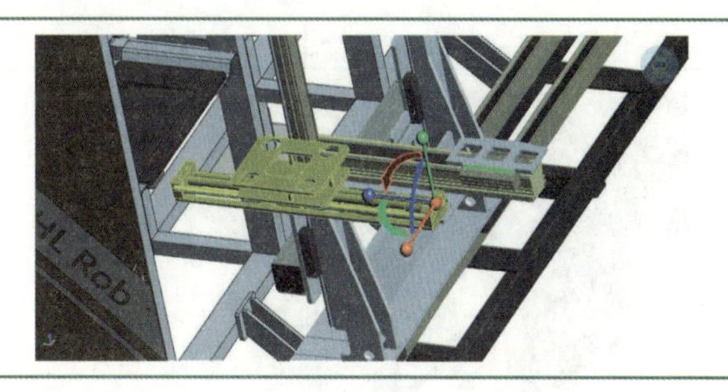
㉑完成智能加工区夹爪工具A的安装	㉔半成品仓储送料气缸状态机将通过与半成品仓储送料机构3轴法兰处装配面贴合，端面间距170 mm实现定位，侧端面间距12.5 mm实现定位
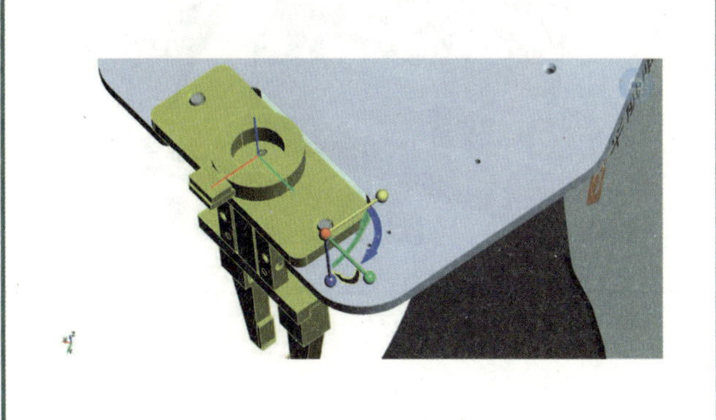	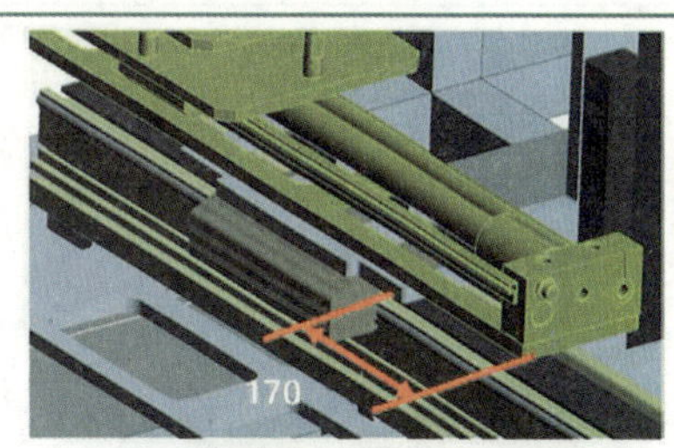 

㉕选中半成品仓储送料机构，抓取完成安装的半成品仓储送料气缸状态机，然后可以通过控制面板测试抓取状态	㉘插入并调整半成品AGV送料气缸状态机，使其处于图示便于安装的姿态
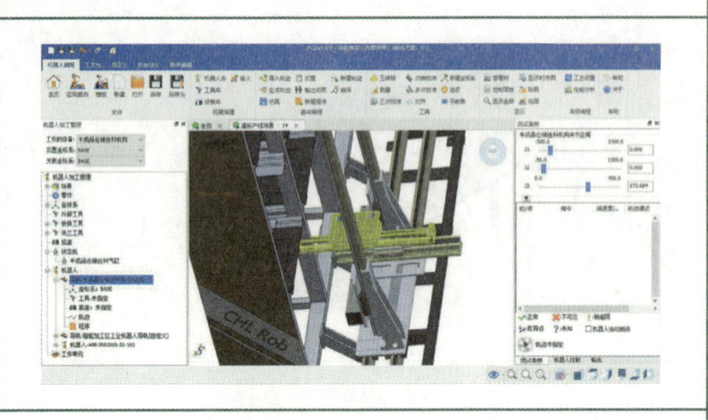	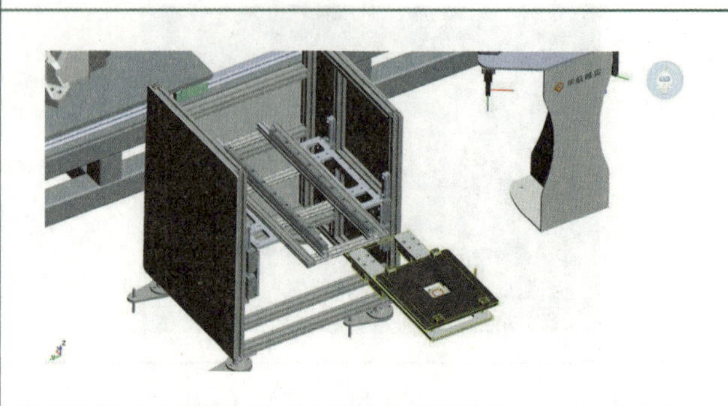
㉖插入并调整半成品AGV送料升降气缸，使其状态处于图示便于安装的姿态	㉙通过导轨匹配和端面对齐，完成半成品AGV送料气缸状态机的安装
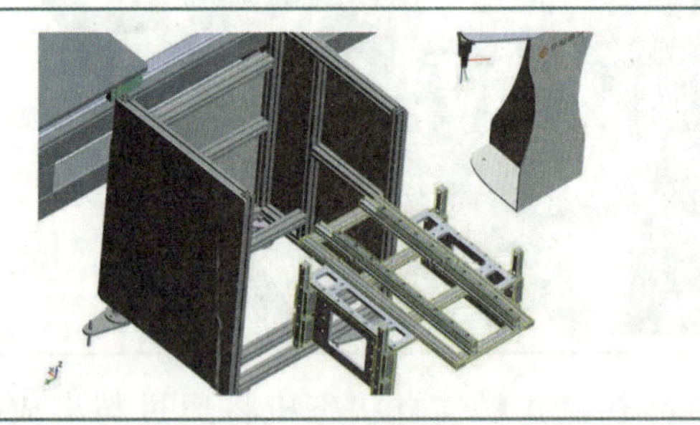	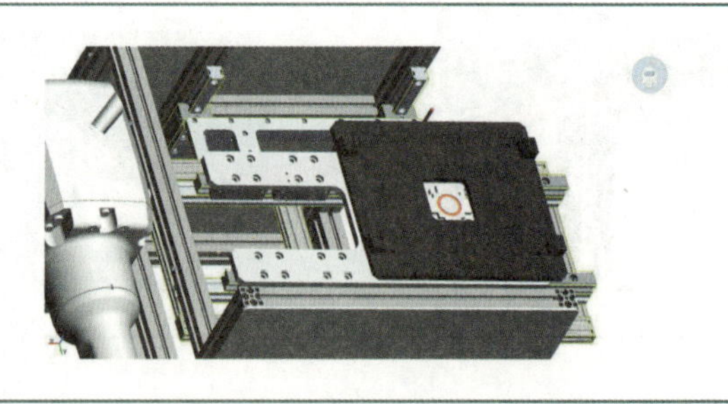
㉗按照下图所示尺寸限定，可以完成半成品AGV送料升降气缸状态机的安装	㉚然后进行数控车床状态机的安装。首先插入数控车床左门，并调整其至便于安装的姿态
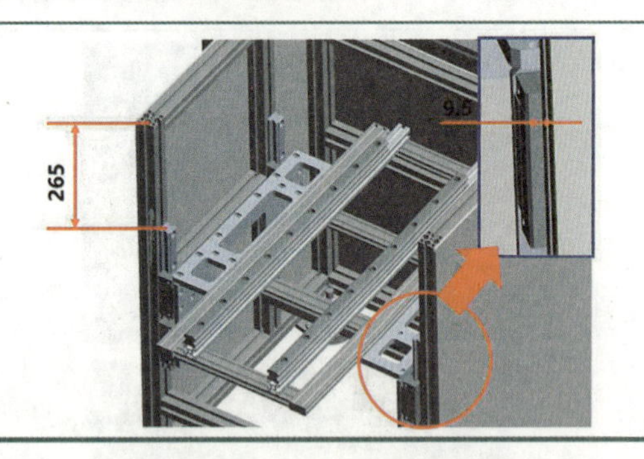	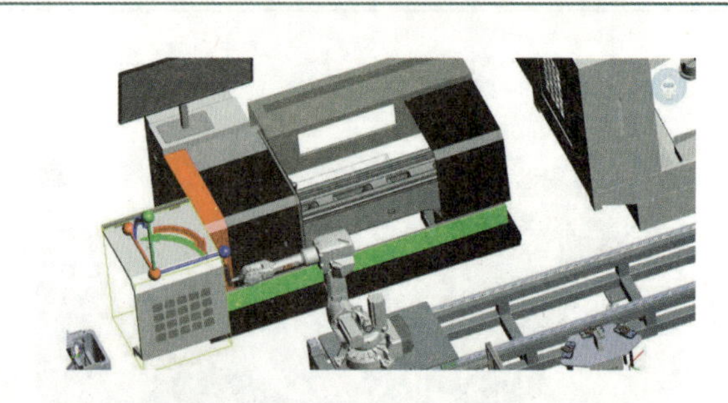

<table>
<tr><td>㉛调整数控车床左门三维球至与物体无关联状态后，将三维球移动至机床左门Z向端面上。然后使三维球与物体关联，选中并锁定Z轴状态下，使机床左门Z向端面与场景中的参考Z向端面贴合</td><td>㉞完成数控车床左门的安装后，将数控车床右门导入场景中，然后以数控车床左门为基准，完成其右门的安装</td></tr>
<tr><td>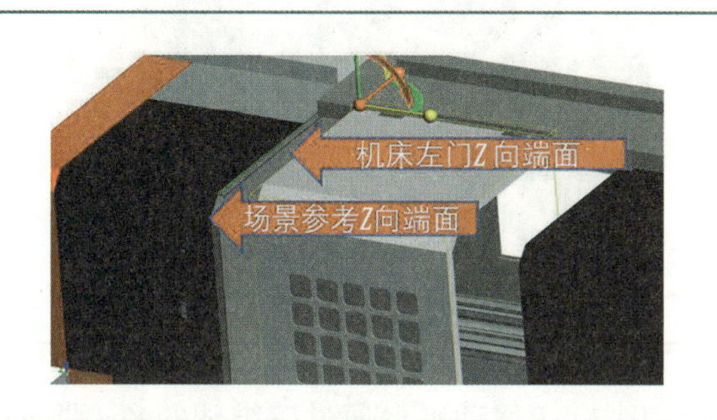
</td><td>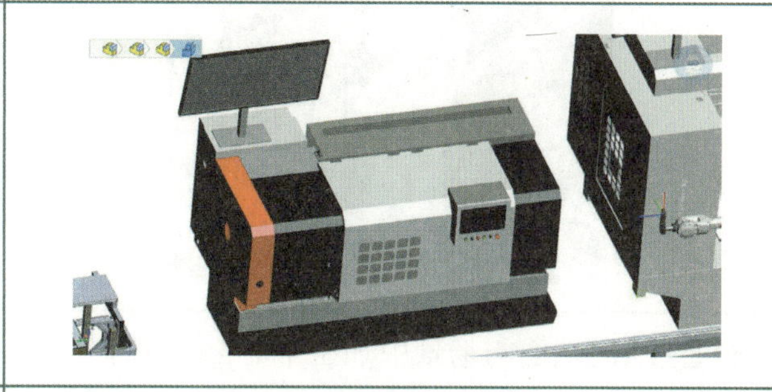</td></tr>
<tr><td>㉜在三维球与物体无关联状态下，调整数控车床左门三维球移动至其自身X向端面处，然后调整三维球至与数控车床左门关联，使数控车床左门X向端面与场景中的参考面重合。
拖动数控车床左门三维球的X轴，移动-30 mm，完成其X向定位</td><td>㉟插入并调整加工中心A的移动平台，使其姿态如下图所示，处于便于安装的状态</td></tr>
<tr><td>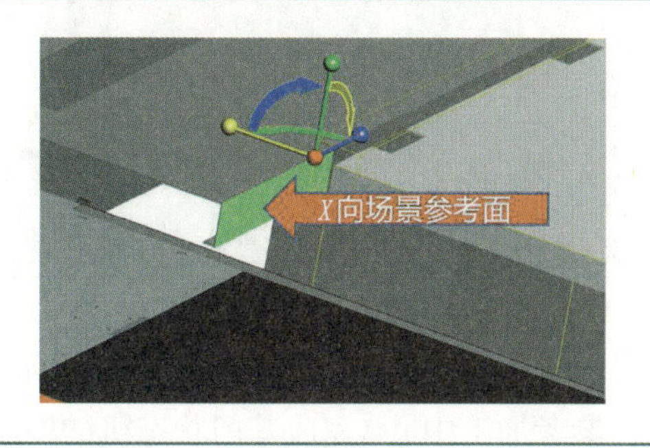
</td><td>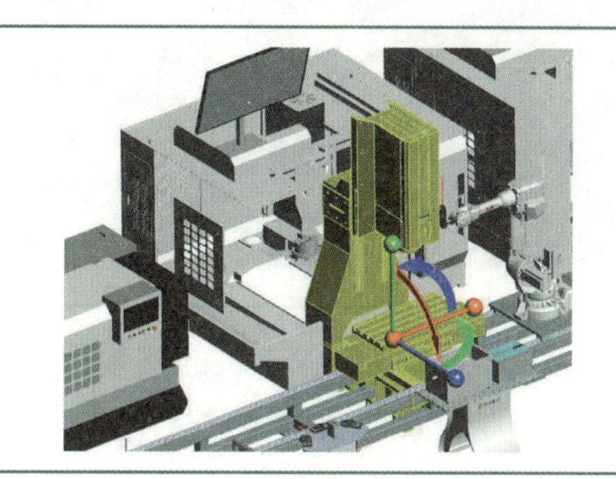</td></tr>
<tr><td>㉝参考前序步骤，使数控车床Y向端面与场景中Y向参考面距离为25 mm（向上为正向），完成数控车床左门Y向定位</td><td>㊱加工中心A移动平台通过与场景中加工中心A的装配面贴合，以及间距实现定位</td></tr>
<tr><td>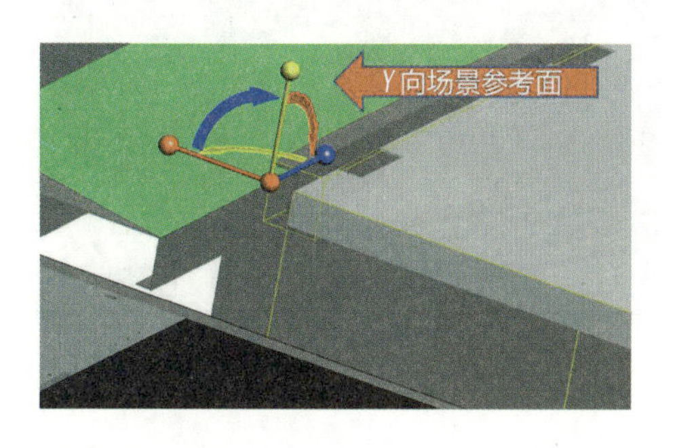
</td><td>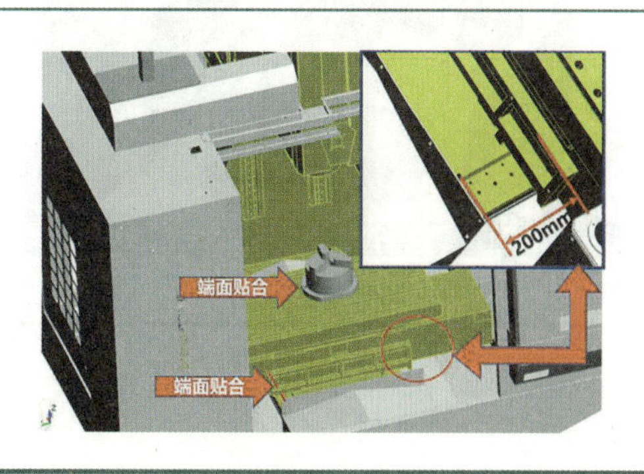
</td></tr>
</table>

㊲插入加工中心A的左门状态机，然后调整其姿态至便于安装状态	㊵下面进行加工中心B相关状态机的安装。首先导入加工中心B移动平台，调整其姿态至便于安装的状态
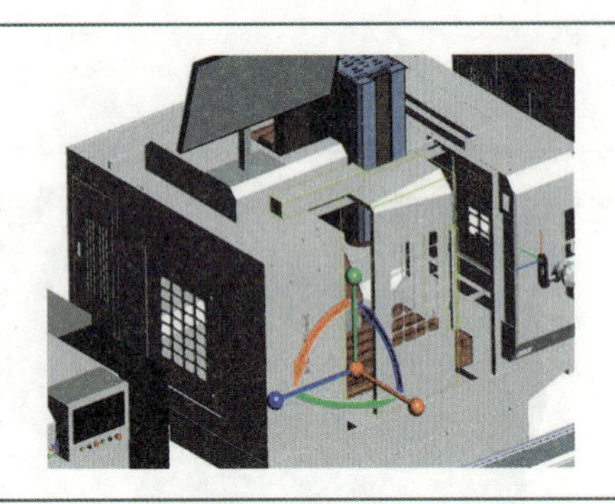	
㊳通过Z向端面与场景中加工中心A端面对齐、Y向端面与加工中心A端面贴合，以及X向端面与参考端面间距190 mm，实现加工中心A左门状态机的定位安装	㊶加工中心B移动平台通过三维球的X向端面对齐、Y向与场景中结构贴合以及Z向与参考面260 mm间距实现定位安装
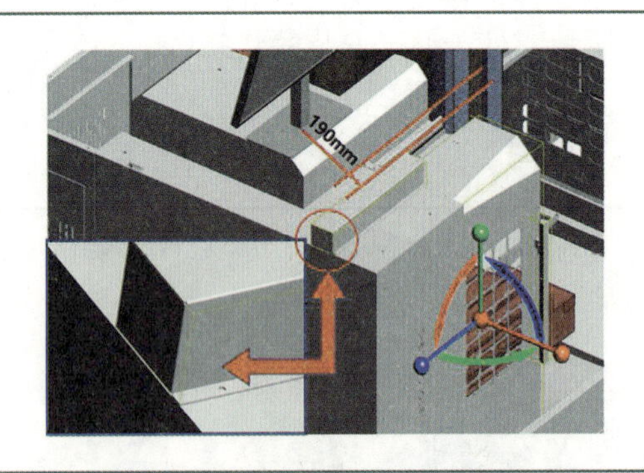	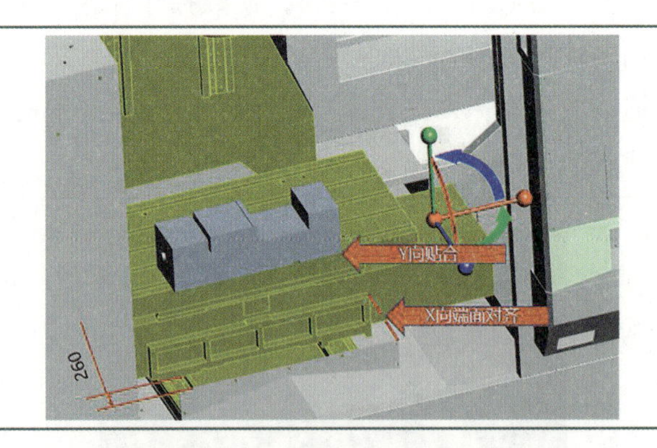
㊴完成加工中心A左门状态机的安装后，导入加工中心A右门状态机，以加工中心A左门为基准，完成安装	㊷加工中心B左门和右门状态机的定位与加工中心A相同，参考加工中心A完成其门状态机的安装
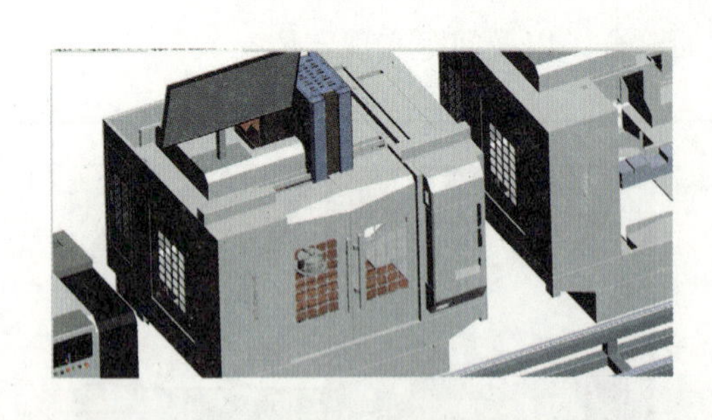	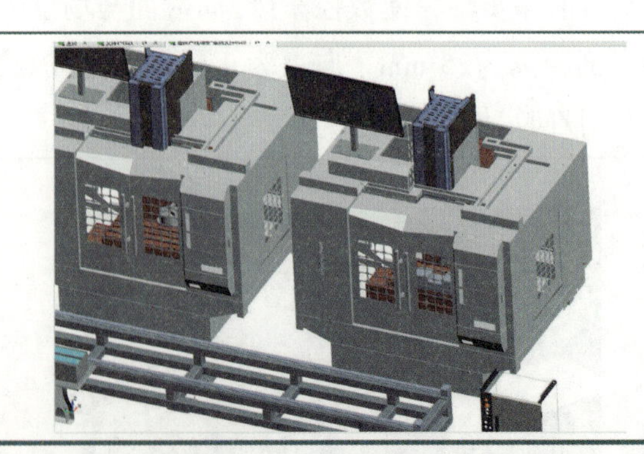

㊸导入自定义的半成品仓储托盘，调整其三维球的中心位置至图示位置，*X*向位于下断面，*Y*向位于图示端面，*Z*向位于托盘中心位置，为安装做准备

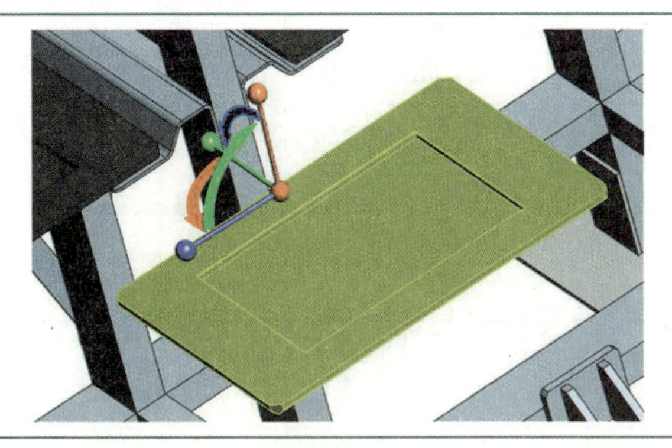

㊹半成品仓储的仓位重提供了托盘的定位装置，托盘采取*X*侧端面与仓位面贴合，*Y*向与定位端面贴合，*Z*向托盘中心与仓位两侧对称居中的方式进行定位

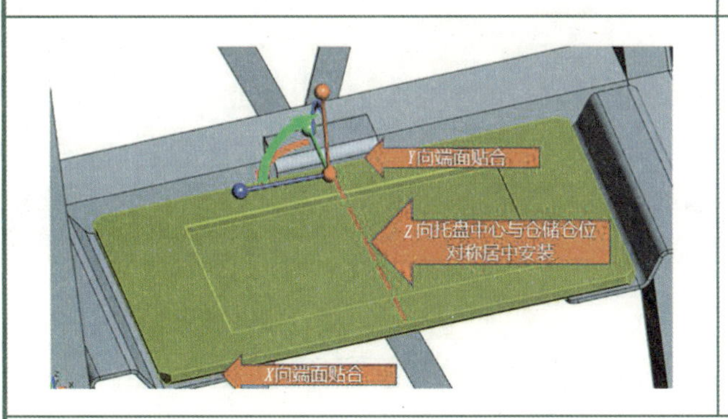

㊺然后导入智能加工区AGV小车零件，使其与场景中的智能加工区AGV小车安装面接触，对称安装即可

㊻导入智能加工区AGV小车导轨，按照图示限定尺寸完成其安装

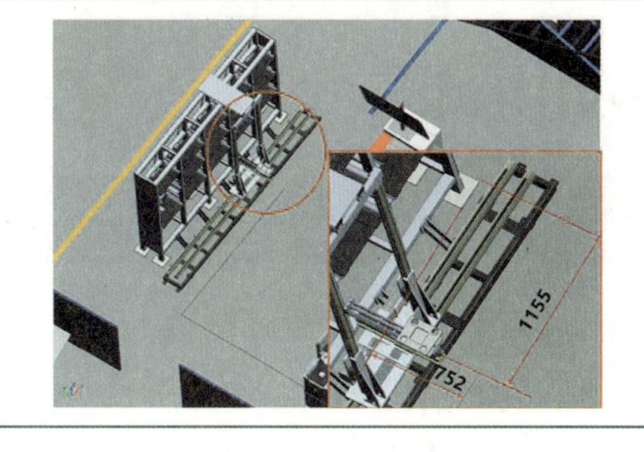

㊼至此，完成智能加工区生产线的虚拟搭建

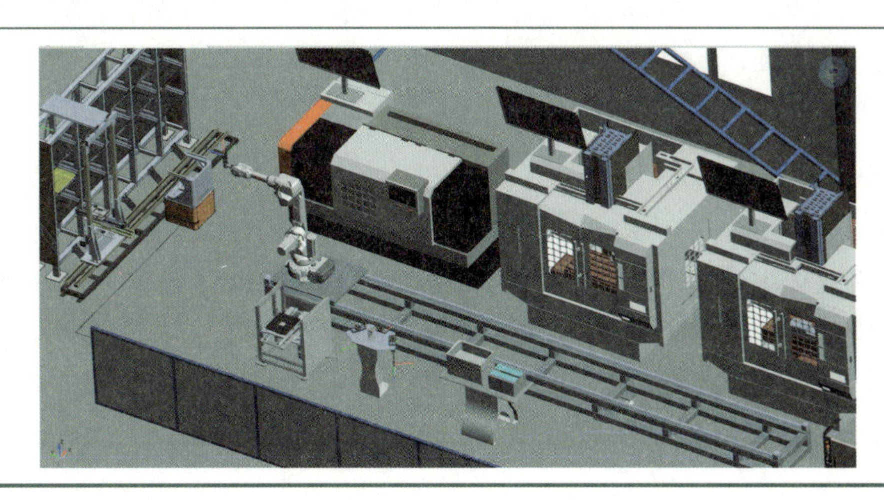

【任务评价】

任务	配分	评分标准	自评	教师评价
虚拟生产线搭建	10	1.掌握智能加工区生产线的组成，不符合条件扣10 分		
	10	2.能够正确完成无附着点零件的定义，不符合条件扣10分		
	15	3.能够正确完成带附着点零件的定义，不符合条件扣15分		
	15	4.能够正确完成智能加工区生产线中机构的导入及安装，不符合条件扣15分		
	10	5.能够正确导入工业机器人并正确放置，不符合条件扣10分		
	10	6.能够正确完成工业机器人所用工具的安装，不符合条件扣10分		
	20	7.能够正确完成智能加工区生产线中状态机的导入及安装，不符合条件扣20分		
	10	8.能够完成智能加工区中零件的导入及安装，不符合条件扣10分		

项目评测

项目三　知识测试

一、填空题

1. 行走机构按其运动轨迹可分为（　　　）和（　　　）两类。

2.（　　　）行走机构主要用于工业机器人，此种方式常称之为外部轴。

3. 串联型运动机构指的是组成机构的各部分零部件，通过（　　　）关节（简称P）或（　　　）关节（简称R），首尾相连，形成的一个串联型、非闭环构造形式。

4.（　　　）是零件上被工具抓取的点。

二、判断题

1. 进行机构模型预处理时，J1为机构的机座，J2~J*n*为由机座端开始串联机构的关节轴。（　　）

2. 进行状态机定义时，当选择当前关节轴为旋转轴时，运动范围是旋转角度，单位为（°）；当选择当前轴为平移轴时，运动范围设定是移动范围，单位为cm。（　　）

3. 在PQArt软件中，零件将被存为.robp格式的零件文件。（　　）

项目四 生产线典型工艺流程仿真

项目导言

本项目通过生产线典型工艺流程仿真任务来学习智能生产线数字化集成与仿真技术。通过工具的安装和卸载、外部轴的协同运动、自动化设备的协同运动以及典型工艺流程仿真任务，逐步深入学习。

在前面的章节中已经学习了构建虚拟工作站中要素、搭建虚拟生产线的方法，在本项目中将结合虚拟生产线案例背景，引入典型应用案例，讲解基于PQArt软件，实施生产线虚拟仿真的流程，为后续生产线虚拟调试做准备。

知识目标

（1）了解获取轨迹、编辑轨迹及编译仿真的方法；了解工具的安装、卸载及抓取、放开方式。

（2）了解仿真事件管理方式、自动化仓储的实现方式。

（3）掌握智能加工区数控车床上料工艺流程。

能力目标

能够在离线编程软件中完成工具的安装与卸载，实现外部轴、状态机与工业机器人的协同运动，并能完成典型上下料工艺流程仿真。

情感目标

培养精益求精的工匠精神、全局的系统性思维、信息技术素养和与时俱进的创新能力。

任务 4.1 工具的安装和卸载

工业机器人在配备了末端工具的前提下，才可以充分利用其柔性优势，执行搬运、工艺加工等工作任务，本任务我们学习基于 PQArt 软件进行轨迹编写、编译及仿真，实现工业机器人末端工具自动化安装和卸载的方法。

知识学习 1——轨迹获取方式

轨迹是符合一定条件的动点所形成的图形。在 PQArt 中，轨迹指的是设备的运动路径，由若干个点组成，这些点被称为轨迹点。轨迹的运行会根据点的顺序来执行操作，从点 1 开始，一直运行到最后一个点。

轨迹的位置和姿态决定了设备运动的路径、方向、状态等。轨迹设计完成后，通过“仿真”“后置”等功能实现真机运行。

完整的轨迹操作流程一般包括：生成轨迹→编辑轨迹→轨迹编译→仿真轨迹→后置。

1. 获取工作轨迹的方式

在离线软件 PQArt 编程过程中，获取工作轨迹的方式有两种，分别为导入轨迹和生成轨迹，如图 4–1 所示。

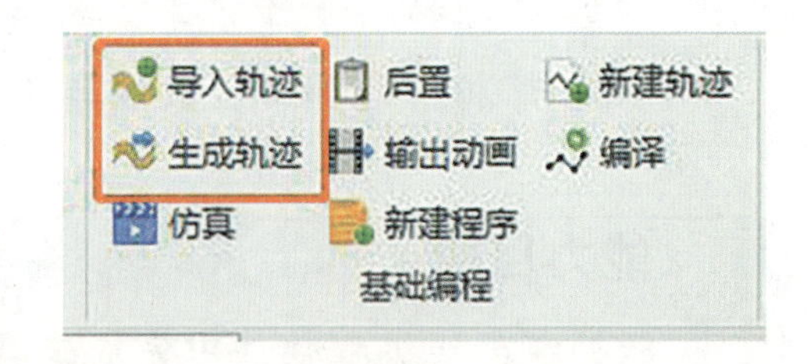

图 4–1 工具栏中的导入轨迹和生成轨迹

导入轨迹是指将其他软件生成的轨迹，导入 PQArt 软件的编程环境中，作为该编程环境中的工作轨迹；生成轨迹是指直接在 PQArt 软件的编程环境中生成的工作轨迹。

除使用导入轨迹功能键外，还可通过在机器人加工管理面板空白处单击鼠标右键调出导入轨迹的菜单选项，导入所支持格式的轨迹，如图 4–2 所示。

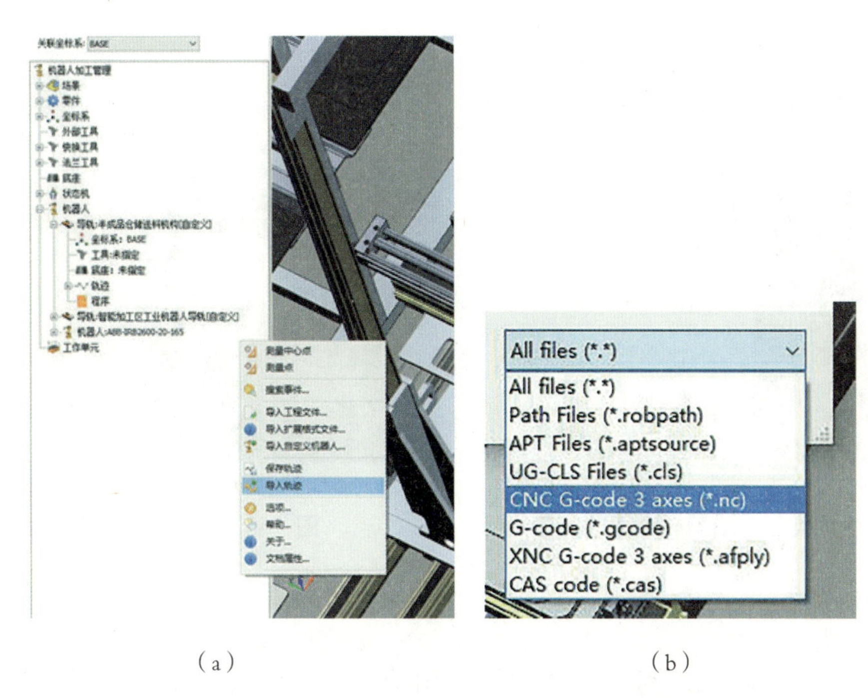

（a）　　　　　　　　（b）

图 4–2　机器人加工管理面板右键菜单处的导入轨迹及导入文件格式

（a）导入轨迹；（b）导入轨迹支持的文件格式

2. 生成轨迹的方式

PQArt 软件中，可根据 CAD 模型的表面特征，实现机器人工作轨迹的生成。生成轨迹的方式有沿着一个面的一条边、面的环、一个面的一个环、边、曲线特征、打孔和点云打孔，如图 4–3 所示。使用不同的方式生成轨迹，需要拾取的表面特征元素会有所不同。例如：生成轨迹类型选择沿着一个面的一条边时，其拾取元素为线、面和点；选择面的外环时，拾取元素为面。

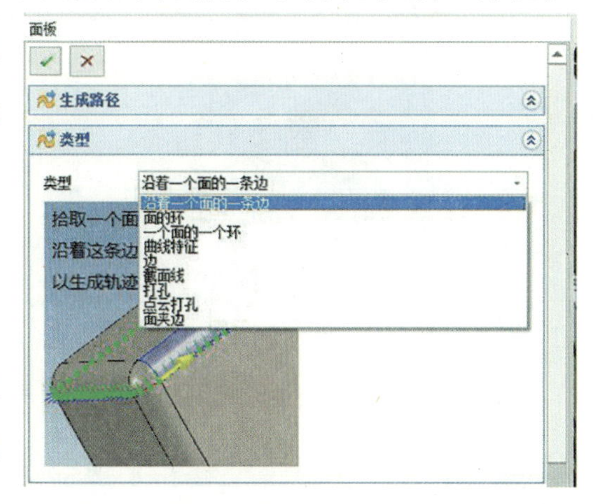

图 4–3　轨迹生成类型：一个面的一个环

1）沿着一个面的一条边

沿着一个面的一条边生成轨迹是通过拾取一条边和这条边所在的面，沿着这条边进一步搜索其他的边来生成轨迹，如图 4–4 所示。

2）面的环

面的环生成轨迹是通过拾取一个面，生成该拾取面外环边的路径轨迹，其轨迹 Z 向垂直于该拾取面，如图 4–5 所示。这种生成轨迹的方式，适用于所需要生成的工作轨迹为简单面元素外环的场合。

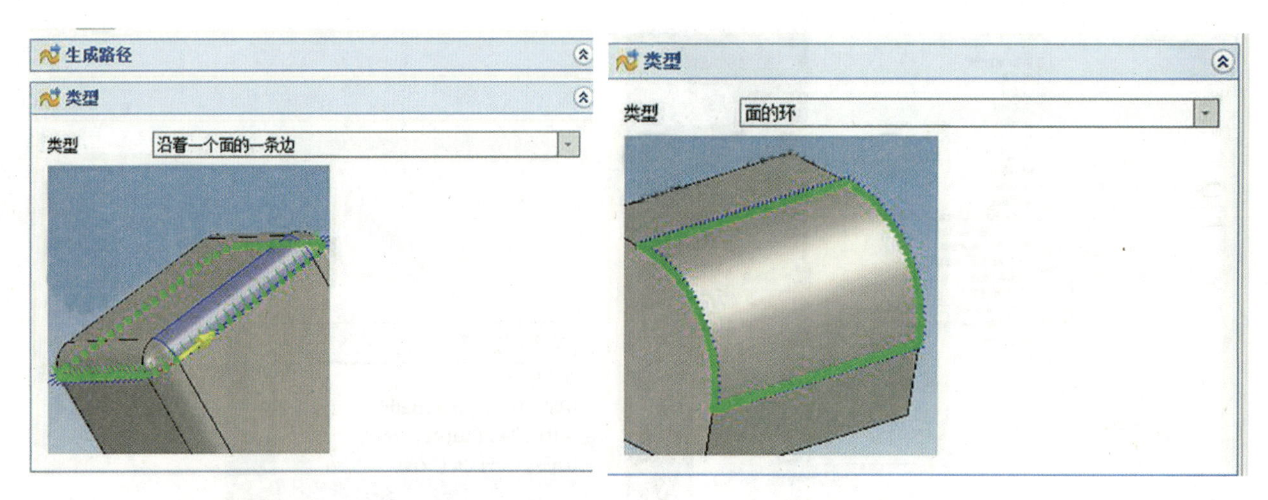

图 4–4　轨迹生成类型：沿着一个面的一条边　　　　图 4–5　轨迹生成类型：面的环

3）一个面的一个环

一个面的一个环生成轨迹与一个面的外环相似，其不仅可以生成简单面外环边的路径轨迹，还可以生成内环边的路径轨迹，如图 4–6 所示。

4）曲线特征

曲线特征生成轨迹通过拾取曲线（3D 线），并拾取一个曲线所在的面，生成轨迹的 Z 轴与其垂直。图 4–7 所示为采用曲线特征方式生成的轨迹。

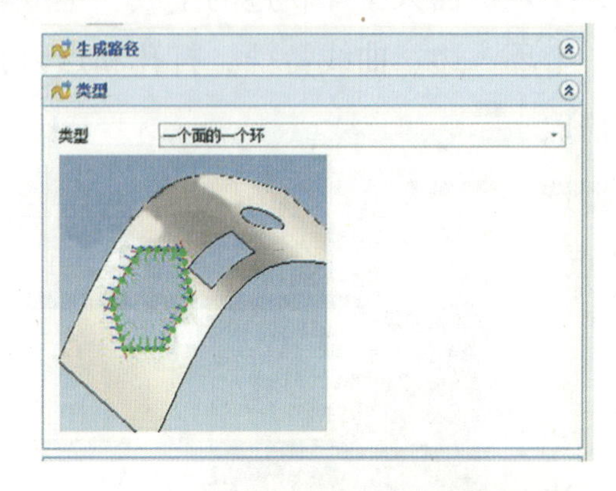

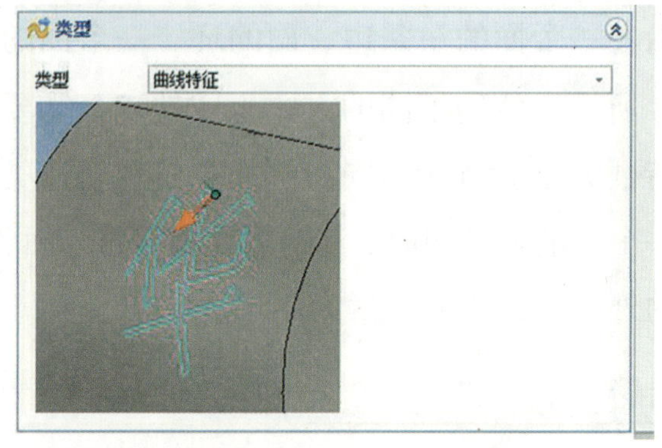

图 4–6　轨迹生成类型：一个面的一个环　　　　图 4–7　轨迹生成类型：曲线特征

5）边

边（图 4–8）生成轨迹通过选择同一零件上连续的线段，加再上一个面作为轨迹 Z 向垂直面，实现路径轨迹的生成。这种方式生成轨迹时，拾取元素线可以不在面上，元素面的拾取不受零件模型表面特征的限制。

6）打孔

“打孔”应用于在零件上打孔，拾取孔边后，设置打孔相关的工艺参数，将生成带工具

偏移和孔深信息的打孔轨迹，如图 4–9 所示。

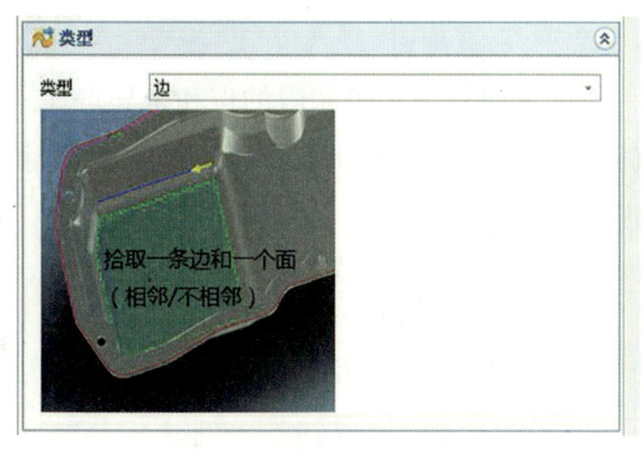

图 4–8　轨迹生成类型：边

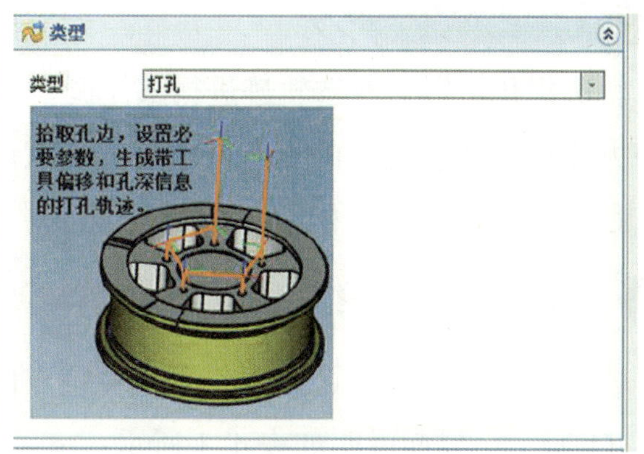

图 4–9　轨迹生成类型：打孔

知识学习 2——常见轨迹编辑方式

轨迹编辑的目的是优化机器人运动的路径和姿态，最终实现工艺效果。轨迹生成后可能因为机器人的位置和关节运动范围等条件限制，出现不可达、轴超限、奇异点等问题，这时就需要编辑轨迹。下面，先来学习 PQArt 软件，常用的轨迹编辑方式。轨迹编辑菜单如图 4–10 所示。

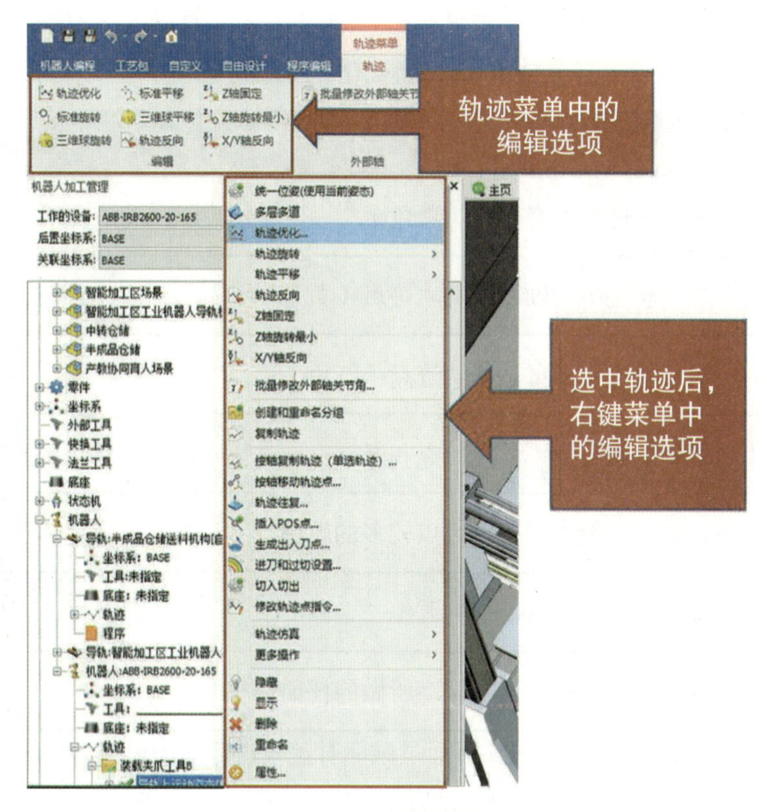

图 4–10　轨迹编辑菜单

1. 轨迹优化

轨迹优化可以对所选轨迹进行整体调整，一方面解决轨迹中轴超限的点和奇异点等问题；另一方面可优化轨迹点的姿态。轨迹优化默认固定被选轨迹上的所有点的 Z 轴，优化时只绕 Z 轴旋转一定的角度，角度的大小根据实际情况而定。

（1）轨迹优化界面介绍

轨迹优化界面提供了以下信息：轨迹点的个数、点的序号以及点绕 Z 轴旋转的角度，如图 4–11 所示，界面说明如表 4–1 所示。

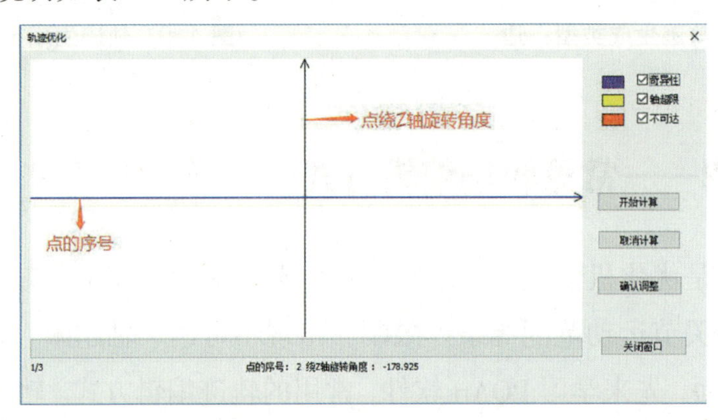

图 4–11 “轨迹优化”界面

表 4–1 轨迹优化界面说明

界面元素	介绍说明
奇异性	勾选后可显示轨迹中的奇异点（紫色）
轴超限	勾选后可显示轨迹中的轴超限的轨迹点（黄色）
不可达	勾选后可显示轨迹中不可达的轨迹点（红色）
开始计算	计算出轨迹中轴超限、不可达的点和奇异点，并以不同颜色的点显示在界面中
取消计算	用来终止计算，一般适用于轨迹点较多的轨迹
确认调整	确认并保存当前对轨迹点姿态的调整
关闭窗口	关闭优化窗口，直接关闭不会保存所做的任何调整
蓝线	表示的是所有轨迹点的集合，可通过鼠标对蓝线进行拖动操纵，横向显示轨迹点的序号，纵向可改变轨迹点的姿态，即绕Z轴旋转角度

2 优化方法

优化方法是将蓝线拖动到远离黄色区域的空白区（机器人工作的最优区）。图 4–12 所示为某轨迹开始计算后的轨迹优化界面，单击蓝线上的四个点进行拖动，使得蓝线离开黄色区域从而调整轨迹点的姿态，如图 4–13 所示；右击蓝线，可根据需求选择增加 / 删除调整点，如图 4–14 所示。

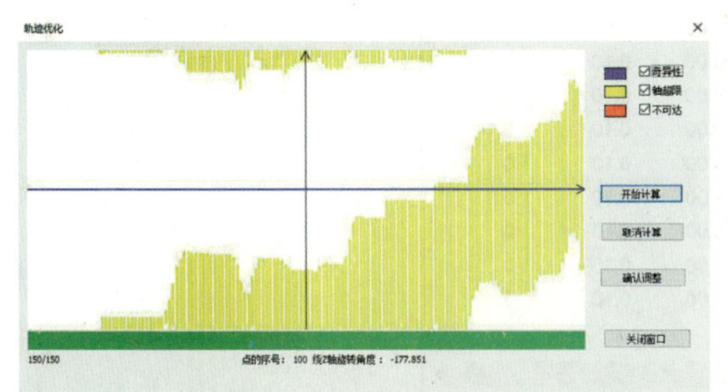

图 4–12　单击开始计算后的画面

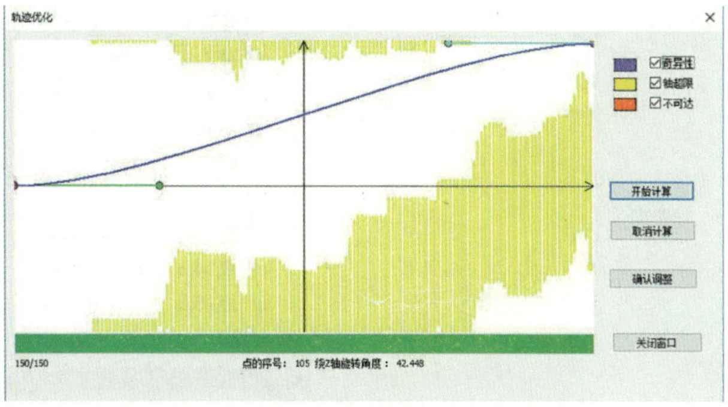

图 4–13　拖动蓝线离开黄色区域

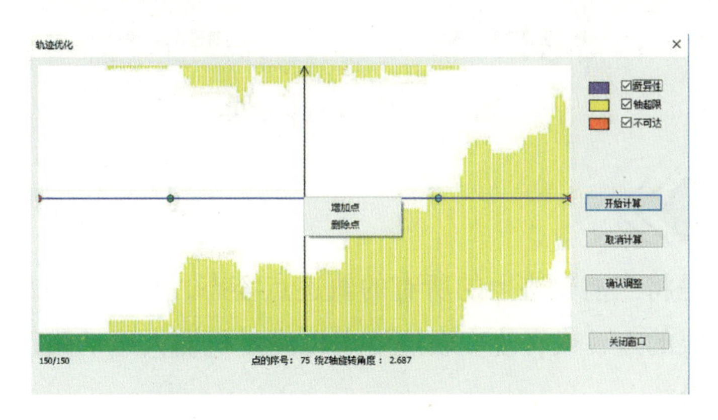

图 4–14　单击蓝色线出现的拖曳点

在将蓝线拖移出黄色区域后，单击“开始计算”确认优化无误后，单击“确认调整”并单击“关闭窗口”。优化后的轨迹点都会变为正常状态（绿色对勾），如图 4–15 所示。

图 4–15　轨迹优化效果

2. 轨迹旋转

轨迹旋转的功能是将当前轨迹上的所有的轨迹点姿态，绕 *X*/*Y*/*Z* 方向实现指定角度的旋转，多用于调整轴超限的点，或者改变轨迹姿态以满足机器人运动路径的需求，轨迹旋转的两种方式如表 4–2 所示。

表 4–2　轨迹旋转的两种方式

方式	标准旋转	三维球旋转
概念	通过在对话框输入具体的数值，指定轨迹绕 *X*/*Y*/*Z*旋转的角度	利用三维球（默认弹出在轨迹的第一个点上）来旋转整条轨迹
特点	输入具体数值进行旋转，精度高	可实时观察到轨迹点姿态调整的效果，更加直观
图示	轨迹旋转 绕着X轴旋转：0 度 绕着Y轴旋转：0 度 绕着Z轴旋转：0 度 确定　取消	

3. 轨迹平移

轨迹平移的功能是将轨迹沿着 *X*/*Y*/*Z* 坐标轴的方向平移一定距离，改变轨迹的位置，轨迹平移的两种方式如表 4–3 所示。

表 4–3　轨迹平移的两种方式

平移方式	标准平移	三维球平移
概念	通过在对话框输入具体的数值，指定轨迹沿*X*/*Y*/*Z*平移的距离	利用三维球（默认弹出在轨迹的第一个点上）来平移整条轨迹
区别	输入具体数值进行平移，精度高	可实时观察到轨迹点位置平移的效果，更加直观
图示		

4. 轨迹反向

轨迹反向的功能是将轨迹的起始点变为终点，终点变为起始点，改变机器人的运动路径方向。如图 4–16 所示，序号为 1 的点，经过选择轨迹反向之后，轨迹起始点变为了终点。

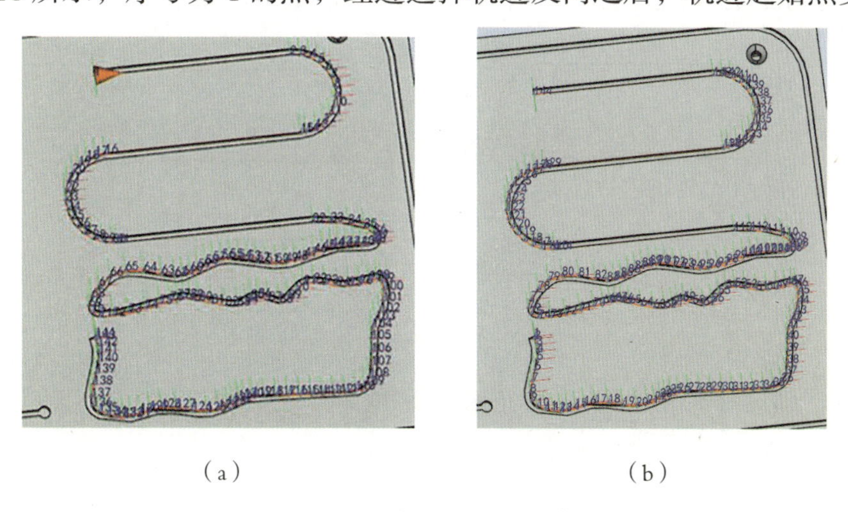

（a）　　　　（b）

图 4–16　“轨迹反向”示意图

（a）反向前；（b）反向后

5.Z 轴固定

Z 轴固定的功能是将轨迹上所有的点的三个坐标轴方向调整至与第一个点对应的三个坐标轴方向平行。Z 轴固定可使工具转动幅度变小，避免发生碰撞，也适用于调整轴超限的轨迹点。

Z 轴固定前后各个轨迹点的姿态如图 4–17 所示。

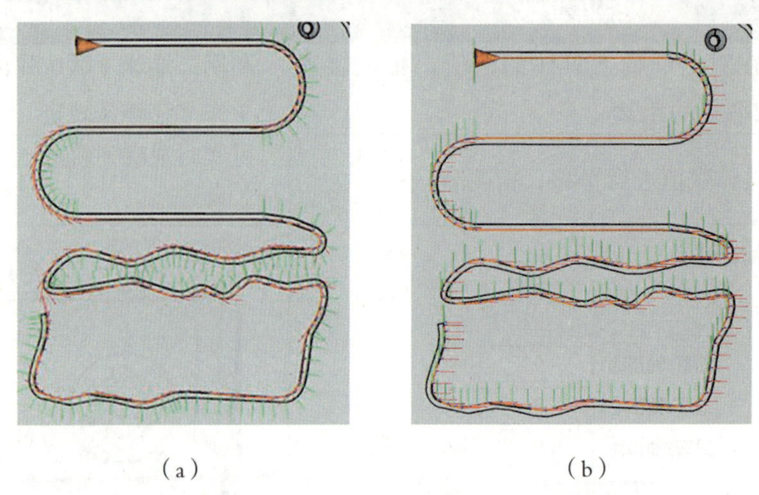

（a）　　　　（b）

图 4–17　Z 轴固定前后对比

（a）固定前；（b）固定后

6.X/Y 轴反向

X/Y 轴反向的功能是将轨迹上所有点的 X 轴和 Y 轴绕 Z 轴旋转 180°，如图 4–18 所示。

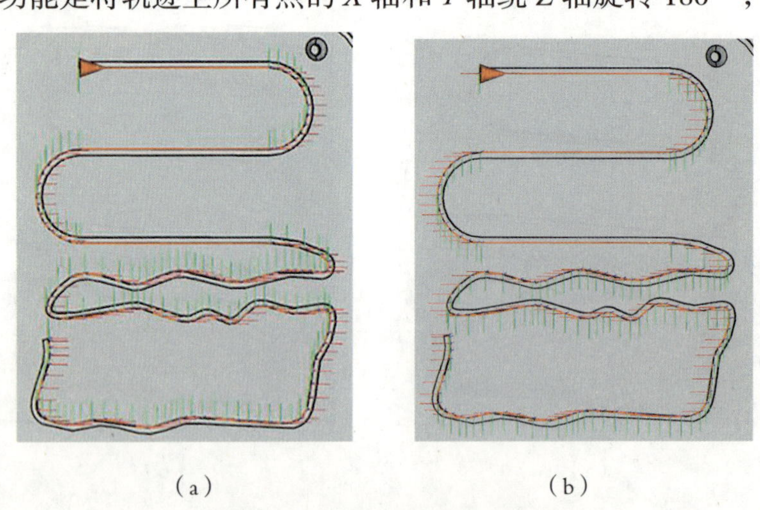

（a）　　　　（b）

图 4–18　X/Y 轴反向前后对比

（a）反向前；（b）方向后

7. 复制轨迹

复制轨迹即对选中的单条 / 多条轨迹进行复制，用于执行相同 / 相近的轨迹操作，可避免二次生成相同轨迹的烦琐。复制的轨迹与原轨迹在位置和姿态上完全一致。

8. 生成出入刀点

出入刀点设置界面如图 4–19 所示，是在轨迹的起始点和终点分别生成一个点作为工具的入刀点和出刀点，符合实际工艺需求，可使机器人尽量避免发生碰撞。

出入刀偏移量：工具入刀点和出刀点分别距离第一个轨迹点和最后一个轨迹点的距离，单位是 mm。

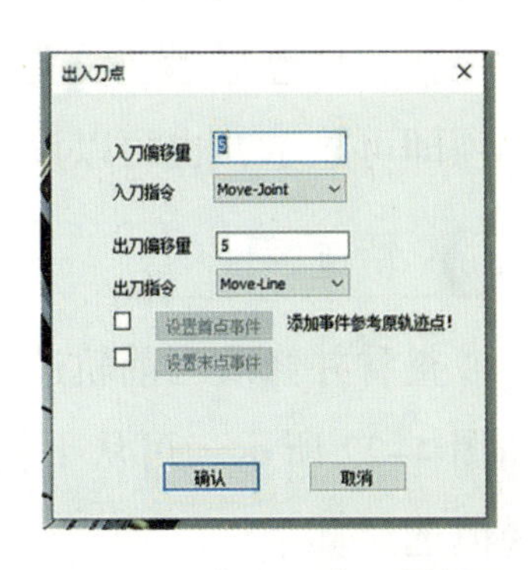

图 4–19　出入刀点设置界面

9. 插入 POS 点

插入 POS 点与生成出入刀点功能类似，其界面如图 4–20 所示，插入一个 POS 点，会在工具 TCP 位置插入一个点。指令包括 Move–Line（线性运动）和 Move–Joint（关节运动）两种，还可以选择 POS 点的位置是在轨迹首还是在轨迹尾。

轨迹首：只在轨迹第一个点前生成入刀点。

轨迹尾：只在轨迹最后一个点后生成出刀点。

图 4–20　插入 POS 点界面

10. 删除、隐藏、显示和重命名

删除：删除当前选中的单条 / 多条轨迹。

隐藏：隐藏当前选中的单条 / 多条轨迹。隐藏后，机器人加工管理面板中的轨迹会变成灰色，绘图区的轨迹会暂时隐藏不见。

显示：重新显示已隐藏的轨迹。右击机器人加工管理面板中的轨迹，选择菜单中的“显示”即可。

重命名：可更改当前所选单条轨迹的名称。

11. 创建分组

创建分组，对单条 / 多条轨迹进行分组。实际操作中需要对工件分区域加工，添加分组更方便管理轨迹。

12. 属性

属性即与轨迹及轨迹点相关的一系列属性和指令，在对话框中可方便地查看、调整这些属性和指令。

1）轨迹显示

在“轨迹显示”设置界面（图 4–21）内可以设置轨迹点和轨迹线的显示状态，勾选对应选项即可显示，也可以设置轨迹线的颜色及轨迹点的大小。

2）轨迹属性

查看并修改当前轨迹关联的零件、机器人使用的工具、轨迹关联的 TCP 和使用的坐标系，如图 4–22 所示。可从下拉菜单中进行选择，一般场景中存在多个零件、工具和坐标系时需谨慎选择。

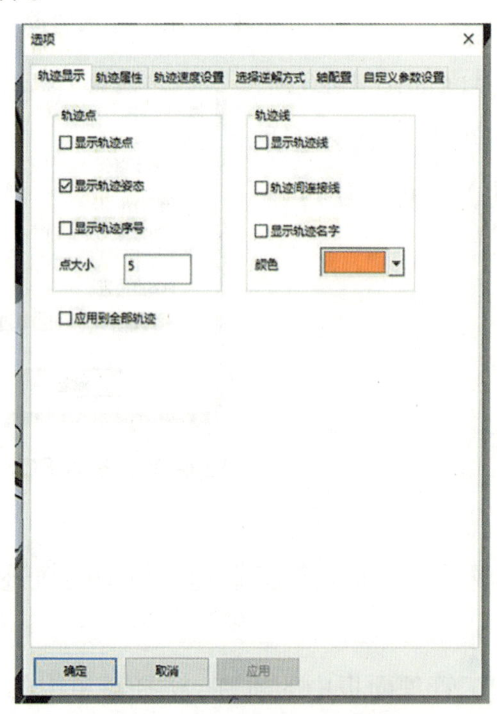

图 4–21　“轨迹显示”设置界面

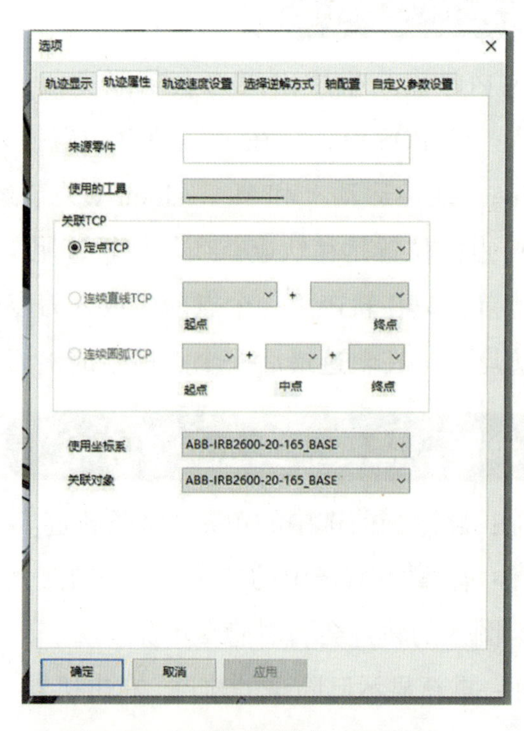

图 4–22　“轨迹属性”设置界面

3）轨迹速度设置

在“轨迹速度设置”界面可以设置轨迹速度参数，如图 4–23 所示。

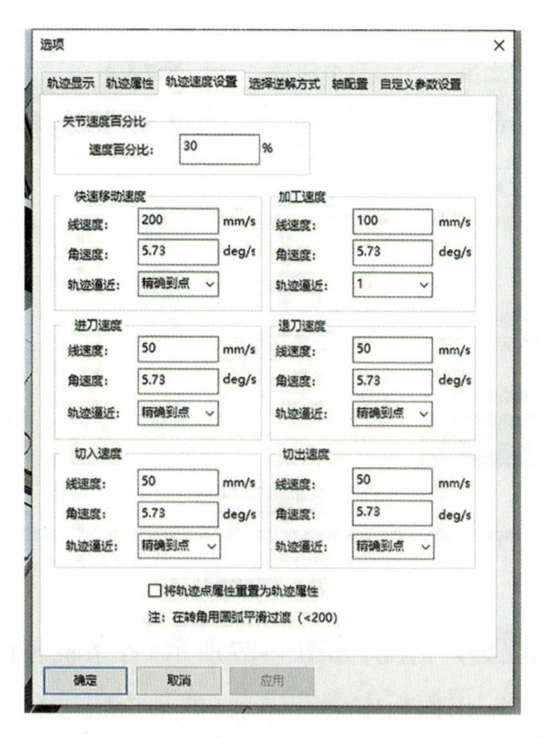

图 4-23 “轨迹速度设置”界面

知识学习 3——轨迹编译及仿真

在实际应用中，轨迹编译及仿真和轨迹编辑及获取是反复迭代的过程，完成轨迹的生成及编辑后可以通过轨迹编译验证轨迹点的可达性，使用轨迹仿真验证轨迹运行是否与预期一致。

1. 轨迹编译

轨迹编译位于“机器人编程”下的“基础编程”中，如图 4-24 所示，编译功能用来解析轨迹点状态。

图 4-24 编译位置

轨迹点状态包括图 4-25 所示的几种，生成轨迹后，除了 Move-AbsJoint 点、抓取轨迹和放开轨迹外，其他轨迹点均为未知状态，通过编译可解析轨迹点状态，轨迹点由灰色更改为其他颜色。

图 4-25　轨迹点状态

选择需要编译的轨迹后，编译时绘图区会出现进度条，提示编译的进度，如图 4-26 所示。

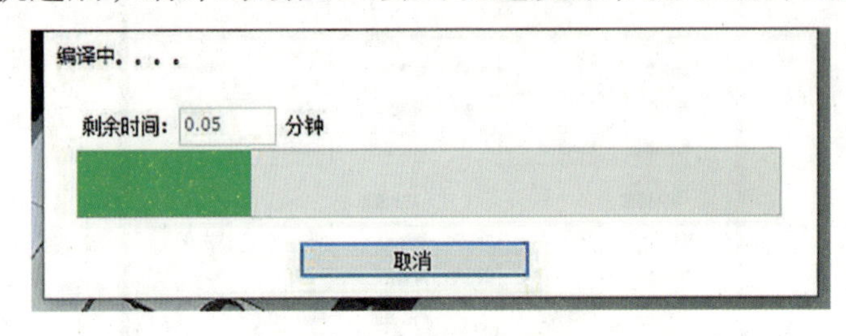

图 4-26　编译进度条

同时输出面板中会显示出编译情况，如图 4-27 所示。各条轨迹正常时，面板会直接显示“编译完成”。若存在问题，那么在输出面板中会有提示，即某个轨迹点存在不可达、轴超限等问题。双击提示，机器人姿态会更改到事件被执行时的状态。

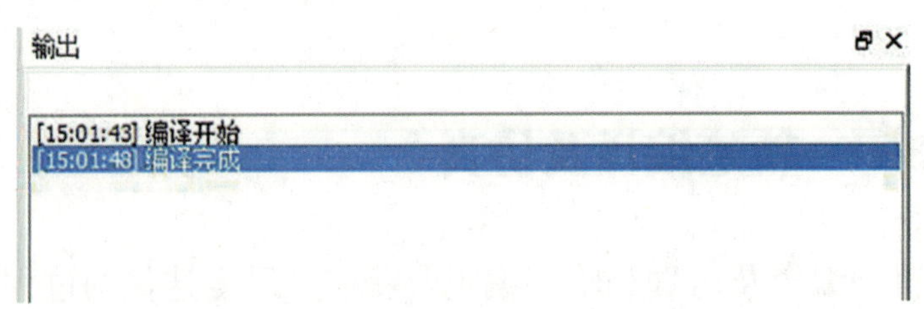

图 4-27　输出面板显示的编译状态

2. 仿真

通过仿真可以形象逼真地模拟机器人在真实环境中的运动路径和状态，查看设备是否以正确的姿态工作。

1 进入仿真的方式

可以通过图 4-28 所示的“基础编程”中的“仿真”选项进入仿真，或通过图 4-29 所示的机器人加工管理中，右键选择需要仿真的轨迹组后，在右键菜单中选择“仿真轨迹组”，此时将仅仿真选中的轨迹组。

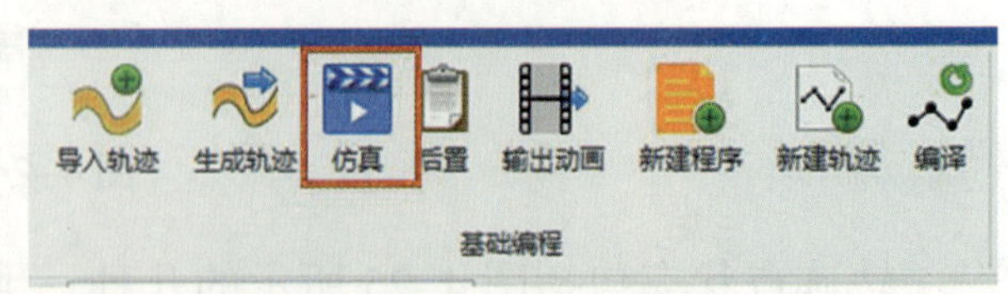

图 4-28　“仿真”选项

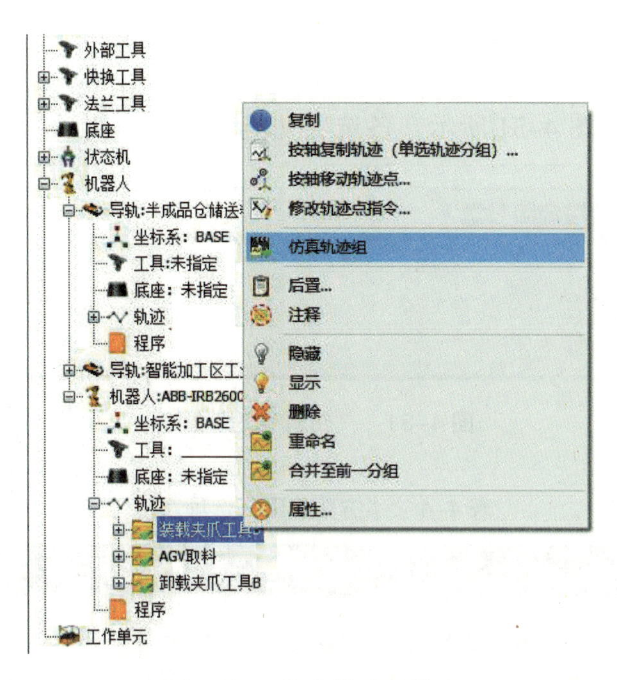

图 4–29　仿真轨迹组选项

还可以通过选中单个轨迹，在右键菜单的轨迹仿真中选择需要的仿真选项，包含仿真此轨迹、从此轨迹开始仿真、多机构运动到首点和单机构运动到首点，如图 4–30 所示。

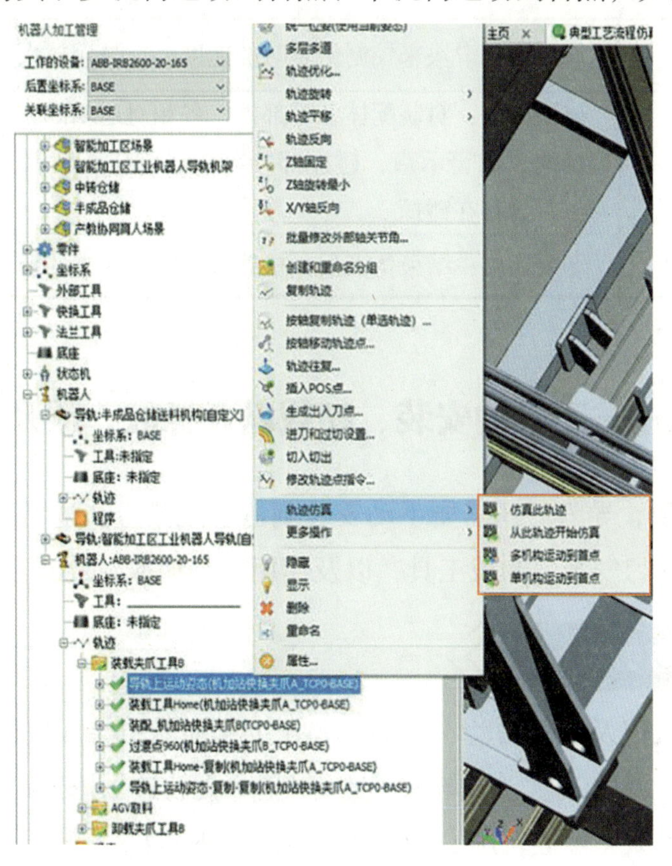

图 4–30　轨迹仿真选项

2 仿真管理面板

“仿真管理”面板如图 4-31 所示，各选项功能如表 4-4 所示。

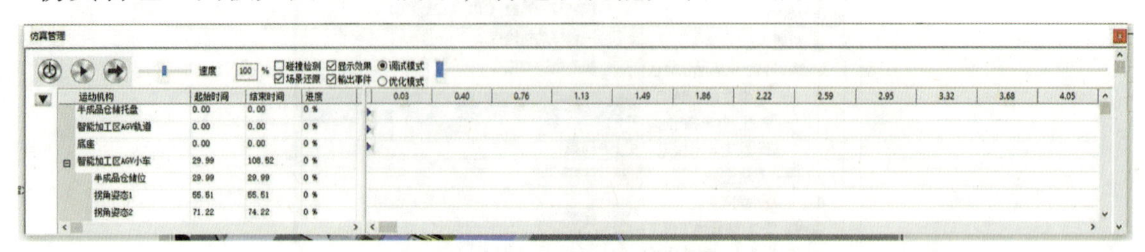

图 4-31 “仿真管理”面板

表 4-4 “仿真管理”选项功能

序号	选项	功能说明
1		关闭“仿真管理”面板
2		开始仿真和暂停仿真
3		循环仿真
4	速度 100 %	通过拖动滑块来控制仿真时的速度。百分比越大，速度越快
5	□碰撞检测	碰撞检测：对装配体各零部件、各相对运动部分进行实际仿真，并在发生碰撞时发出警示声，碰撞部分以暗红色高亮显示，可以检查机构在运动状态下是否存在碰撞
6	☑场景还原	场景还原：结束仿真后，机器人会回到轨迹的起始点位置

知识学习 4——工具的安装、卸载以及抓取、放开

对于快换工具来说，导入后还需要手动安装到法兰工具上，通常快换工具可抓取 / 放开目标零件。下面分别学习安装、卸载工具，以及使用工具抓取、放开目标零件的方法。

1. 工具的安装与卸载

在包含工业机器人以及配套法兰工具的 PQArt 工程环境中导入快换工具后，可以通过图 4-32 所示的 3 种途径选择【安装（生成轨迹 / 改变状态 - 无轨迹）】安装工具；卸载快换工具时，选择功能菜单内的【卸载（生成轨迹 / 改变状态 - 无轨迹）】。

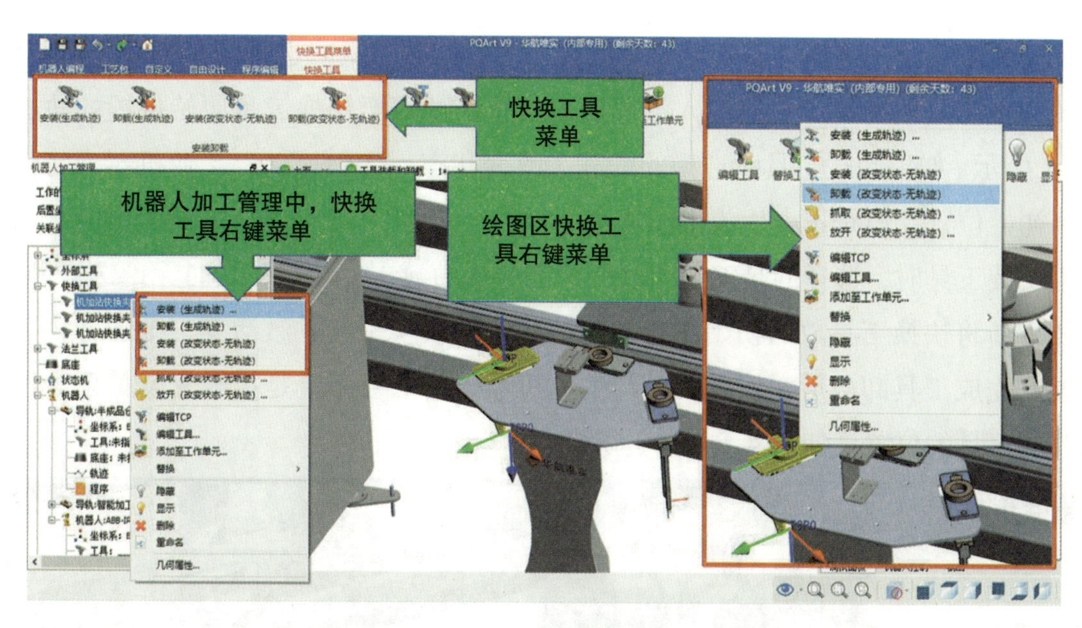

图 4–32　工具安装、卸载功能调用方式

1）安装（生成轨迹）与安装（改变状态-无轨迹）的区别

安装工具时，如果选择的是安装（生成轨迹），则将快换工具安装至工业机器人法兰工具上，同时生成工业机器人运动至快换工具处、安装快换工具的轨迹，如图 4–33（a）所示。

安装工具时，如果选择的是安装（改变状态 – 无轨迹），则快换工具将被安装至工业机器人法兰工具上，只改变工具的安装状态，无动作，如图 4–33（b）所示。

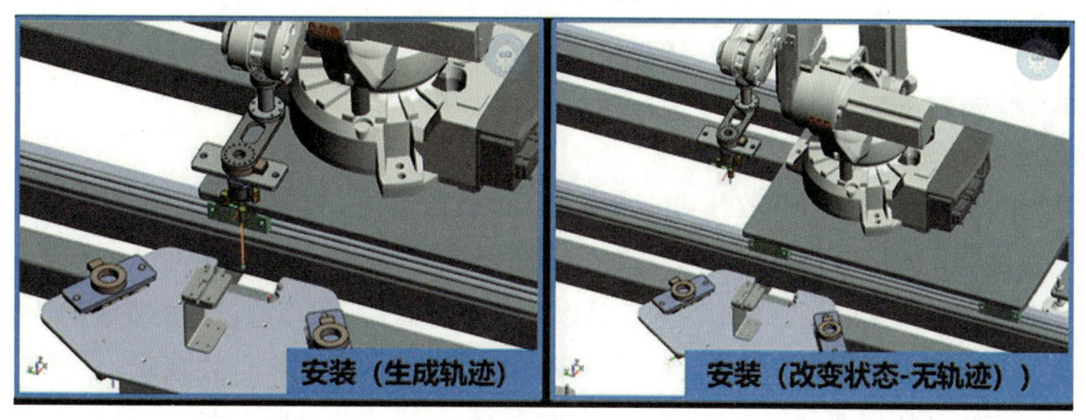

（a）　　　　（b）

图 4–33　安装（生成轨迹）与安装（改变状态 – 无轨迹）区别

（a）生成轨迹；（b）改变状态 – 无轨迹

2）卸载（生成轨迹）与卸载（改变状态-无轨迹）的区别

选择卸载（生成轨迹）卸载工具时，将在工业机器人卸载末端快换工具的同时，生成卸载过程的轨迹。选择卸载（改变状态 – 无轨迹）卸载工具时，将不会生成卸载工具的轨迹。

如果安装工具时，选择的是安装（生成轨迹）；卸载工具时选择的是卸载（生成轨迹），则生成的卸载工具轨迹是工业机器人将快换工具重新放回至快换工具原始位置的轨迹，如图4–34（a）所示；如果卸载工具时选择的卸载（改变状态 – 无轨迹），工业机器人将快换工具重新放回初始位置，但是不会生成工作轨迹。

如果安装工具时，选择的是安装（改变状态 – 无轨迹），卸载工具时无论选择哪种方式，如果需要重新将快换工具放回初始位置，则需要选中快换工具并激活其三维球，将其移动至初始位置。完成工具卸载后，快换工具与工业机器人的法兰工具是接触安装关系，可以通过三维球改变工具的位置，如图 4–34（b）所示。

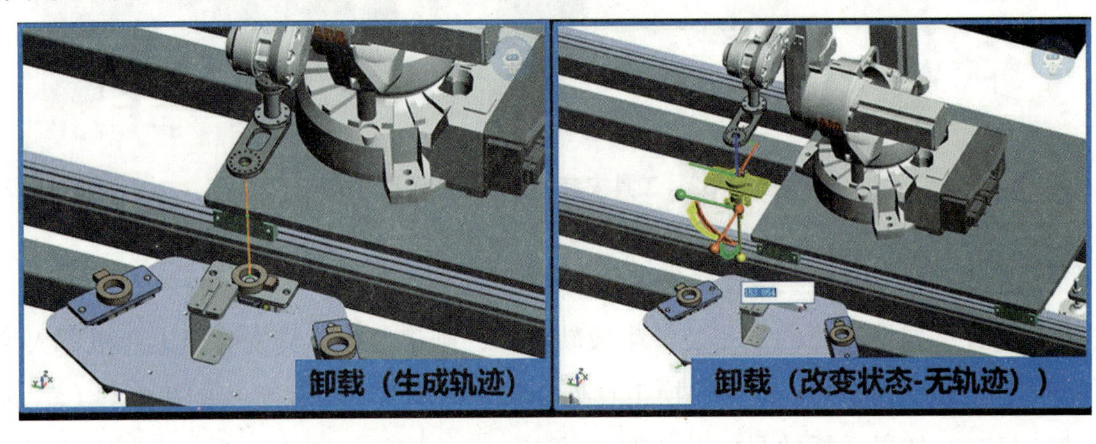

（a）　　（b）

图 4–34　卸载（生成轨迹）与卸载（改变状态 – 无轨迹）区别

（a）生成轨迹；（b）改变状态 – 无轨迹

2. 抓取和放开

工具对目标零件的抓取和放开功能常应用于涉及搬运的工艺场景中，具体的操作原理和步骤与工业机器人的抓取和放开操作一致，下面一同进行讲解。

当工业机器人末端已经安装了法兰工具以及快换工具后，可以通过选中安装的快换工具、法兰工具以及机器人本体等途径进入抓取放开功能，如图 4–35~ 图 4–37 所示。

进行目标零件的抓取时，需要先使用三维球将安装在工业机器人末端的快换工具移动至零件抓取的目标位置（图 4–38 步骤①），然后选择抓取（生成轨迹）或者抓取（改变状态 – 无轨迹），无论选择哪种抓取方式，均需要进行抓取物体选择、抓取位置选择的设定，如图 4–38 中步骤②和③所示。如选择的是抓取（生成轨迹），则还需要设置抓取物体的入刀量和出刀量，如图 4–38 步骤④所示，完成以上设置后，将生成抓取物体的轨迹如图 4–38 步骤⑤所示。如选择抓取（改变状态 – 无轨迹），则不会生成轨迹，只改变物体的抓取状态，结果如图 4–38 步骤⑥所示。

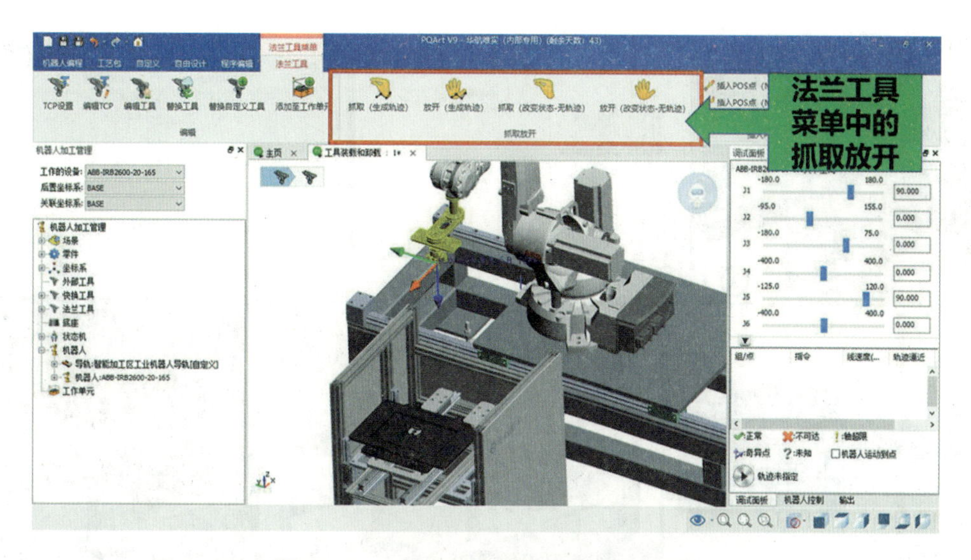

图 4–35　法兰工具菜单中的抓取放开

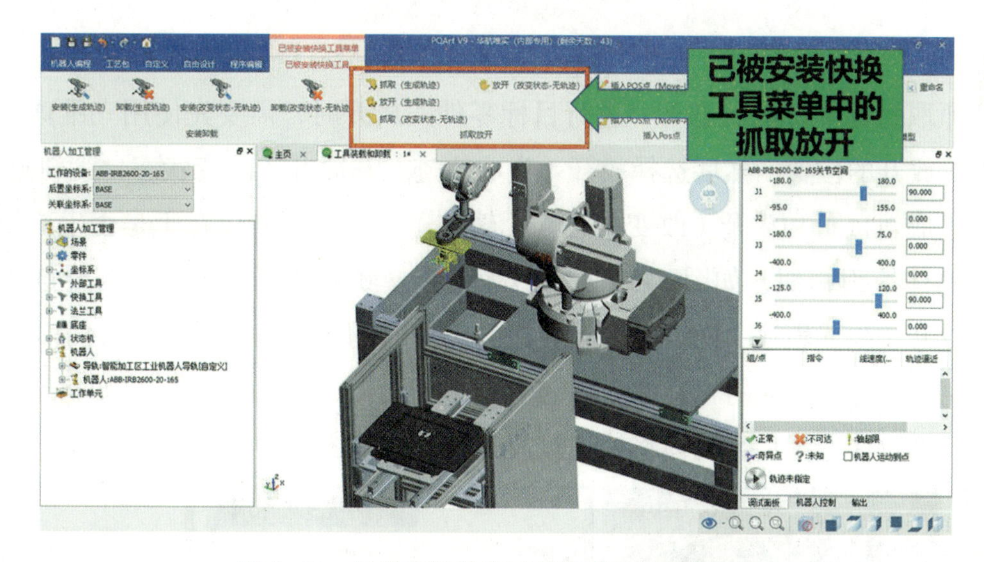

图 4–36　已被安装快换工具菜单中的抓取放开

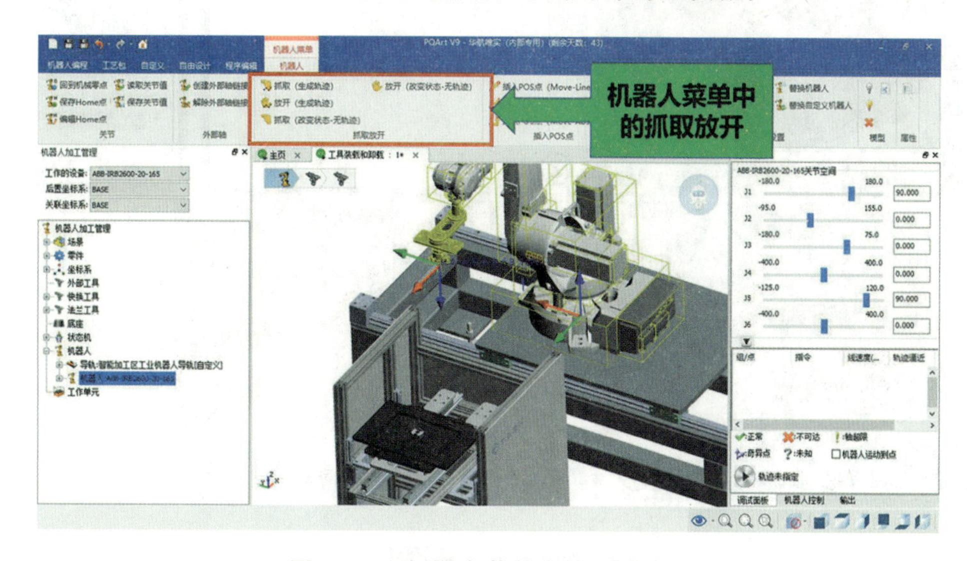

图 4–37　机器人菜单中的抓取放开

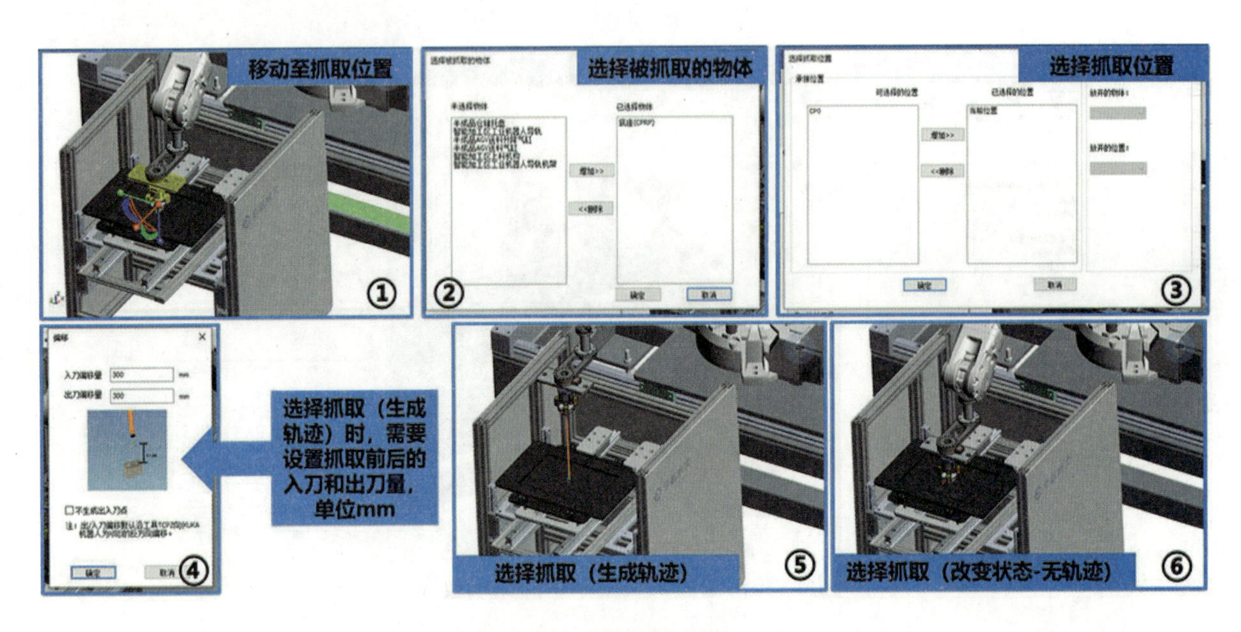

图 4–38　抓取物体流程示意

在已经抓取目标零件的状态下，进行目标零件的放开时，需要先使用三维球将被抓取的零件放置到待放开的位置，然后选择放开（生成轨迹）和放开（改变状态 – 无轨迹）。

放开（生成轨迹）和放开（改变状态 – 无轨迹）两者的区别仅在于是否生成轨迹，具体流程与抓取物体流程相似，如图 4–39 所示。无论选择哪种放开方式，均需要选择放开的物体。当选择放开（生成轨迹）时，需要设置放开物体时的入刀偏移量和出刀偏移量（图 4–39 步骤③），完成设置后生成的轨迹如图 4–39 步骤④所示。当选择放开（改变状态 – 无轨迹）时，完成放开的物体选择后，物体将处于被放开状态，如图 4–39 步骤⑤所示。

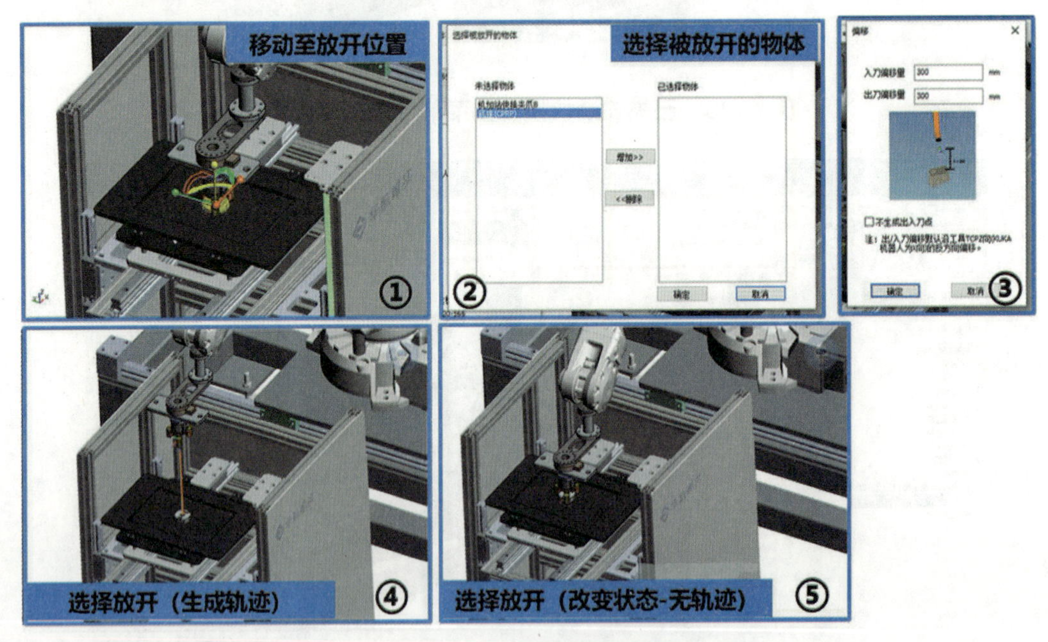

图 4–39　放开物体流程示意

智能加工区工业机器人工具的安装与卸载

任务页——智能加工区工业机器人工具的安装与卸载

任务准备	PQArt软件	教学模式	理实一体	建议学时	2

任务引入

在虚拟生产线中，智能加工区的六轴机器人ABB IRB2600通过外部轴实现其工作空间的扩展，通过安装不同的快换工具实现目标零件的抓取和放开，现需要分组编写工业机器人工具安装及卸载轨迹，安装及卸载的流程如图4-40、图4-41所示。

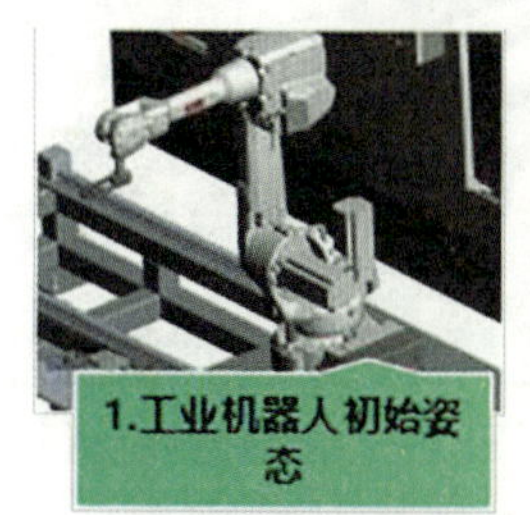

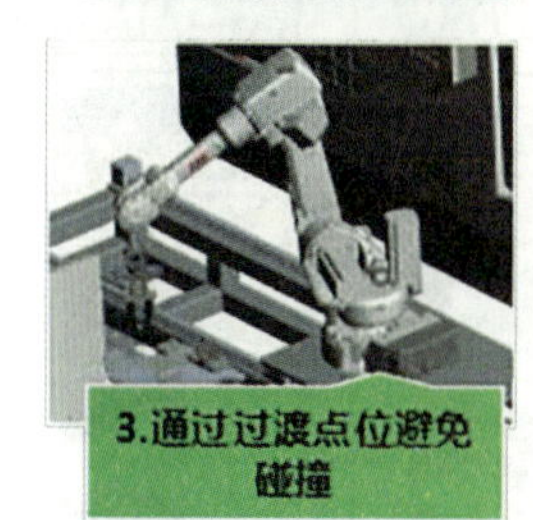

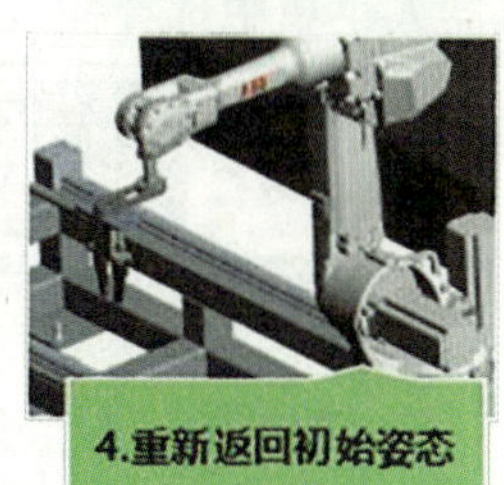

图 4-40　工具安装流程示意

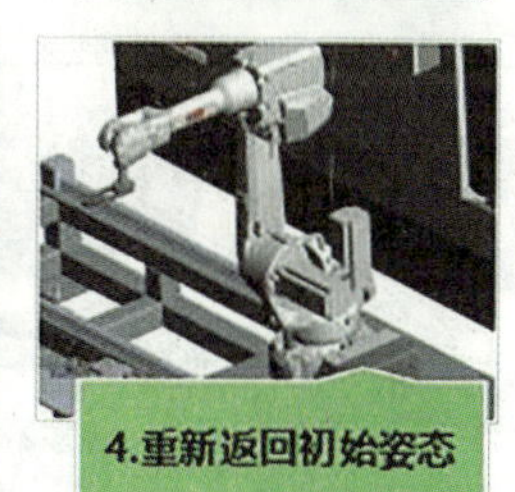

图 4-41　工具卸载流程示意

任务实施

任务活动 1: 工具安装轨迹编写

①首先设置工业机器人处于被导轨抓取状态，即工业机器人可以随导轨一起运动。 选中导轨后，在其右键菜单中选择抓取（改变状态–无轨迹）	②选择图示ABB IRB2600型工业机器人为被抓取的物体，然后确定
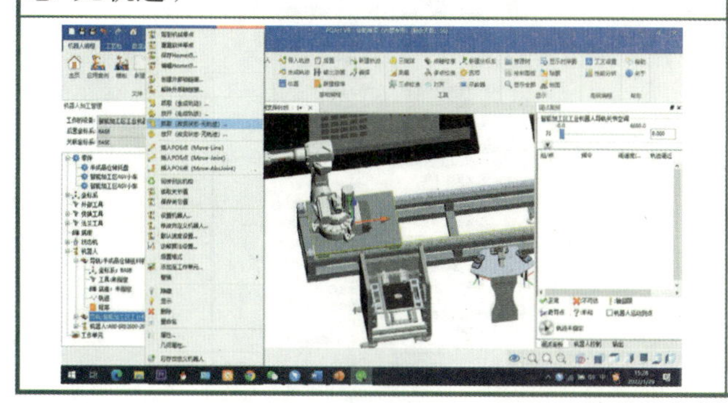	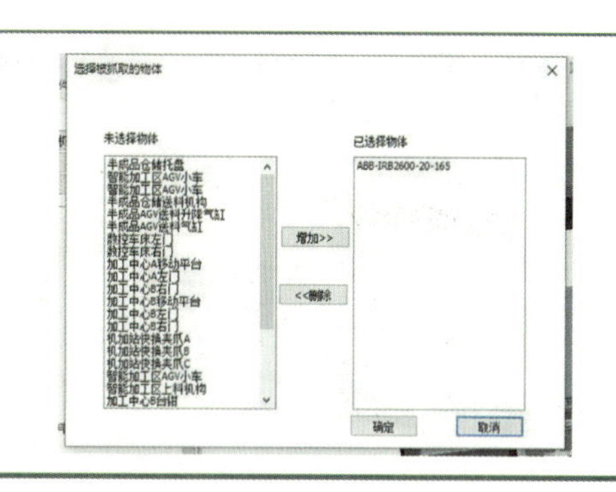

<table>
<tr>
<td>③选中导轨后，调出控制面板，拖动导轨的关节空间，验证工业机器人可以随导轨一起运动。
然后，设置导轨至1 700 mm位置，即工业机器人处于工具库位置</td>
<td>⑥设置工业机器人处于图示姿态</td>
</tr>
<tr>
<td>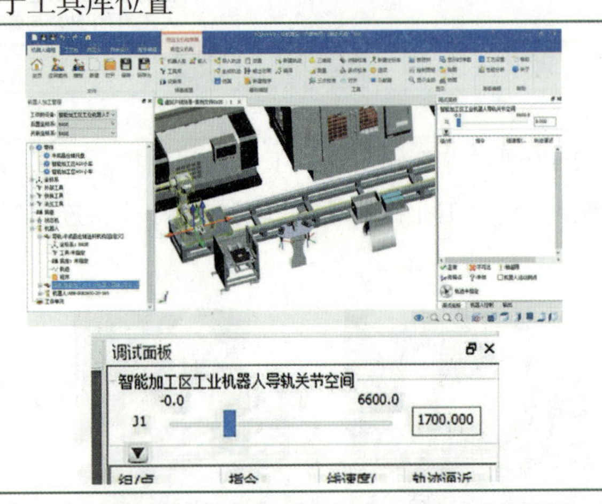
</td>
<td>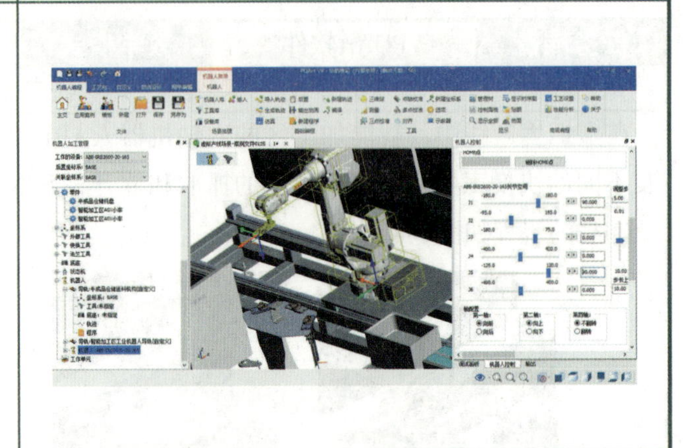</td>
</tr>
<tr>
<td>④如下图所示，工业机器人处于可以安装及卸载工具的位置</td>
<td>⑦选中工业机器人，在其右键菜单中选择或者在机器人菜单中选择插入POS点（Move-Absjoint）</td>
</tr>
<tr>
<td>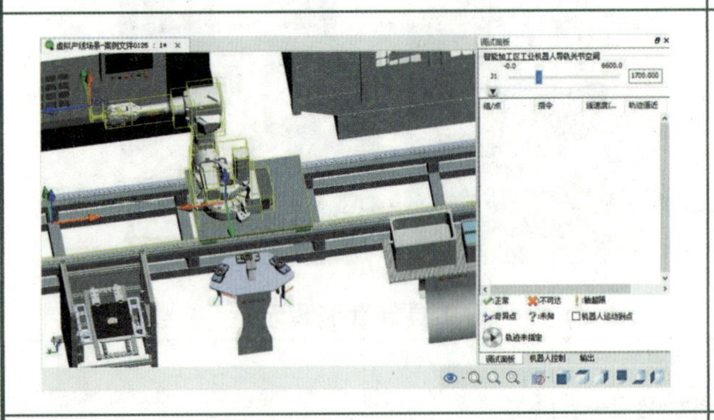</td>
<td>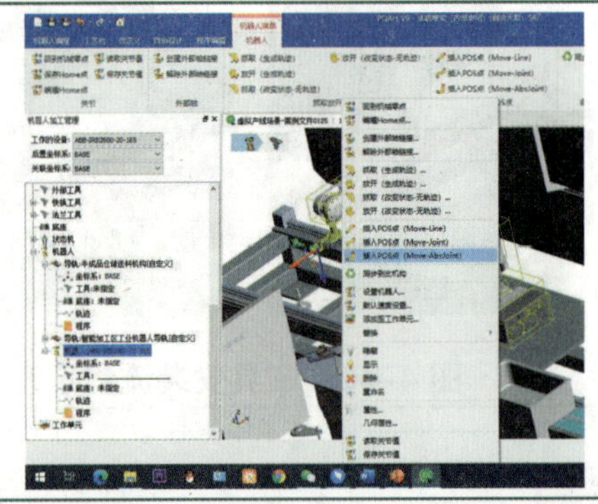</td>
</tr>
<tr>
<td>⑤选中工业机器人，调出其机器人控制面板，在此界面内可以设置工业机器人的姿态等参数</td>
<td>⑧在机器人加工管理树中右键选择完成建立的轨迹，可以在右键菜单中选择重命名，重新命名以做功能区分</td>
</tr>
<tr>
<td>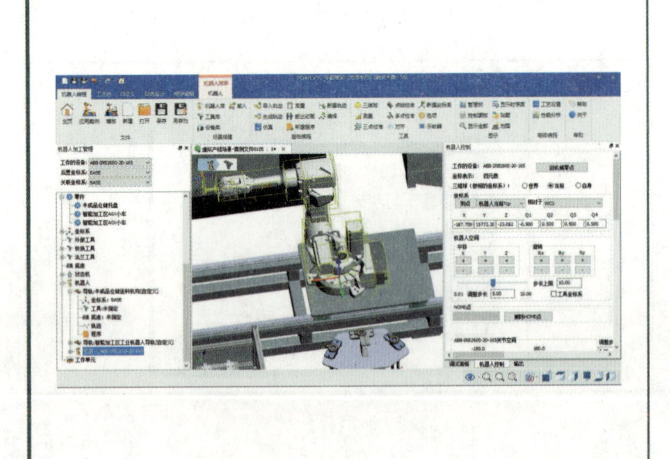</td>
<td>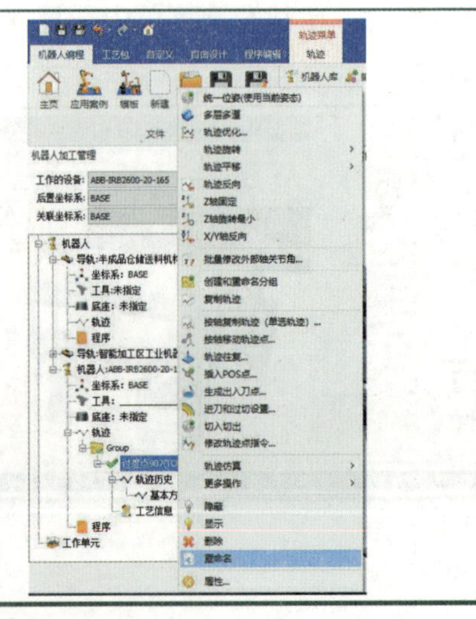</td>
</tr>
</table>

⑨选择需要安装的夹爪工具，选择安装（生成轨迹）	⑫然后，选择插入POS（Move-Line）点，添加过渡点
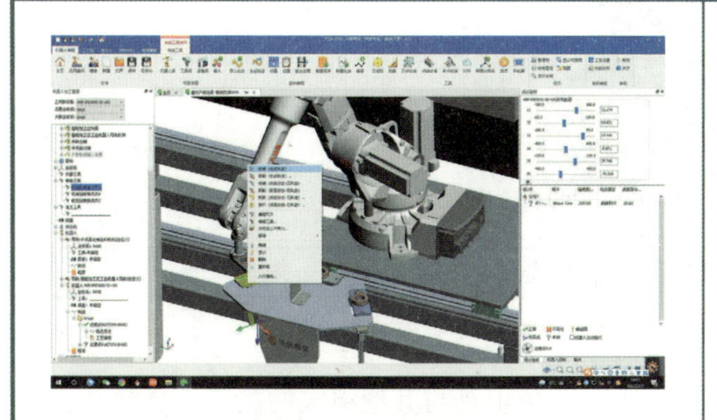	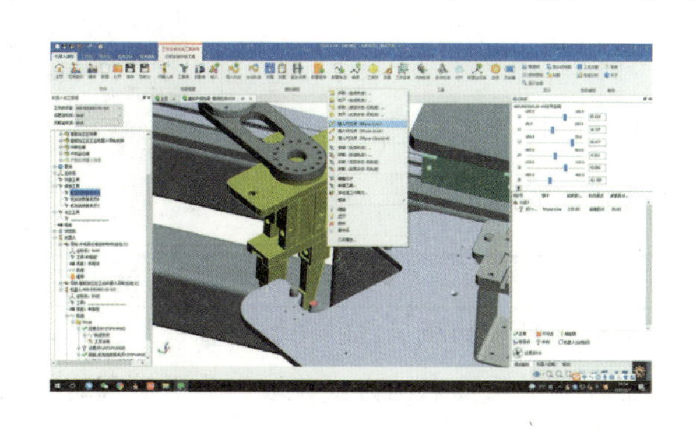
⑩设置安装夹爪工具的入刀偏移量和出刀偏移量为100 mm	⑬完成工具安装轨迹的编写后，需要添加一些过渡点以避免工具与其他组成碰撞。此处通过三维球功能，使处于安装状态的夹爪工具沿着其自身的三维球Z向向上偏移200 mm，然后添加入POS（Move-Line）点
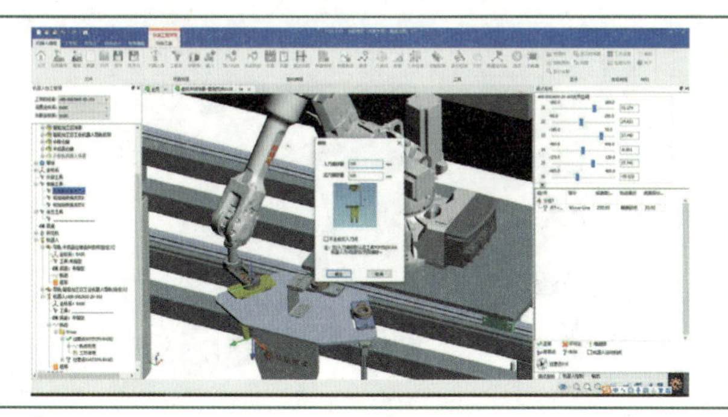	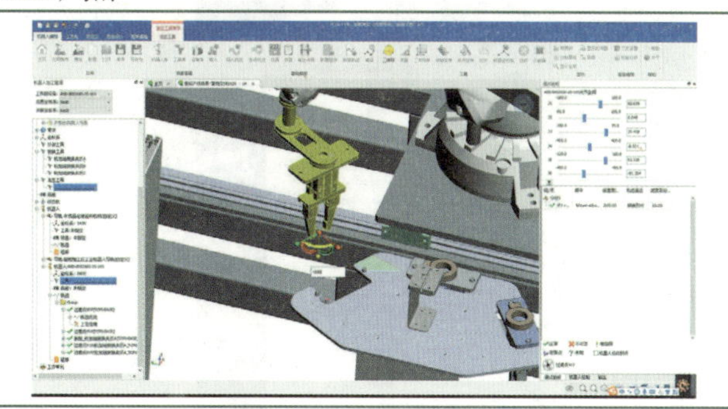
⑪完成工具安装轨迹的编写后，需要添加一些过渡点以避免工具与其他组成碰撞。此处通过三维球功能，使处于安装状态的夹爪工具沿着其自身的三维球*X*向偏移-100 mm	⑭复制工业机器人的出示姿态对应轨迹，使工业机器人完成工具安装后返回至初始位置，完成工具安装轨迹的编写
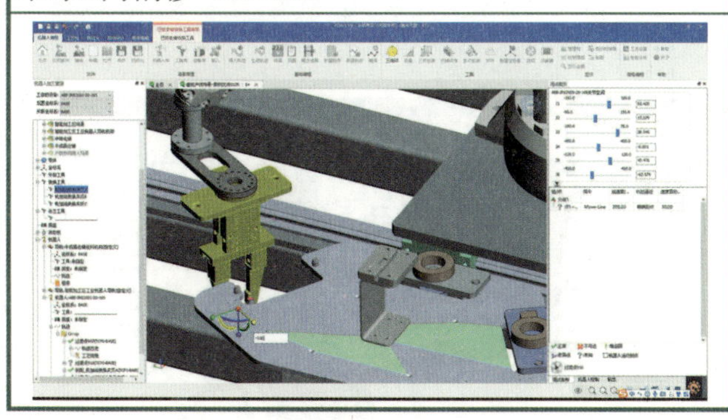	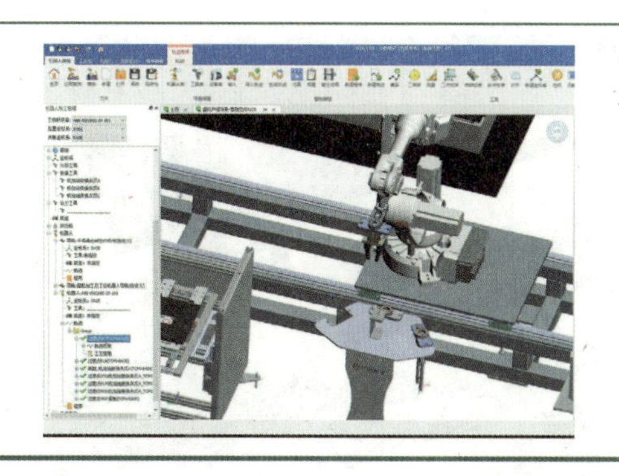

<table>
<tr><td colspan="2">⑮对关节轨迹点位进行重命名后，完成工具安装轨迹的编写</td></tr>
<tr><td colspan="2">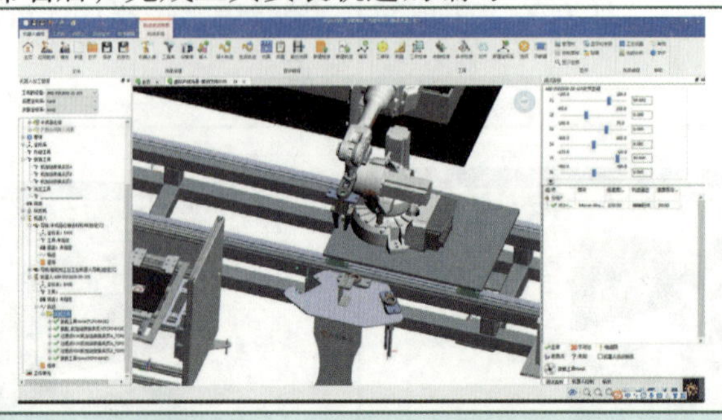</td></tr>
<tr><td colspan="2">任务活动 2: 工具卸载轨迹编写</td></tr>
<tr><td>①装载工具和卸载工具的初始姿态一致，可以通过复制轨迹并重命名的方式获取。为了实现装载工具轨迹与卸载工具的轨迹处于不同分组，此处选择卸载工具的第一个轨迹组，然后在右键菜单中选择创建和重命名分组</td><td>③为了避免工具与其他组成的碰撞，复制装载工具中的过渡点位，选中后移动至卸载工具的轨迹组</td></tr>
<tr><td></td><td>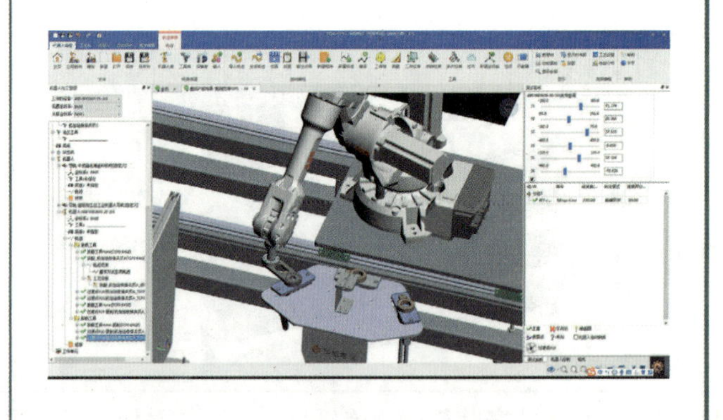</td></tr>
<tr><td>②创建卸载工具分组</td><td>④选中夹爪工具，在其右键菜单中选择卸载（生成轨迹）</td></tr>
<tr><td>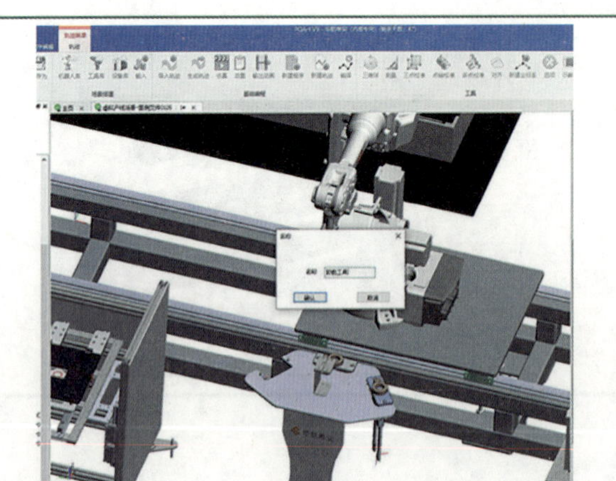</td><td>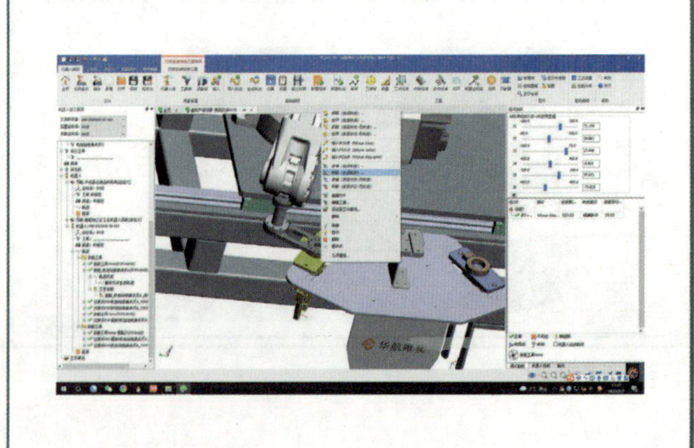</td></tr>
</table>

<table>
<tr><td>⑤设置卸载工具时的入刀点和出刀点偏移量</td><td>⑥复制卸载工具的初始点位，使工业机器人完成工具的卸载后，重新返回至初始位置，完成卸载工具轨迹的编写</td></tr>
<tr><td>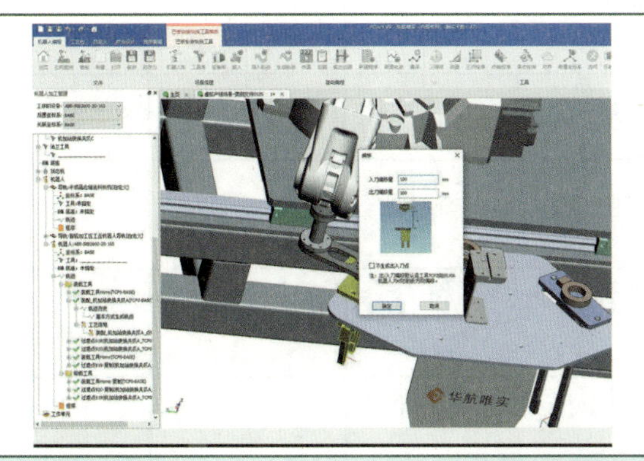</td><td>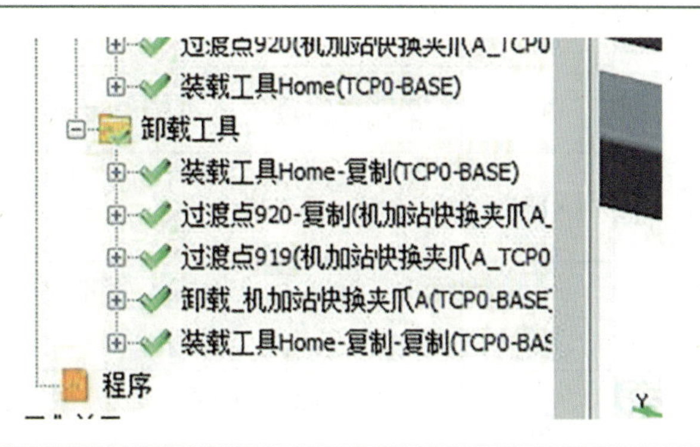
</td></tr>
<tr><td colspan="2">任务活动 3: 轨迹编译与仿真</td></tr>
<tr><td colspan="2">①完成轨迹组的编写后，选择图示编译，进行轨迹的解算</td></tr>
<tr><td colspan="2">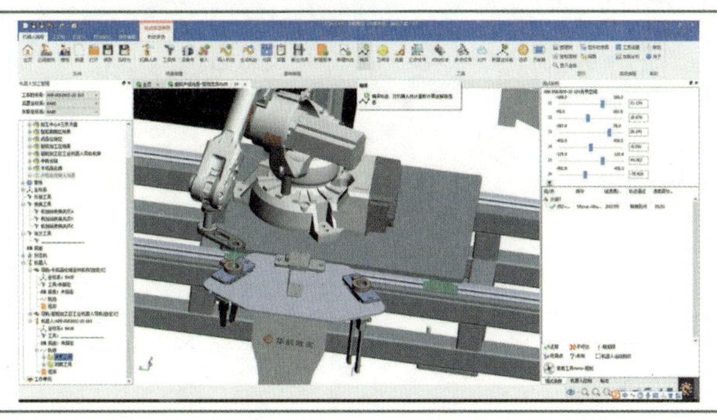</td></tr>
<tr><td colspan="2">②完成轨迹编译后，可以分别选择工具的安装和卸载轨迹组，分组进行仿真验证</td></tr>
<tr><td colspan="2">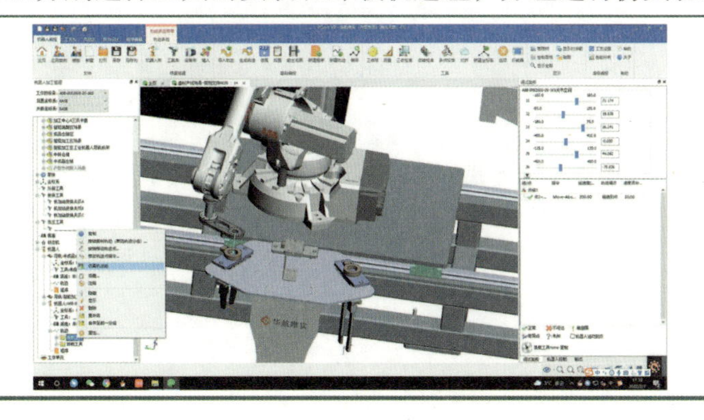</td></tr>
</table>

【任务评价】

任务	配分	评分标准	自评	教师评价
工具的安装和卸载	15	1.知道PQArt软件中轨迹的获取方式，不符合要求的扣15分		
	15	2.掌握轨迹的基本编辑方式，不符合要求的扣15分		
	15	3.掌握PQArt软件中轨迹编译及仿真方法，不符合条件扣15分		
	15	4.掌握工具的安装、卸载和抓取、放开功能，不符合条件扣15分		
	20	5.能够正确完成安装快换工具轨迹的编写以及编译仿真，不符合条件扣20分		
	20	6.能够正确完成卸载快换工具轨迹的编写以及编译仿真，不符合条件扣20分		

任务 4.2　外部轴的协同运动

在智能生产线中，工业机器人通常配备外部轴实现其自身工作空间的扩展，进而可以往返于生产线区域，通过有效的调度实现其功能的充分利用。任务将基于 PQArt 软件，讲解软件中仿真事件的管理方法，通过仿真事件以及轨迹编写实现外部轴与工业机器人的协同运动。

知识学习——仿真事件管理

在 PQArt 软件中，通过添加仿真事件可以实现多设备的协同运动。仿真事件一般是对轨迹点添加新的指令，满足实际操作过程中的多种需求。可添加的事件包括：抓取事件、放开事件、停止事件、发送事件、等待事件、等候时间事件和自定义事件等。

1. 仿真事件添加方式

添加仿真事件的位置位于调试面板轨迹点列表中任意轨迹点的右键菜单内，如图 4-42 所示。

图 4-42　添加仿真事件位置

完成添加的仿真事件，将在机器人加工管理面板轨迹的工艺信息中显示，同时也在调试面板轨迹处显示，如图 4–43 所示。

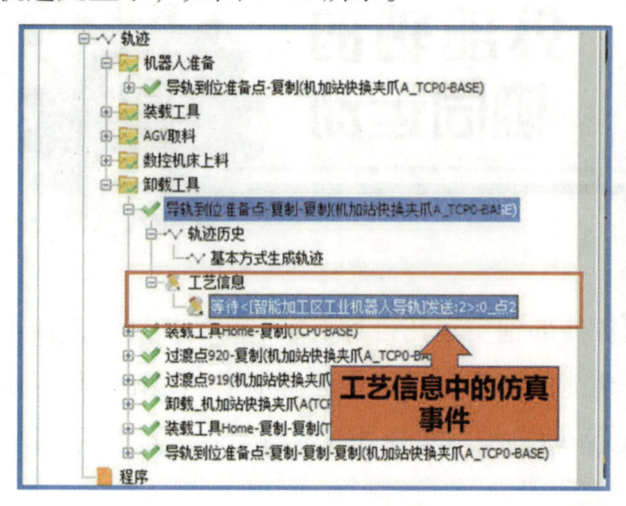

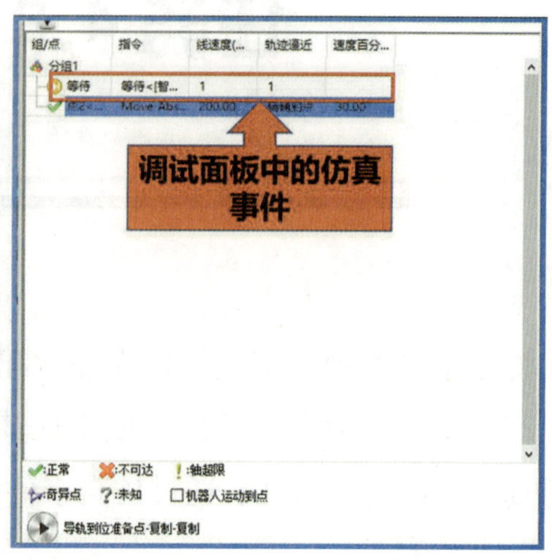

图 4–43　仿真事件显示位置

进行仿真事件修改时，右键选择对应的仿真事件后，选择编辑（图 4–44）即可进入对应的编辑界面，如图 4–45 所示。

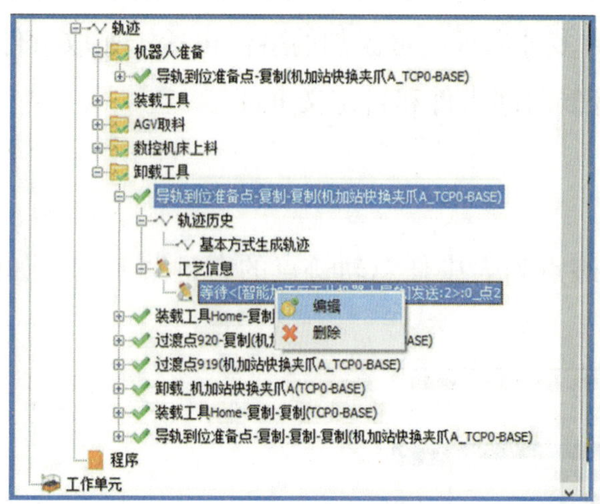

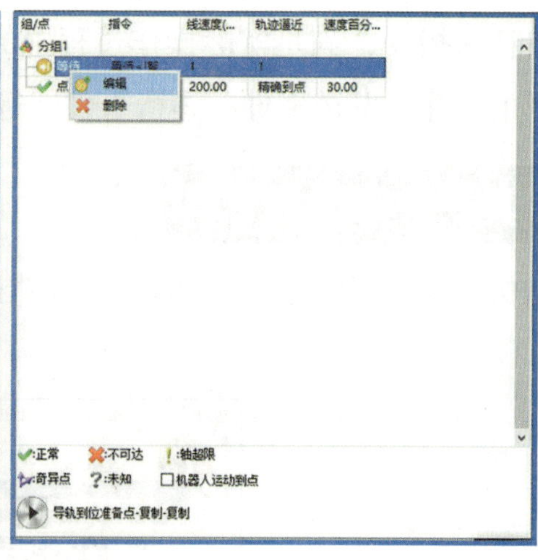

图 4–44　仿真事件编辑位置

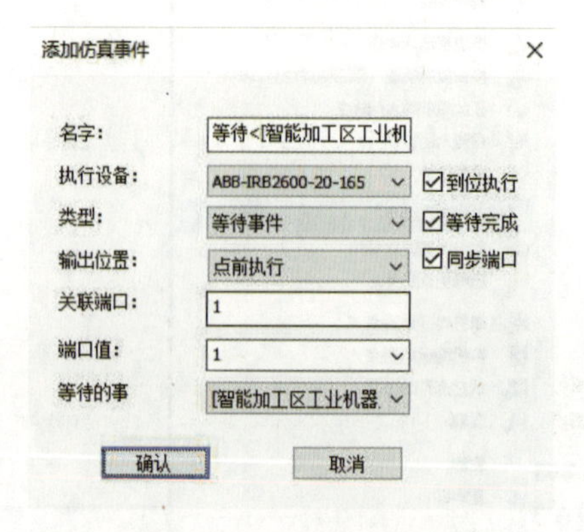

图 4–45　仿真事件编辑界面

2. 仿真事件分类

添加仿真事件时，根据时间类型的不同（图 4–46），需要编辑的内容包含名字、执行设备、类型、输出位置、关联端口、端口值等。

其中，关联端口即设备与外界通信交流的出入口。仿真事件需要发出命令的设备给执行设备一个信号，信号接收需要一个端口，执行设备接收到信号后开始执行事件。端口值是端口区别其他端口的特殊符号。

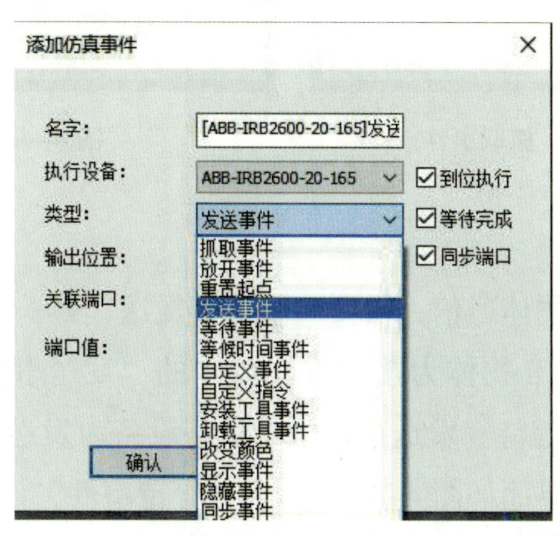

图 4–46　仿真事件类型

1 抓取事件

一个对象抓取另一个目标对象，抓取点的选定不固定、不唯一。要在对话框中确定执行设备和关联设备。

生成抓取事件时，事件名称默认为“执行设备抓取关联设备”，执行设备为抓取事件的实施对象，关联设备为抓取事件的被实施对象，输出位置可以选择点前执行或者点后执行，具体选项如图 4–47 所示。

2 放开事件

一个对象放开另一个目标对象，放开点的选定不固定、不唯一，要确定好执行设备和关联设备。

生成放开事件时，事件名称默认为“执行设备放开关联设备”，执行设备将放开关联设备，输出位置可以是点前或者点后，具体如图 4–48 所示。

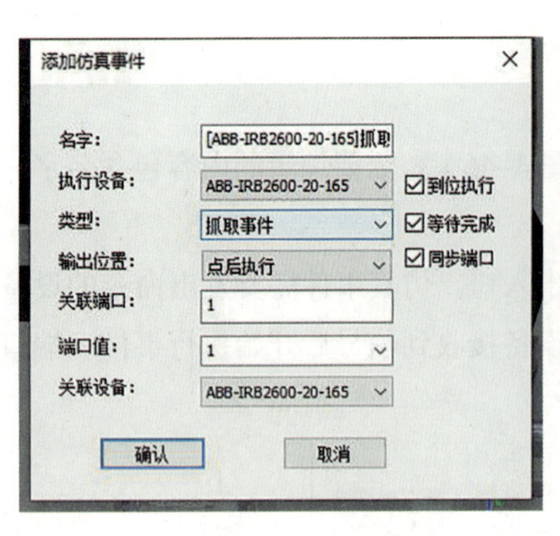

图 4–47　抓取事件

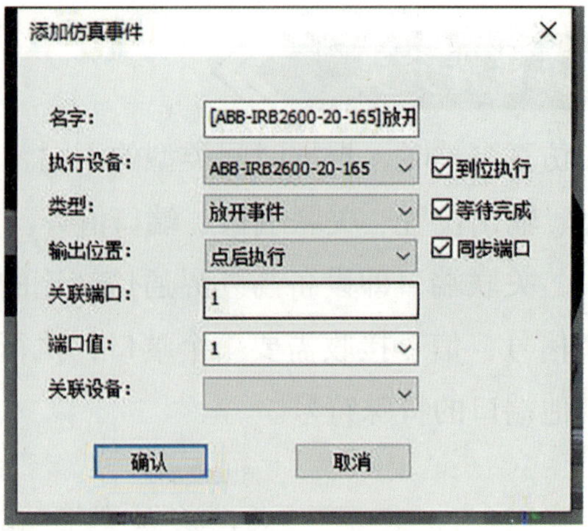

图 4–48　放开事件

3 发送事件

发送与等待事件即两个物体通信，需要一个物体发送，另一个物体接收。

如 A 物体为发送方，则 B 物体为接收方。当 A 的“发送事件”被触发时，B 从 A 处接收到信号后立即运动，不再等待。发送事件中的执行设备为发送方，输出位置可以是点前或者点后，“发送事件”设置界面如图 4–49 所示，“等待事件”设置界面如图 4–50 所示。

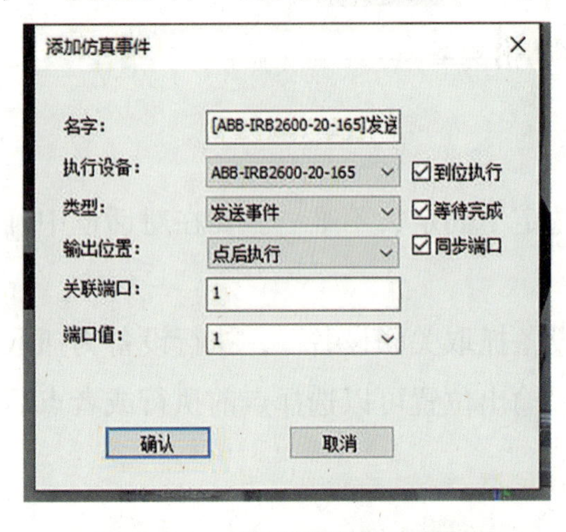

图 4–49　“发送事件”设置界面

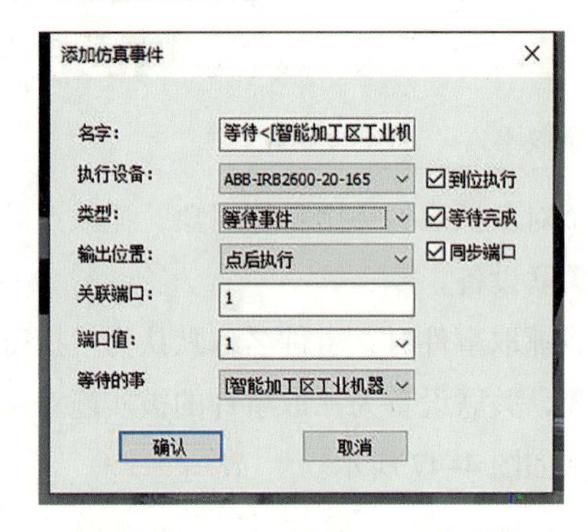

图 4–50　“等待事件”设置界面

4 自定义事件

根据需要自己输入内容（机器人可执行的语言），让机器人执行多种动作指令，如图 4–51 所示。添加的自定义事件可以在后置中生成代码，从而实现真机操作。自定义事件中的模板名称处可以选择工程环境中状态机设置的模板。

在添加自定义事件之前，需要在“工艺设置”中添加或确定自定义事件模板，如图 4–52 所示。

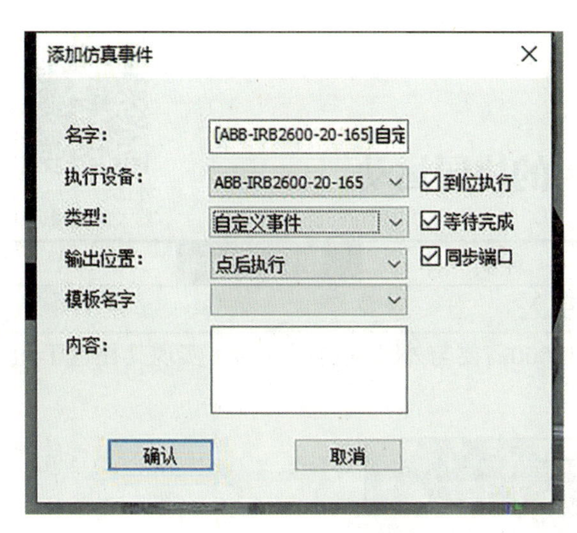

图 4–51　自定义事件

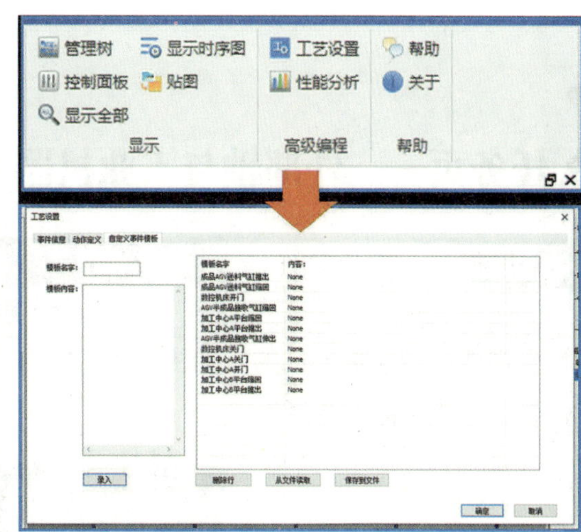

图 4–52　工艺设置中的自定义事件模板管理

5 等候时间事件

等候时间事件：让指定的对象在指定的点前、点后停留指定的时间，时间单位为 s，如图 4–53 所示。

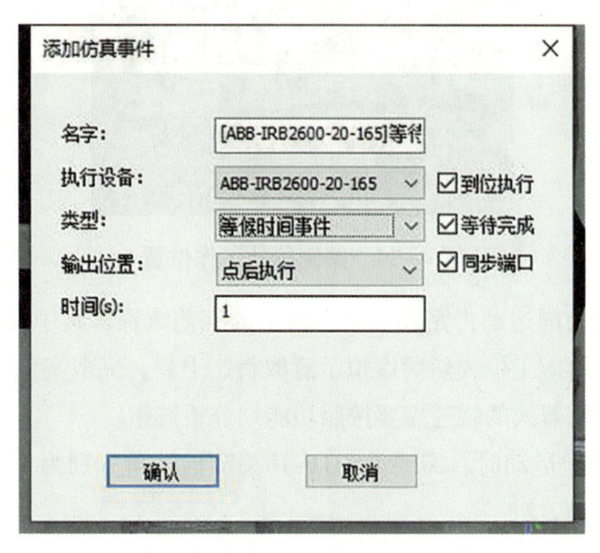

图 4–53　等待时间事件

任务页——外部轴与工业机器人的协同运动

外部轴与工业机器人的协同运动

任务准备	PQArt软件	教学模式	理实一体	建议学时	4
任务引入					

在虚拟生产线中智能加工区的六轴机器人ABB IRB2600需要与外部轴协同运动，实现其往返于图4-54所示的位置，完成不同工艺流程。

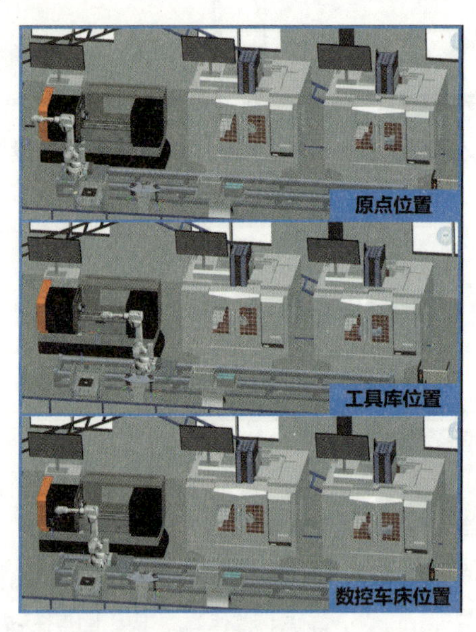

图 4-54　案例导轨工作位置

案例中工业机器人与导轨协同运动将完成图4-55所示的工艺流程，其中处于导轨AGV-数控车床位置时，工业机器人将仅运动至对应工位，然后虚拟示意取料、上料，完成案例完整流程后，工业机器人将重新返回至初始位置。工业机器人的轨迹需要按照功能划分轨迹组。

注意：工业机器人在导轨上运动时，需要处于J1~J6关节轴转角分别为（0，0，0，0，90，0）的姿态，以防止与其他部件的碰撞。

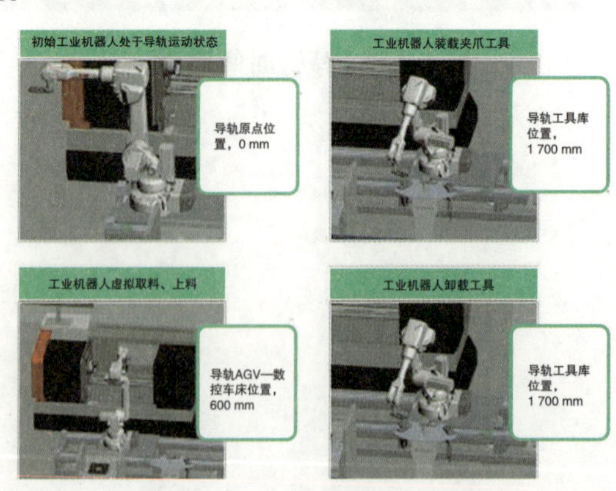

图 4-55　案例工艺流程

任务需要完成的工作内容包含：轨迹编制、仿真事件添加以及流程仿真

<table>
<tr><th colspan="2">任务实施</th></tr>
<tr><th colspan="2">任务活动 1: 工业机器人轨迹准备</th></tr>
<tr><td>①首先添加机器人准备轨迹组，工业机器人处于图示姿态，可以随导轨运动且不与周边设备发生碰撞</td><td>②参考任务4.1添加装载工具轨迹组，实现工业机器人安装图示的夹爪工具。注意：工业机器人在导轨上运动时，需要处于步骤①中的姿态，以防止与其他部件的碰撞</td></tr>
<tr><td>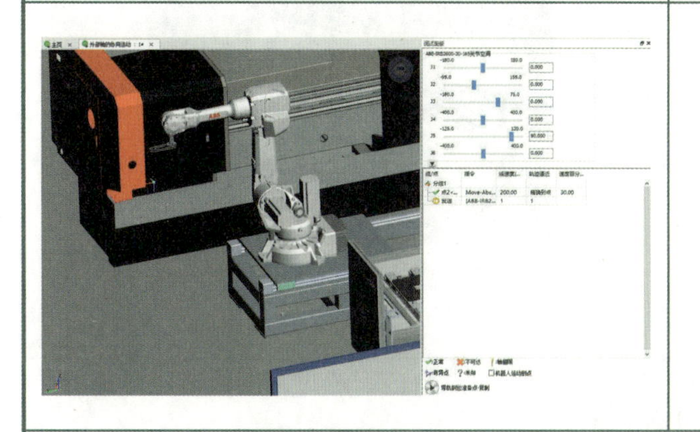</td><td>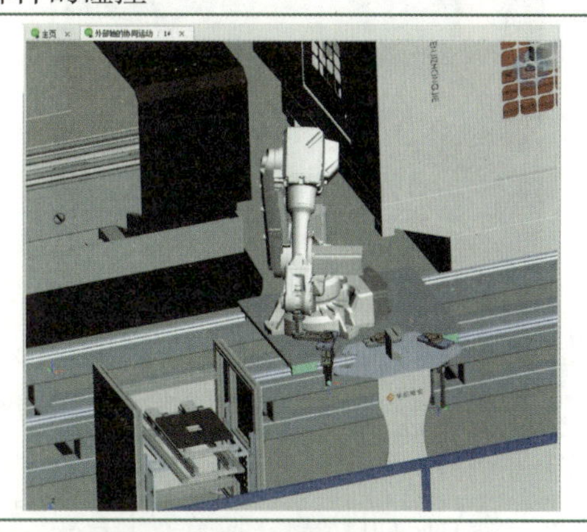</td></tr>
<tr><td colspan="2">③在工业机器人装载工具的前提下，添加AGV取料轨迹组，轨迹组中仅包含图示的轨迹点位</td></tr>
<tr><td colspan="2">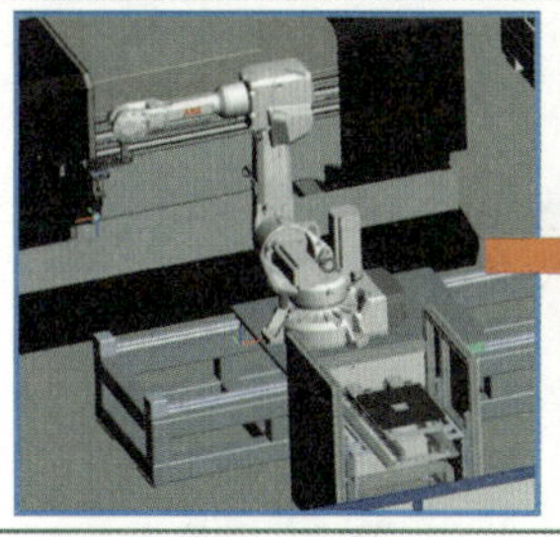 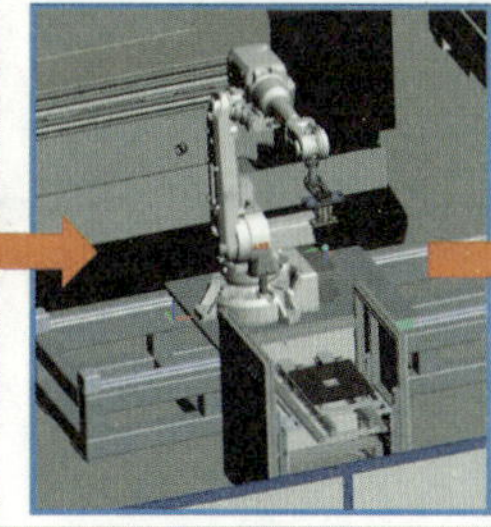 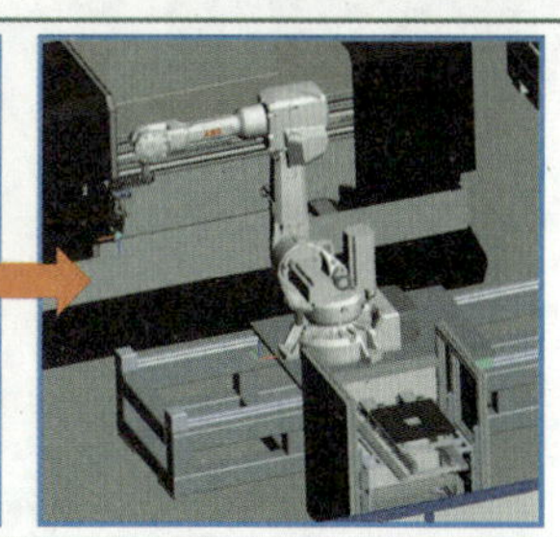</td></tr>
<tr><td colspan="2">④在工业机器人装载工具的前提下，添加数控车床上料轨迹组，轨迹组仅包含图示的轨迹点位</td></tr>
<tr><td colspan="2">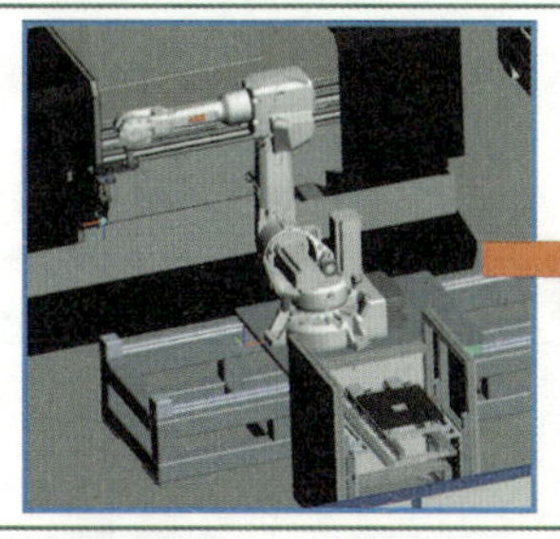 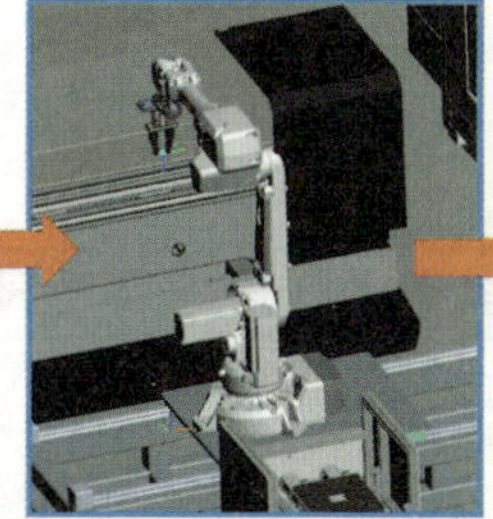 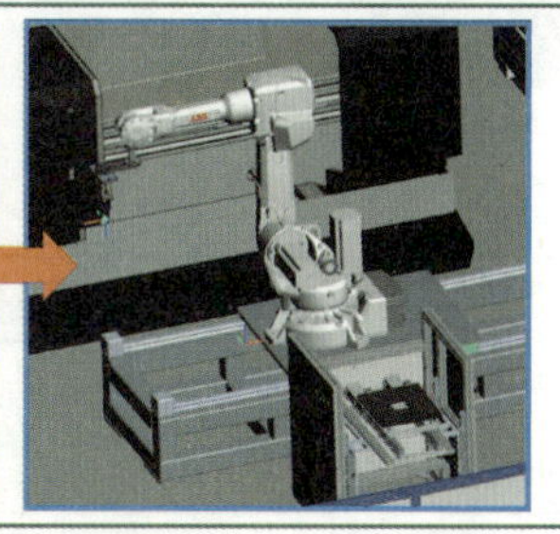</td></tr>
<tr><td colspan="2">⑤参考任务4.1添加卸载工具轨迹组，实现工业机器人卸载图示的夹爪工具。注意：工业机器人在导轨上运动时，需要处于步骤①中的姿态，以防止与其他部件的碰撞</td></tr>
<tr><td colspan="2">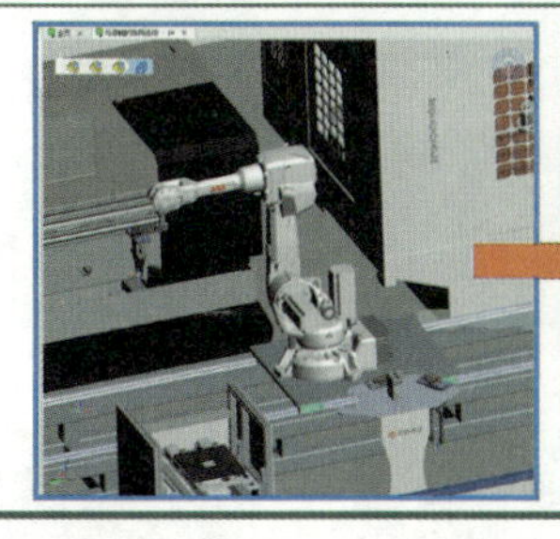 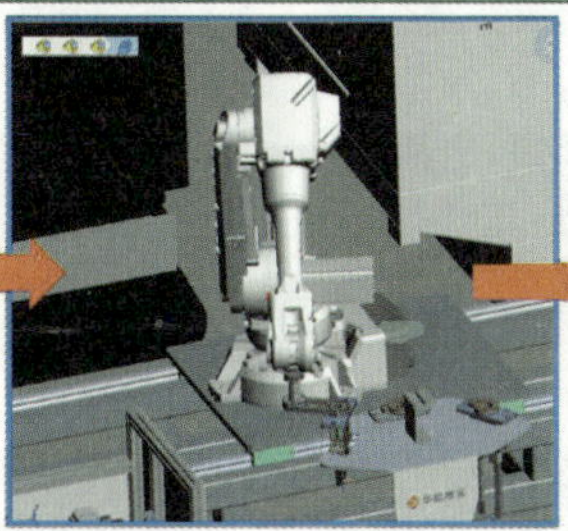 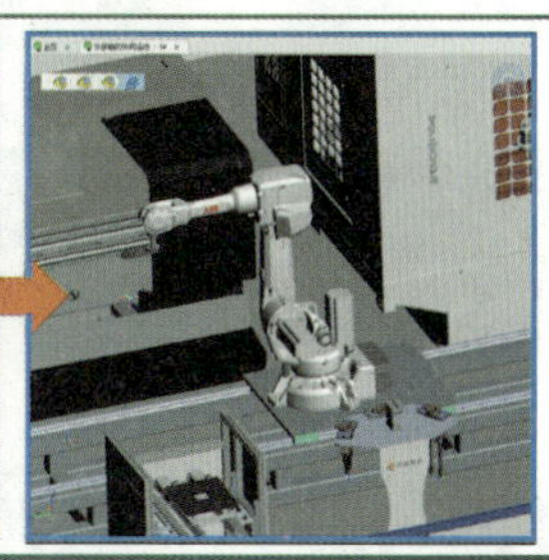</td></tr>
</table>

任务活动 2: 外部轴——导轨轨迹准备

①选中导轨后，在调试面板中设置其移动距离为0，然后添加POS点，命名为导轨原点

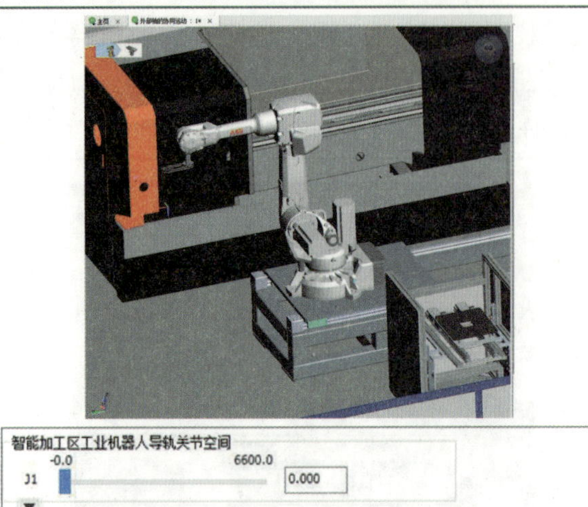

③选中导轨后，在调试面板中设置其移动距离为600 mm，然后添加POS点，命名为AGV–数控车床

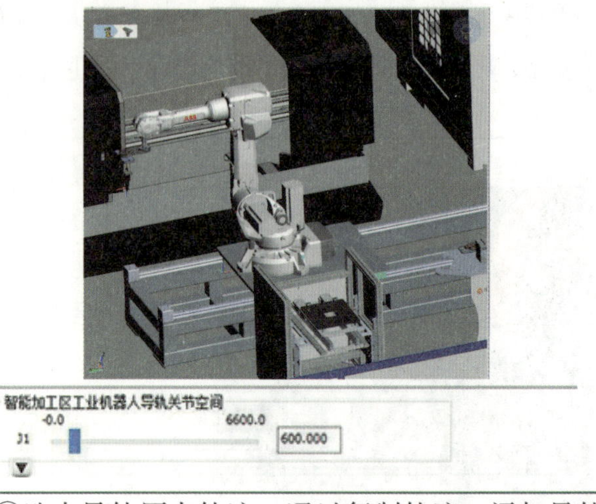

②选中导轨后，在调试面板中设置其移动距离为1 700 mm，然后添加POS点，命名为工具库

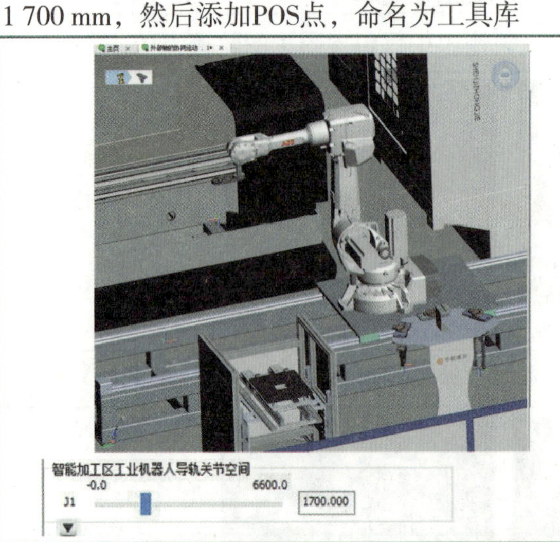

④选中导轨原点轨迹，通过复制轨迹，添加导轨的工具库轨迹

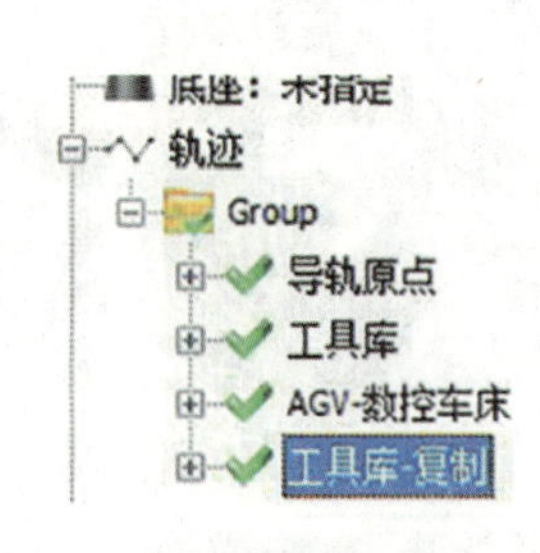

任务活动 3: 仿真事件添加

①首先根据案例中的工艺流程，分析需要添加的仿真事件，串联起前面步骤中完成编写的轨迹，实际案例流程如下图所示

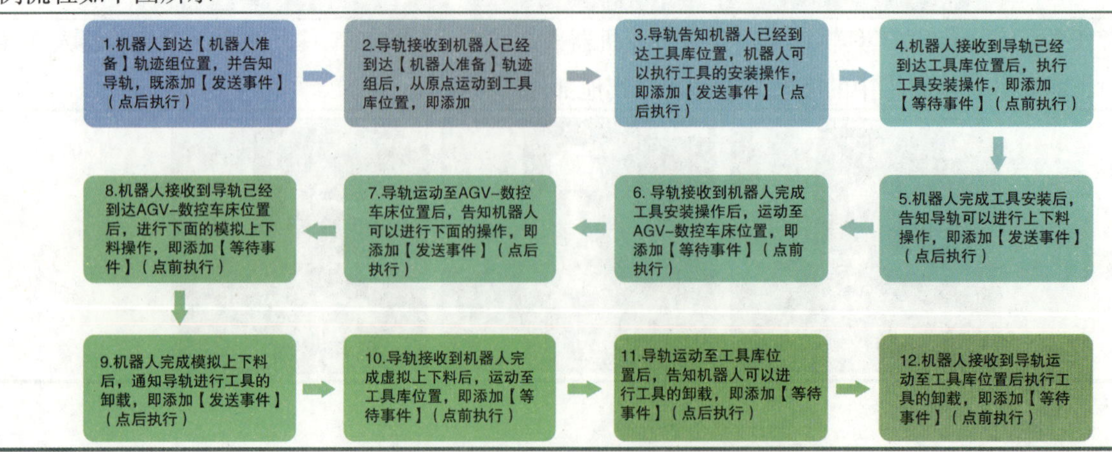

②首先在机器人准备轨迹组处添加发送事件，输出位置设置为点后执行，名字、关联端口处保持默认即可。即当工业机器人处于可以随导轨一起运动的安全姿态后，告知外部设备，工业机器人已经准备就绪	④然后在导轨的工具库轨迹处添加发送事件，输出位置设置为点后执行，即当导轨运动至工具库位置后，告知其他设备，导轨已经运动到位
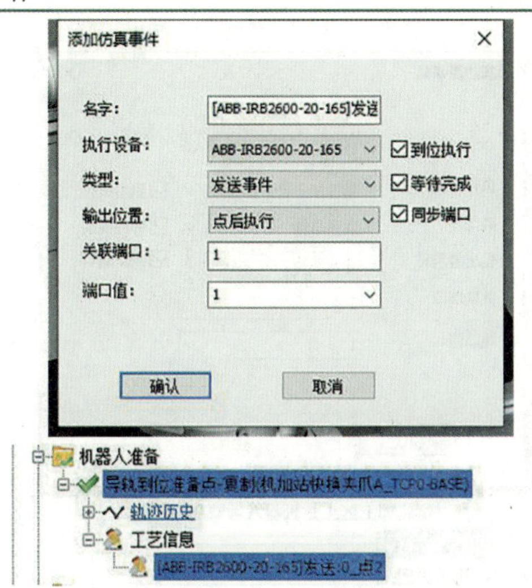	添加仿真事件 名字: [智能加工区工业机器人导 执行设备: 智能加工区工业机器人 到位执行 类型: 发送事件 等待完成 输出位置: 点后执行 同步端口 关联端口: 1 端口值: 1 确认 取消 工具库 轨迹历史 工艺信息
③在导轨原点轨迹处添加等待事件，输出位置设置为点前执行，名字、关联端口处保持默认即可，等待的事选择步骤②中的发送事件，即当获取工业机器人已经准备就绪后，进行下面的导轨移动	⑤在工业机器人装载工具轨迹组第一个点位处，即工业机器人处于可以随导轨运动的姿态处添加等待事件，输出位置选择点前执行，等待的事选择步骤④中的发送事件，即接收到导轨运动到位后，工业机器人开始装载工具流程
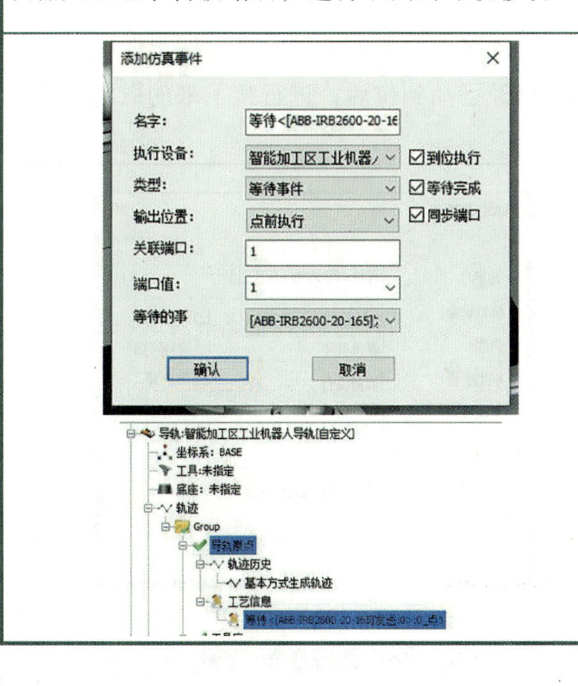	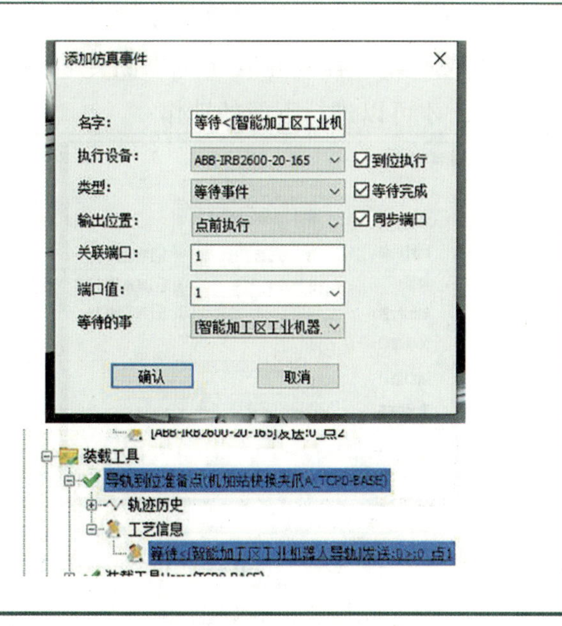

⑥在工业机器人装载工具的最后点位处，即完成装载工具重新返回至可以在导轨上运行的姿态点位处，添加发送事件，输出位置选择点后执行，即完成装载工具后告知其他设备，工业机器人已经完成此工序	⑧在导轨的AGV-数控车床轨迹处添加等待事件，输出位置选择点后执行，即导轨运动至AGV-数控车床位置后，告知其他设备，导轨已经运动到位
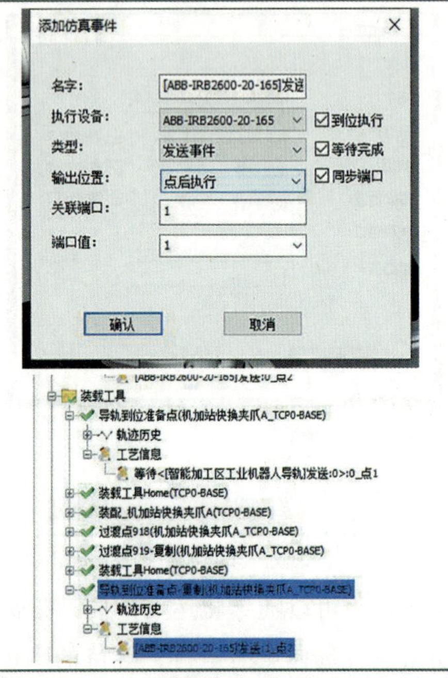	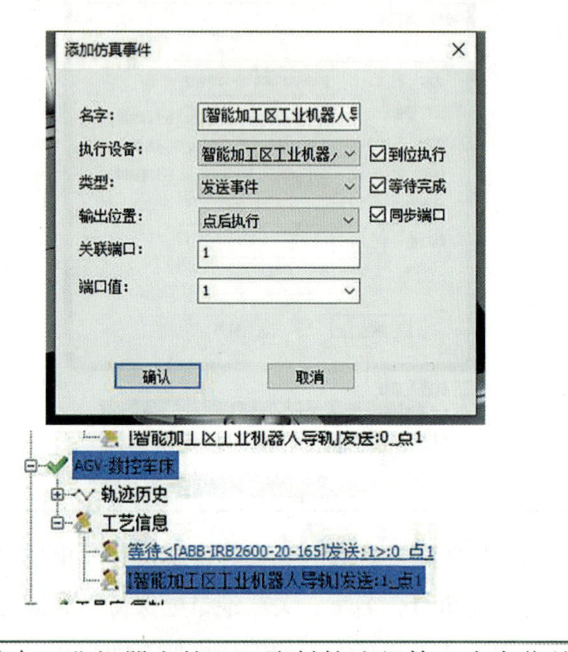
⑦在导轨的AGV-数控车床轨迹处添加等待事件，输出位置选择点前执行，等待的事选择步骤⑥中的发送事件，即导轨接收到工业人已经完成装载工具流程，并处于可以随导轨运动的状态后，才可以进行下面的动作	⑨在工业机器人的AGV取料轨迹组第一个点位处添加等待事件，输出位置选择点前执行，等待的事件选择步骤⑧中设置的发送事件，即工业机器人获取导轨已经运动到位后，进行接下来的取料以及送料流程
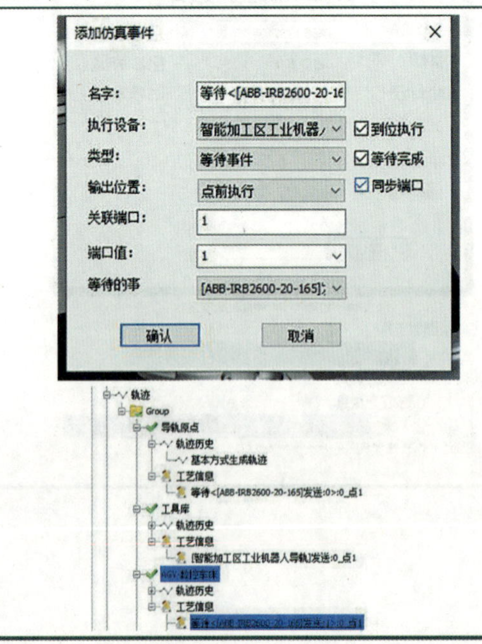	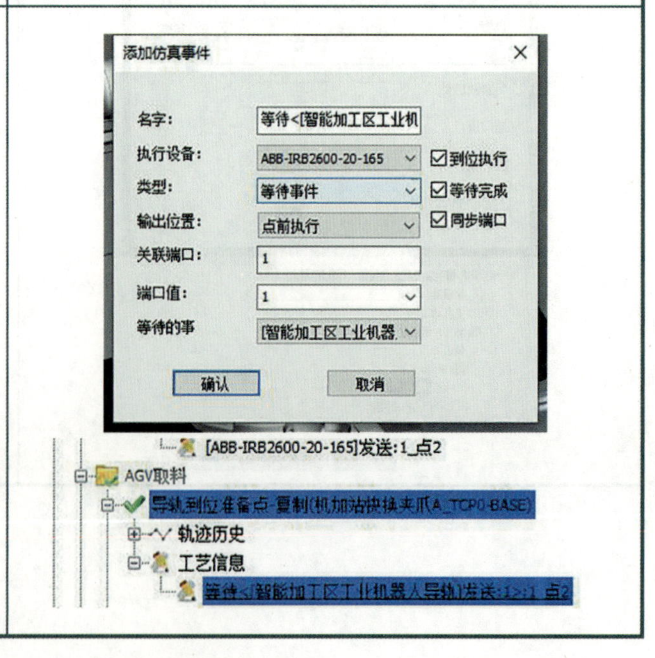

<table>
<tr>
<td>⑩在工业机器人数控车床上料轨迹组最后的点处添加发送事件，输出位置选择点后执行，即完成数控车床上料流程后，告知其他设备</td>
<td>⑫在导轨复制的工具库轨迹处添加发送事件，输出位置选择点后执行，即当导轨重新运动至工具库位置后，告知其他设备，导轨已经运动到位</td>
</tr>
<tr>
<td>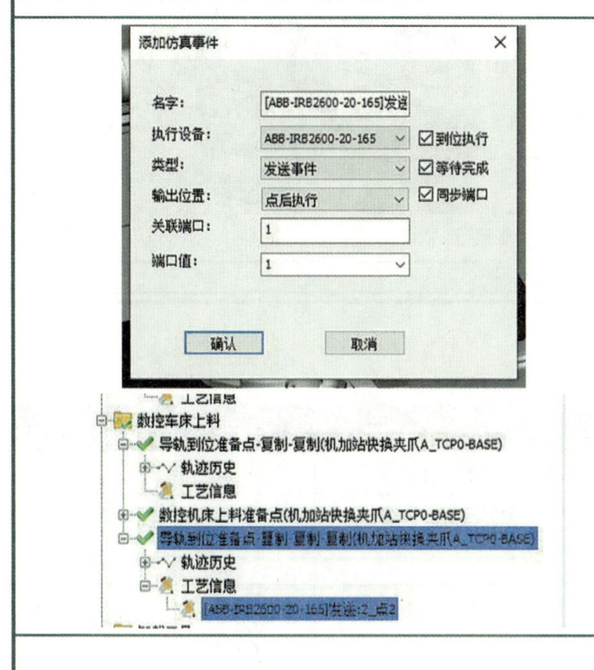</td>
<td>添加仿真事件
名字：[智能加工区工业机器人导
执行设备：智能加工区工业机器人 到位执行
类型：发送事件 等待完成
输出位置：点后执行 同步端口
关联端口：1
端口值：1
确认　取消
工具库-复制
轨迹历史
基本方式生成轨迹
工艺信息
等待<[ABB-IRB2600-20-165]发送:2>:0_点2
[智能加工区工业机器人导轨]发送:2_点2</td>
</tr>
<tr>
<td>⑪在导轨复制的工具库轨迹处添加等待事件，输出位置选择点前执行，等待的事选择步骤⑩添加的发送事件，即导轨获取工业机器人已经准备完成的状态后，导轨才可重新运动至工具库位置</td>
<td>⑬在工业机器人的卸载工具轨迹组第一个点位处，即工业机器人处于可以随导轨运动的姿态处添加等待事件，输出位置选择点前执行，等待的事选择步骤⑫中的发送事件。即接收到导轨运动到位后，工业机器人开始卸载工具流程，至此完成案例中仿真事件的添加</td>
</tr>
<tr>
<td>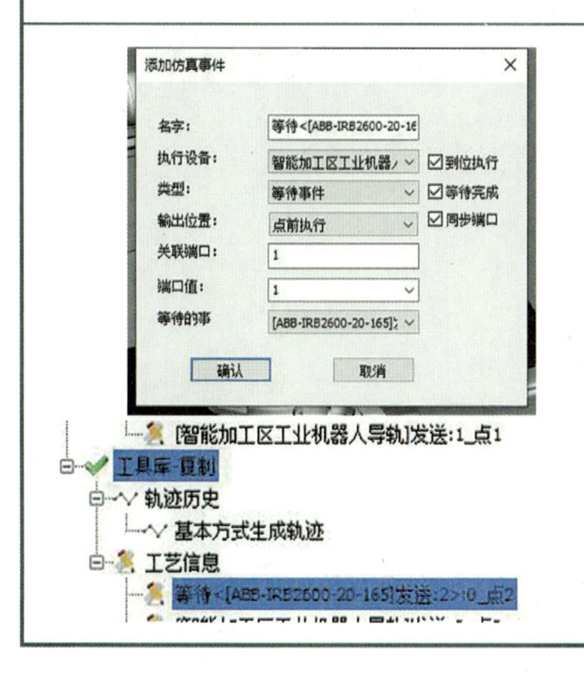</td>
<td>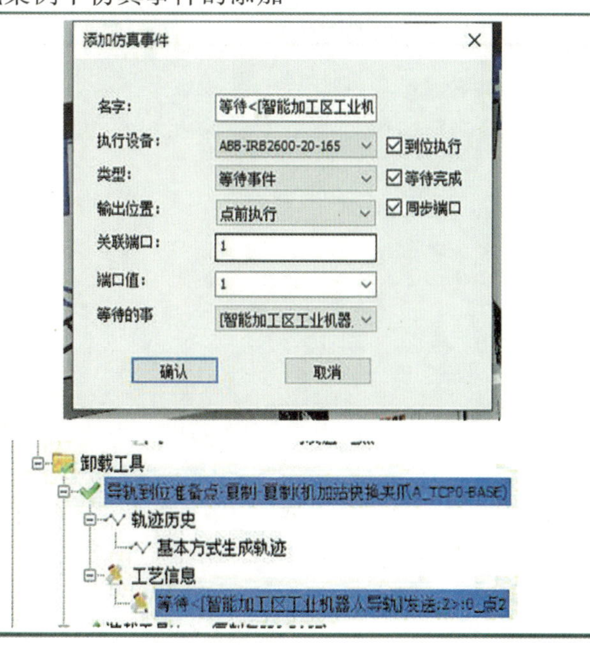</td>
</tr>
</table>

⑭完成案例中轨迹的编写以及仿真事件的添加后，即可进行轨迹的编译	⑮完成前序步骤流程后，可以通过仿真验证外部轴与工业机器人协同运动案例的准确性
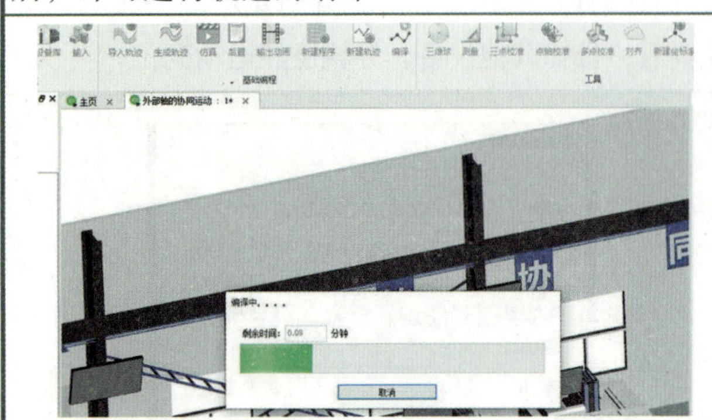	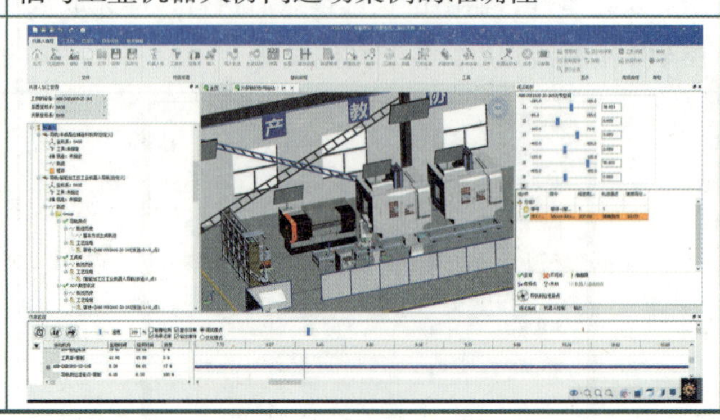

【任务评价】

任务	配分	评分标准	自评	教师评价
外部轴的协同运动	10	1.掌握PQArt中仿真事件的添加方式，不符合条件扣10分		
	20	2.掌握PQArt中常用仿真事件的分类以及应用场景，不符合条件扣20分		
	20	3.能够根据案例要求完成外部轴的轨迹编写，不符合条件扣20分		
	20	4.能够根据案例要求完成工业机器人轨迹组的编写，不符合条件扣20分		
	20	5.能够根据案例流程完成仿真事件的规划及添加，不符合条件扣20分		
	10	6.能够验证状态机关节运动方向定义的准确性，不符合条件扣10分		

任务 4.3　自动化设备的协同运动

智能生产线中，自动化仓储是必不可少的一个环节，本任务将基于 PQArt 软件，讲解利用状态机、外部轴、仿真事件管理、轨迹编写等技能，在软件环境中实现自动化设备协同运动的方式。

知识学习——自动化仓储的实现方式

虚拟生产线中包含 3 个仓储区域，每个仓储区域均包含 3 层仓储空间，共计 15 个仓储位置，如图 4–56 所示。每个仓储位置处均放置有仓储托盘，用于存放物料。下面依次通过学习仓储区域构成以及仓储流程，了解自动化仓储的实现方式。

图 4–56　半成品仓储区域

在前面的内容中，已经通过学习实操案例，掌握了仓储区域状态机设备的配置方法，下面我们从半成品仓储区域设备配合使用的角度学习自动化仓储的组成。

1. 工作位置的确定

半成品仓储送料机构可以灵活往返于仓储区域各仓储位置以及 AGV 送料位置。如图 4–57

所示,通过半成品仓储送料机构J1关节可以实现机构往复于各列仓储区域以及AGV送料位置。

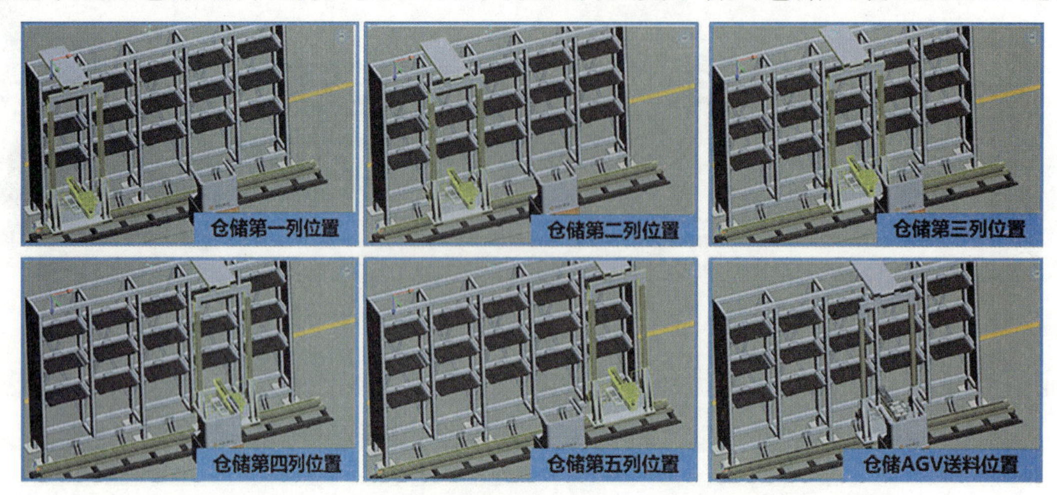

图 4-57　半成品仓储送料机构 J1 关节的工作位置

如图 4-58 所示，通过半成品仓储送料机构 J2 关节可以实现机构往复于各层仓储区域以及 AGV 送料高度位置。

同时，仓储区域通过送料结构 J2 关节作用向上托起半成品仓储送料气缸，实现仓储托盘的向上托举与拾取。

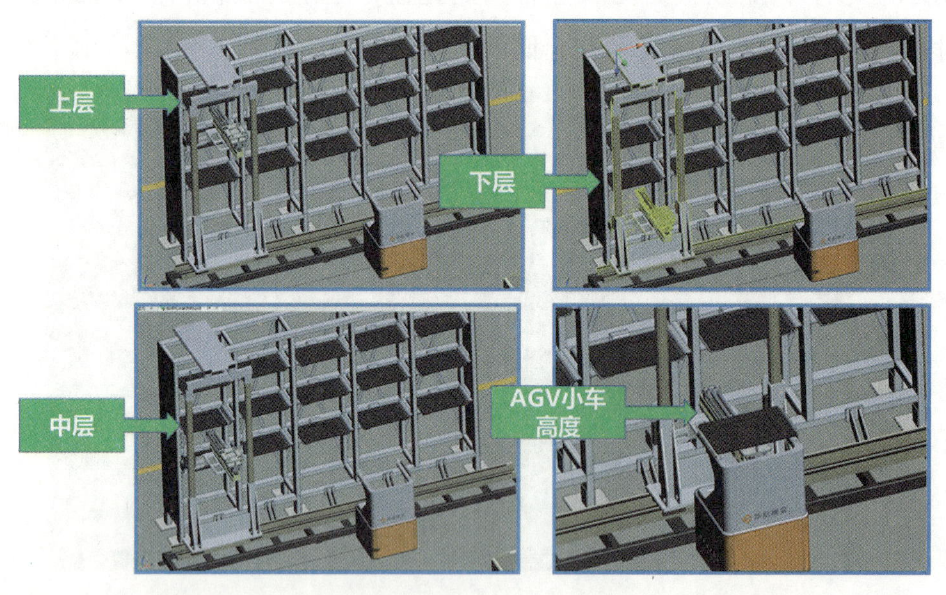

图 4-58　半成品仓储送料机构 J2 关节的工作位置

2. 仓储托盘的取料与送料

通过半成品仓储送料机构 J1 和 J2 关节，将半成品仓储送料机构 J3 关节和半成品仓储送料气缸送至取料仓储位置的下方区域后，需要依次伸出机构的 J3 关节和半成品仓储送料气缸，使半成品仓储送料气缸托举托盘部分处于可以向上托举托盘的位置，移动 J2 关节至托盘

位置处抓取托盘，然后向上托举托盘移出仓储位置完成仓储区域的取料，其流程示意如图 4–59 所示。

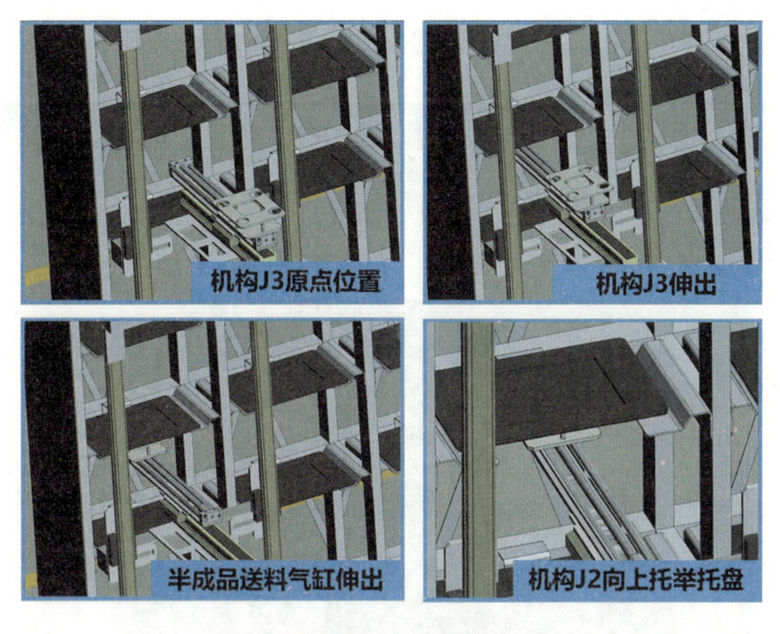

图 4–59　仓储取料流程示意

仓储区域送料至 AGV 小车的方式与取料的方式类似，通过半成品仓储送料机构 J1 和 J2 关节，将半成品仓储送料机构 J3 关节和半成品仓储送料气缸送至 AGV 送料位置的上方区域后，向 AGV 小车方向伸出半成品仓储送料气缸，通过半成品仓储送料机构 J2 关节向下运动，将仓储托盘放置到 AGV 小车的托举位置处，然后移出半成品仓储送料机构完成送料，其流程示意如图 4–60 所示。

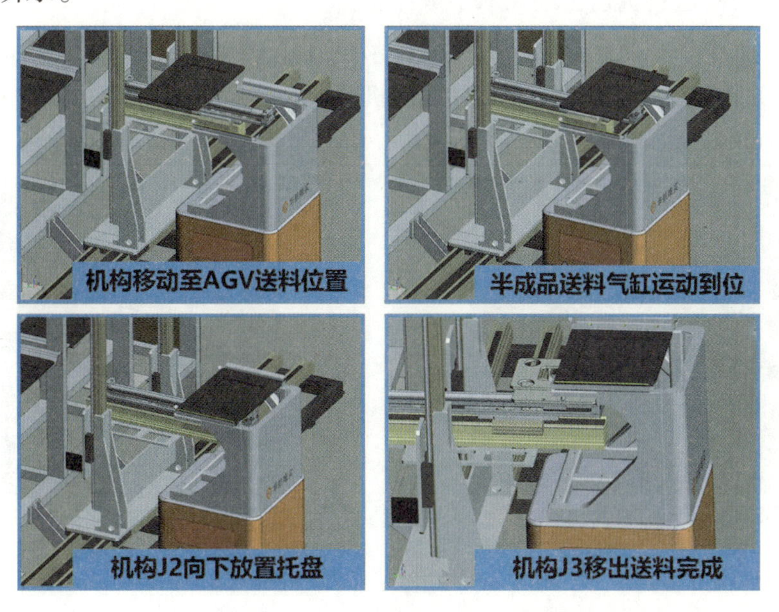

图 4–60　仓储送料流程示意

任务页——智能加工区智能仓储设备协同运动

智能加工区智能仓储设备协同运动

任务准备	PQArt软件	教学模式	理实一体	建议学时	4

任务引入

任务需要基于图4-61所示的虚拟生产线智能加工区半成品仓储区域，通过自动化设备的协同运动完成中层仓储区域6号托盘的取料和AGV小车的上料。

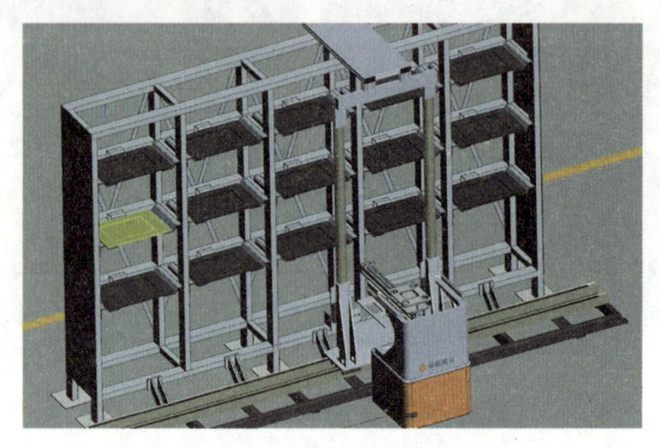

图 4-61　案例智能仓储区域

任务内容包含半成品仓储送料机构的轨迹编写和仿真事件的添加，最终通过轨迹编译和流程仿真对结果进行验证

任务实施

任务活动 1: 半成品仓储送料机构轨迹添加

①首先确认半成品仓储送料机构已经抓取半成品仓储送料气缸。然后，选中半成品仓储送料机构，在调试面板中调节其3个关节轴空间位置，至半成品送料机构初始位置，插入POS点

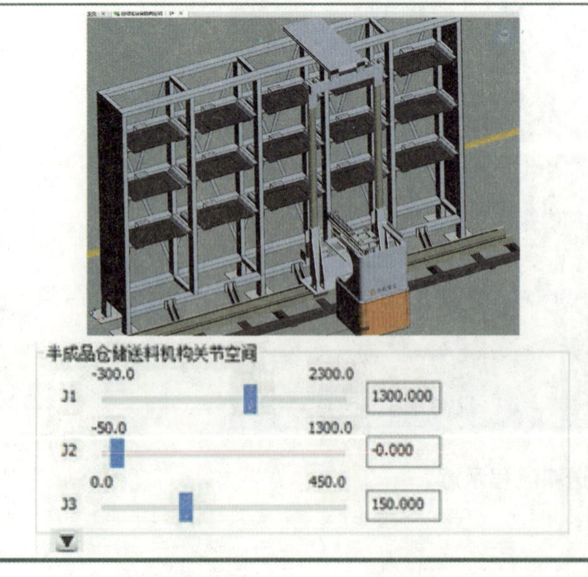

②在调试面板中调节半成品送料机构移动至第一列，插入POS点

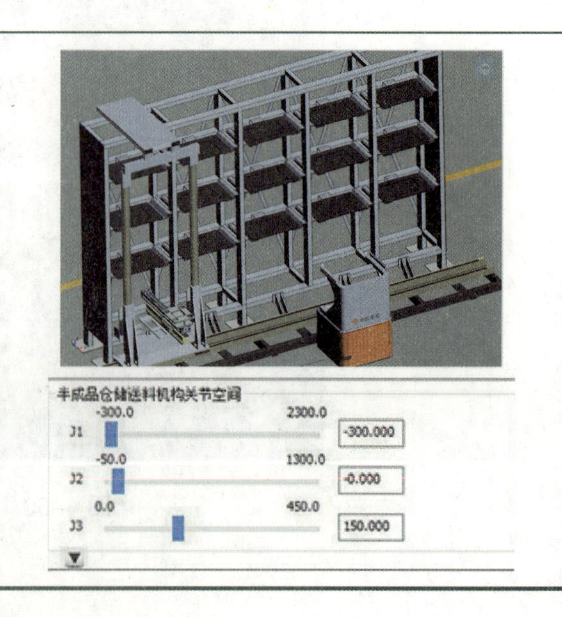

③调试半成品送料机构运动至取料盘准备点，插入POS点	⑤调试半成品送料机构至抓取料盘位置，插入POS点
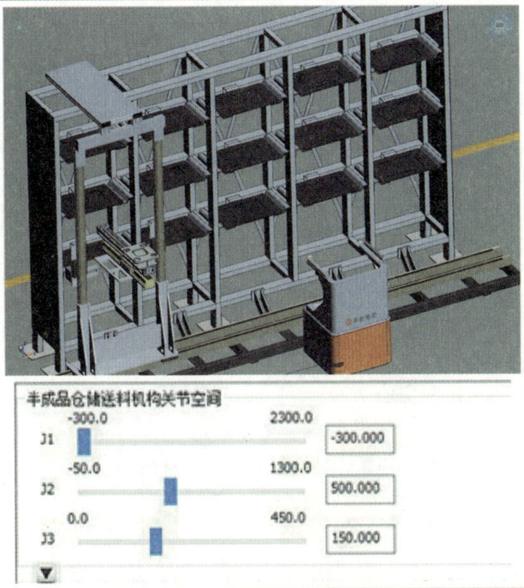	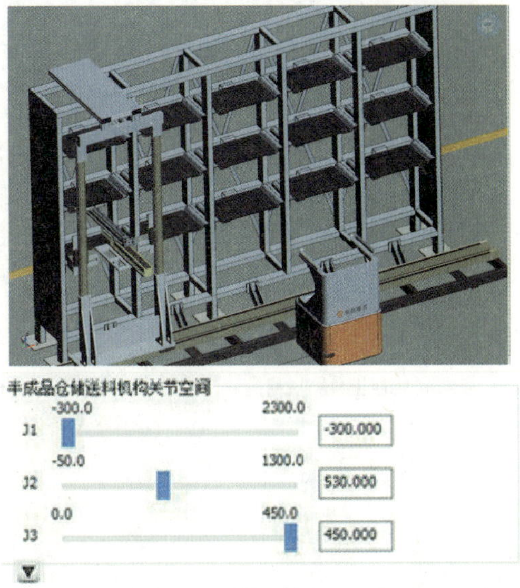
④调试半成品送料机构至移动推出J3及气缸位置，插入POS点	⑥调试半成品送料机构至抓取并抬起料盘位置，插入POS点
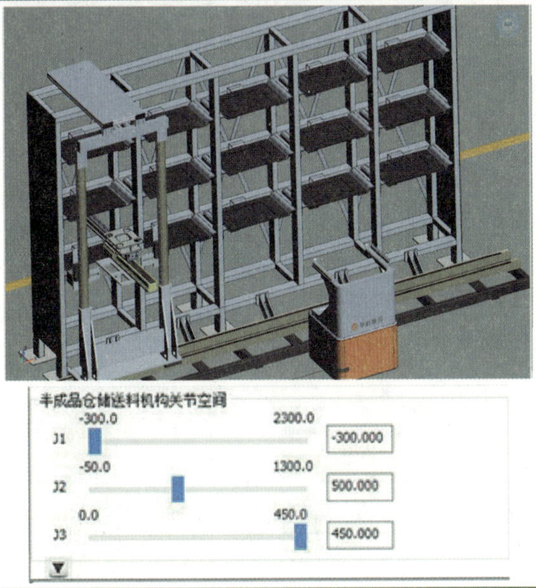	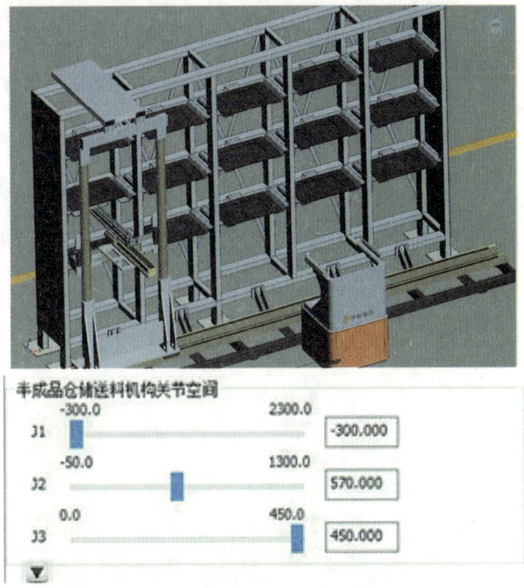

<table>
<tr><td>
⑦调试半成品送料机构至取出料盘及复位气缸位置，插入POS点</td><td>⑨添加送至AGV及气缸到位POS点</td></tr>
<tr><td>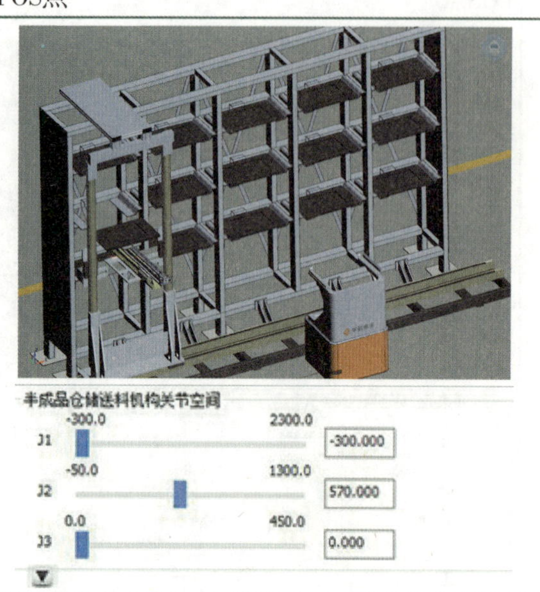
</td><td>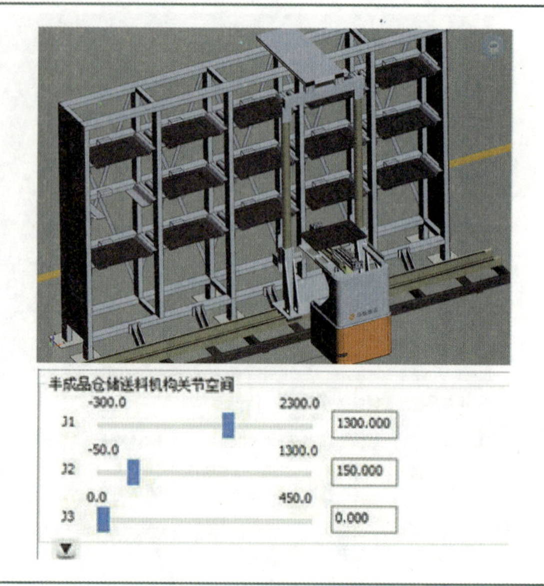
</td></tr>
<tr><td>⑧添加移动至AGV位置POS点</td><td>⑩添加移开半成品送料机构POS点</td></tr>
<tr><td>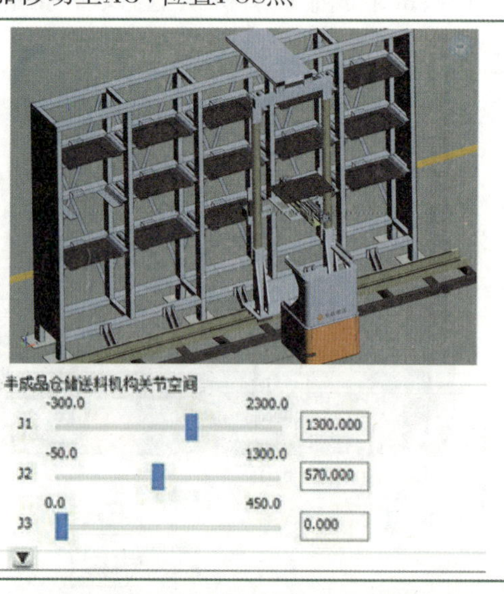
</td><td>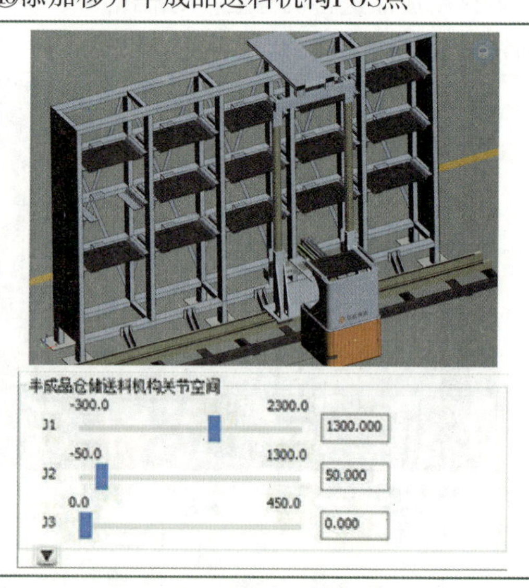
</td></tr>
<tr><td colspan="2">⑪最后通过复制添加机构返回至半成品送料机构初始位置轨迹点，完成全部轨迹的添加</td></tr>
<tr><td colspan="2">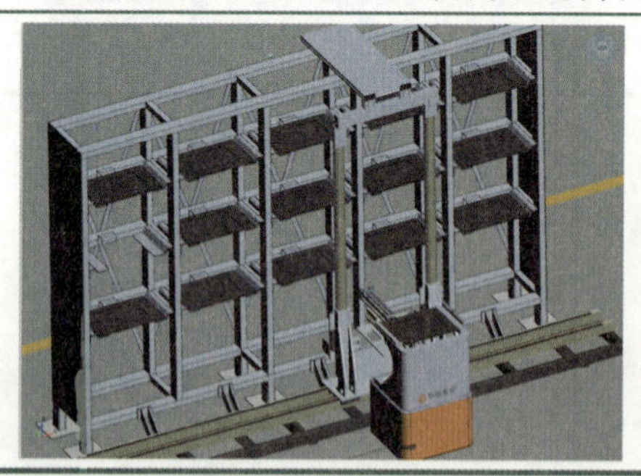
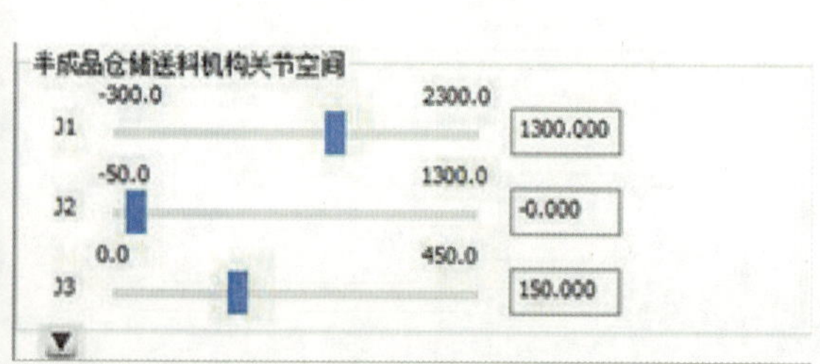
</td></tr>
</table>

任务活动 2: 仿真事件添加

①进行仿真事件添加前，首先根据案例的流程分析需要添加的仿真事件

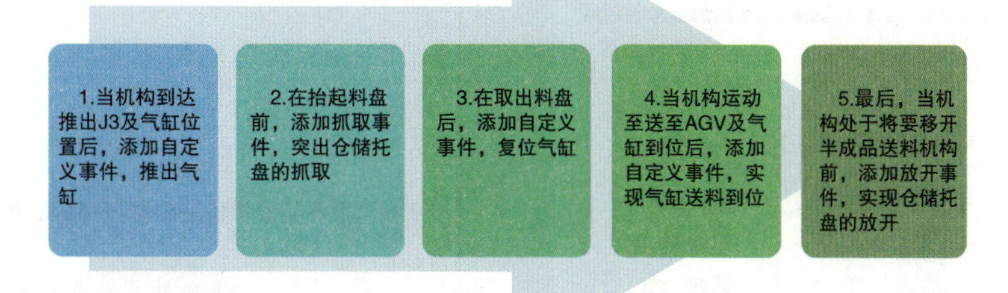

②当机构到达推出J3及气缸位置后，添加自定义事件，推出气缸，输出位置为点后执行，其他选项保持默认即可。实现机构J3推出到位后，气缸推至取料位置

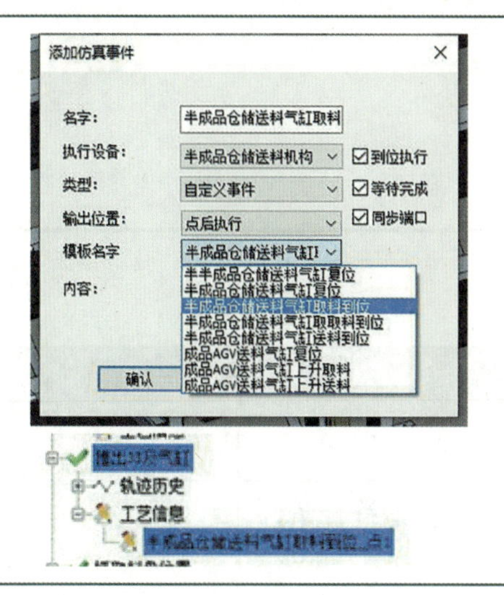

④在取出料盘后，添加自定义事件，复位气缸，输出位置选择点后执行，其他选项保持默认。实现完成料盘取料后，复位气缸

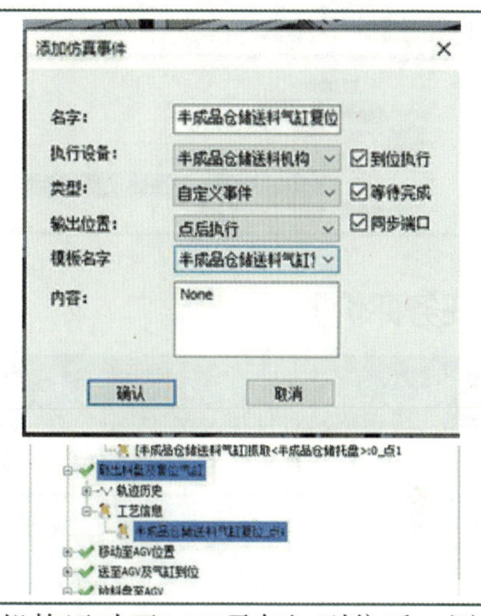

③在抬起料盘前，添加抓取事件，实现仓储托盘的抓取，输出位置选择点前执行，其他选项保持默认即可。实现抓取托盘后，抬起料盘

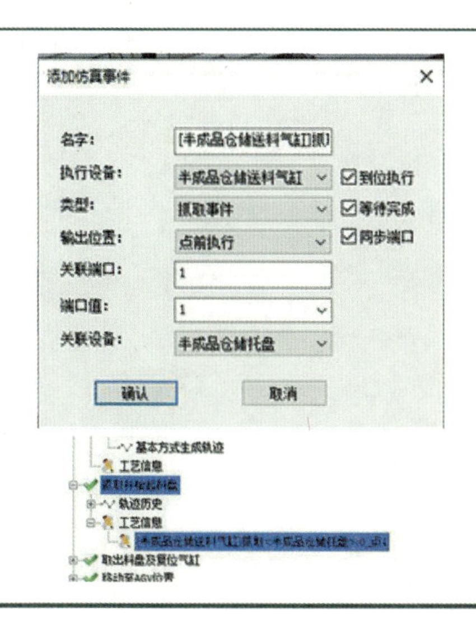

⑤当机构运动至AGV及气缸到位后，添加自定义事件，输出位置选择点后执行，其他选项保持默认。实现机构运动至AGV送料位后，气缸运动至送料状态位

⑥最后，当机构处于将要移开半成品送料机构前，添加放开事件，输出位置选择点前执行，实现仓储托盘的放开	⑦完成轨迹点位的编辑编译以及仿真事件的添加后，可以通过仿真实现流程的验证
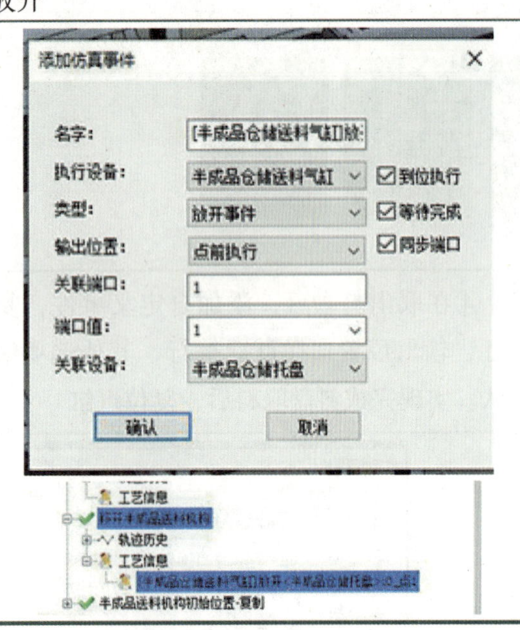	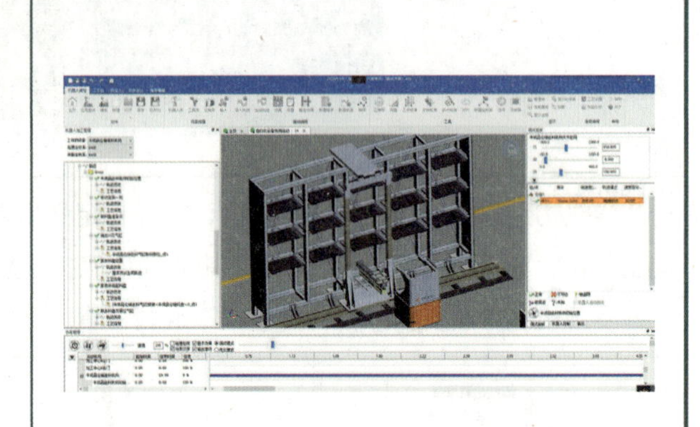

【任务评价】

任务	配分	评分标准	自评	教师评价
自动化设备的协同运动	30	1.掌握自动化仓储的实现方式，不符合条件扣30分		
	30	2.掌握PQArt中实现自动化仓储轨迹的编写，不符合条件扣30分		
	30	3.能够根据案例要求完成自动化仓储仿真事件的规划与添加，不符合条件扣30分		
	10	4.能够通过仿真验证自动化仓储案例的准确性，不符合条件扣10分		

任务 4.4　典型工艺流程仿真

在前面的内容中已经学习了智能加工区的组成以及虚拟搭建方法，任务 4.4 将综合前面学习的内容，实现典型工艺流程——智能加工区数控车床上料工艺流程的仿真。

知识学习——智能加工区数控车床上料工艺流程

智能加工区的数控车床主要用来完成飞机模型产品底座的定制化加工，为了实现待加工飞机模型底座的自动化加工，需要自动化仓储、AGV 小车、工业机器人、导轨以及数控车床的协同配合。在进行任务实施前，先来分析流程中的要点。

1. 零件

案例工艺流程中，需要加工的零件为图 4– 62 所示的底座，初始状态下，底座处于被仓储托盘抓取（无轨迹抓取）状态。零件通过 PQArt 软件的“导入零件”功能导入环境中，将其自身三维球移动至零件与托盘接触面的中心后，将其放置到托盘的中心处。

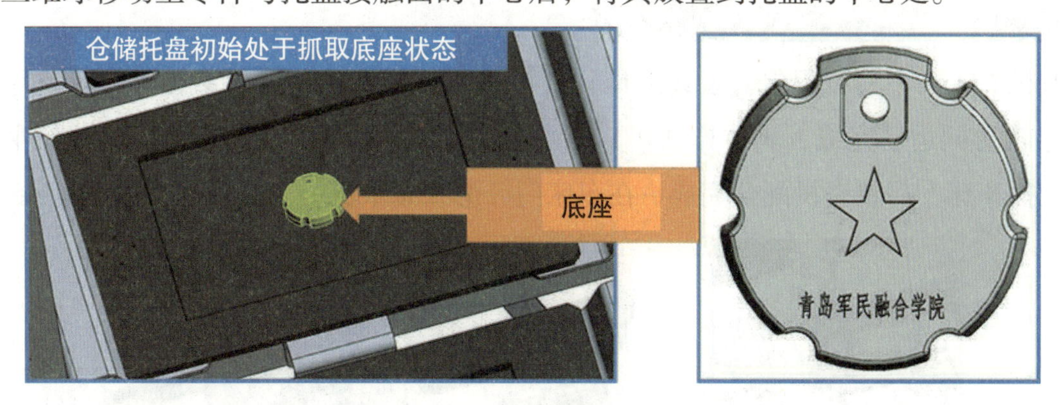

图 4–62　典型工艺流程中的零件

2. 智能仓储与 AGV 运送

智能仓储流程可以参照任务 4.3 完成，智能仓储设备将抓取零件的托盘运动至 AGV 小车后，AGV 小车抓取托盘，然后沿着 AGV 轨道将托盘零件运送至智能加工区上料机构处，如

图 4–63 所示，通过智能加工区上料机构实现将载有零件的托盘运送至工业机器人的工作范围内，如图 4–64 所示。

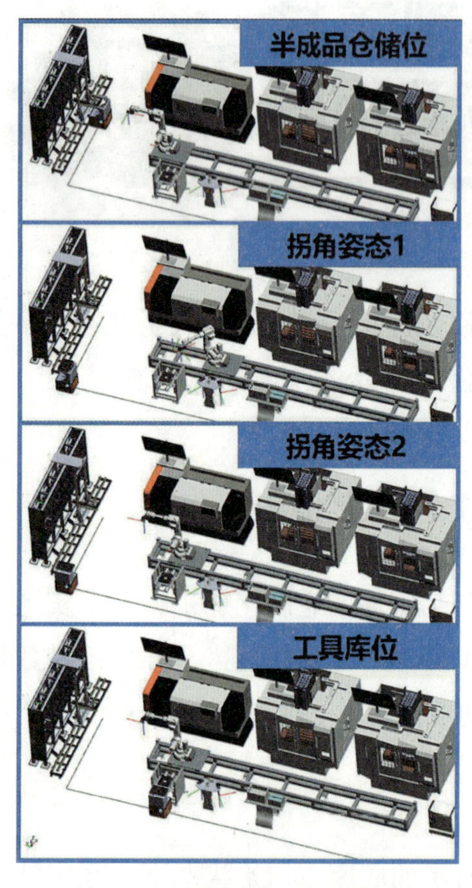

图 4–63 AGV 小车运动轨迹

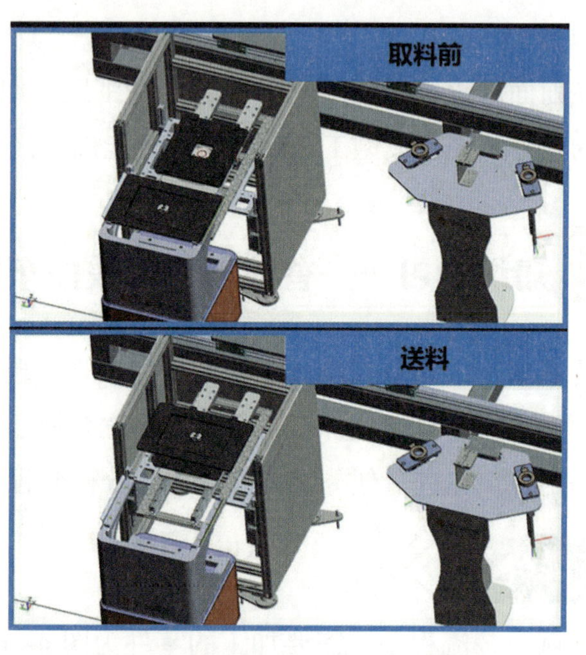

图 4–64 智能加工区上料机构取料及送料流程

3. 工业机器人上料流程

工业机器人的上料流程包含装载工具、AGV 取料 – 车床上料和卸载工具，此流程需要与外部轴导轨协同运动完成，具体方法可以参照任务 4.2。另外，在车床上料时，工业机器人需要与数控车床车门状态机配合完成，在车床门开的状态下进行上料流程，如图 4–65 所示。

(a)

(b)

(c)

图 4–65 工业机器人上料流程

(a) 装载工具；(b) AGV 取料 – 车床上料；(c) 卸载工具

任务页——智能加工区数控车床上料工艺流程仿真

任务准备	PQArt软件	教学模式	理实一体	建议学时	4
任务引入					

当前智能加工区的虚拟搭建已经完成，现需通过轨迹编写及仿真事件的添加，实现图4–66所示事件顺序工艺流程的仿真。取料位置为半成品仓储区中层仓储区域6号托盘。

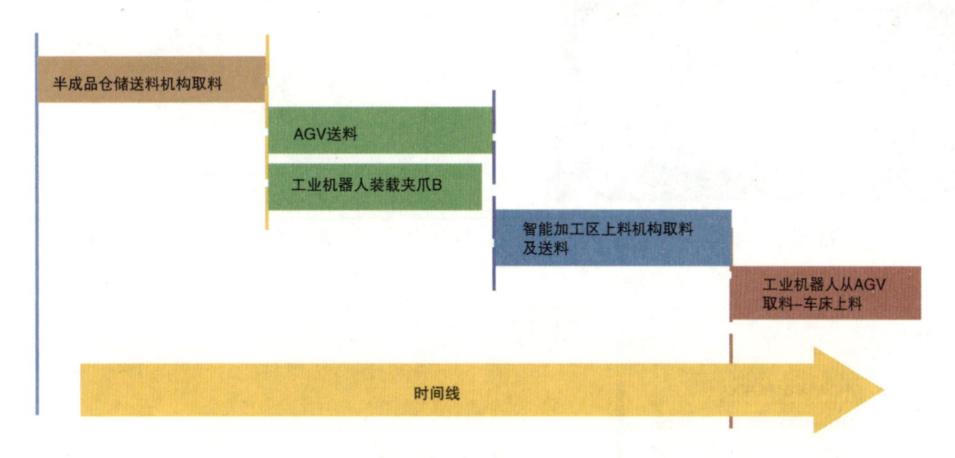

图 4–66　案例工艺流程的时间顺序

其中，工业机器人的动作需要与外部轴导轨配合完成，导轨与工业机器人配合的事件顺序如图4–67所示。

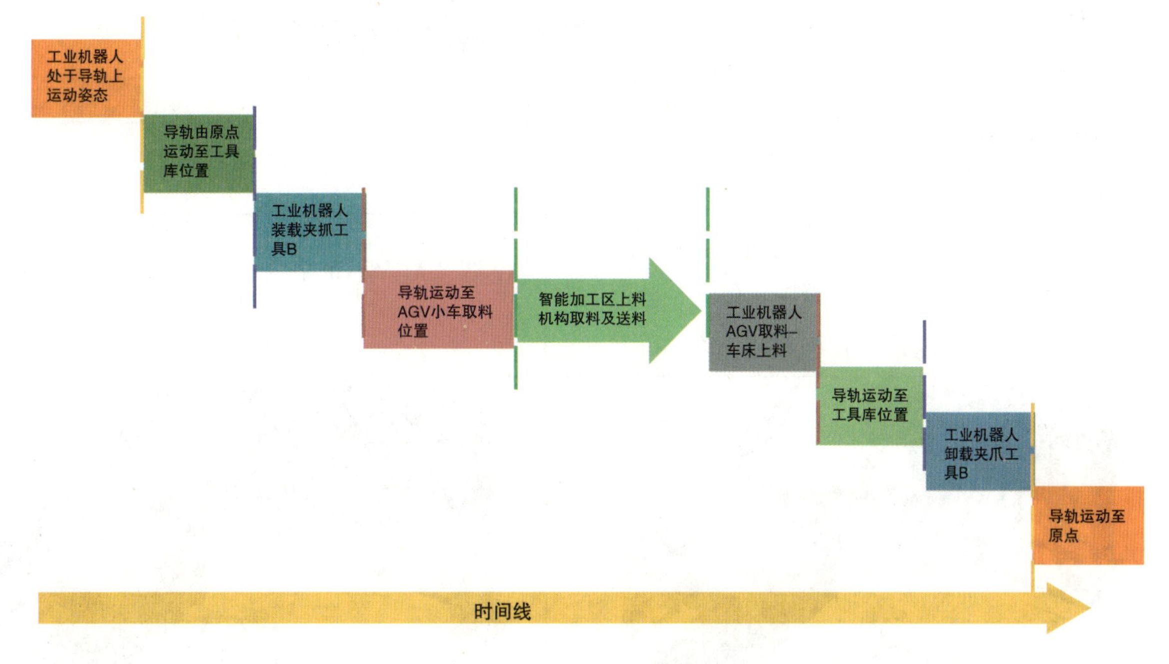

图 4–67　案例工业机器人与导轨配合时间顺序

完成案例的步骤如下。

任务实施

任务活动 1: 半成品仓储送料机构取料

①首先确认零件处于被托盘抓取状态。在画面中选中托盘，如零件与托盘同时高亮则表示处于抓取状态，其他零部件的抓取状态也可以通过以上方法验证

②参照任务4.3中的方法完成半成品仓储送料机构轨迹编写以及仿真事件的添加

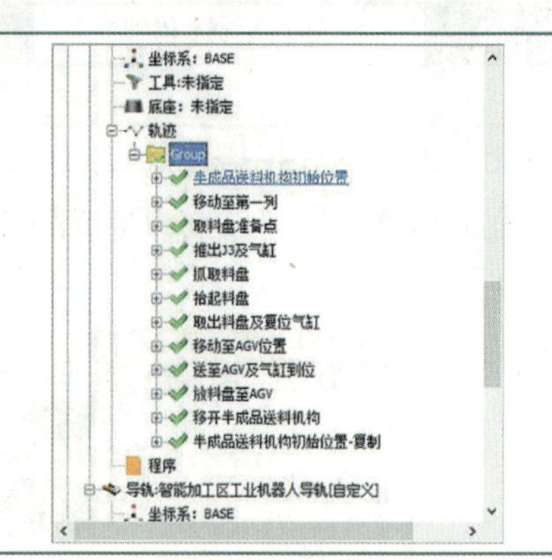

③在半成品仓储送料机构最后一个轨迹处，即完成自动化仓储部分后，添加图示的发送事件，告知仓储部分流程已经完成

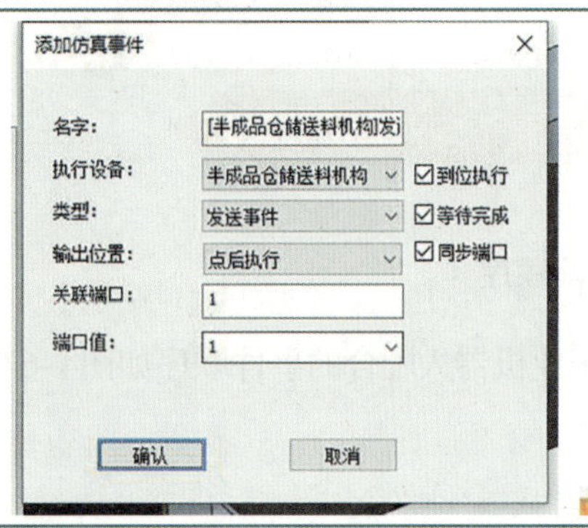

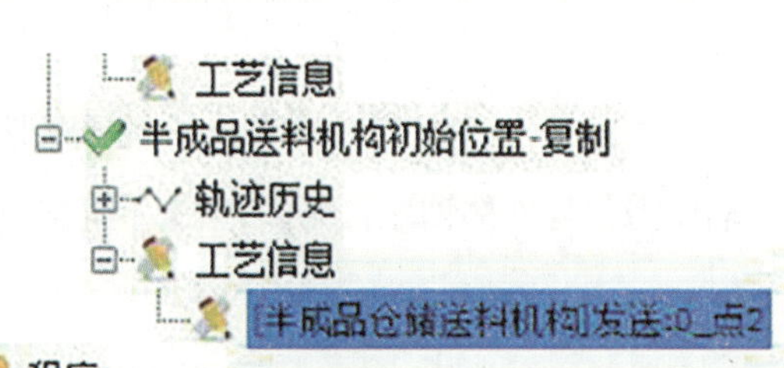

任务活动 2:AGV 送料

（1）AGV轨迹添加

点位的速度等参数可以根据实际需要进行调节，此处将不重点讲解

①首先确认已经抓取场景中的智能加工区AGV小车。然后通过三维球将AGV小车调节至图示位置（参照下方导轨），添加POS点，命名为半成品仓储位

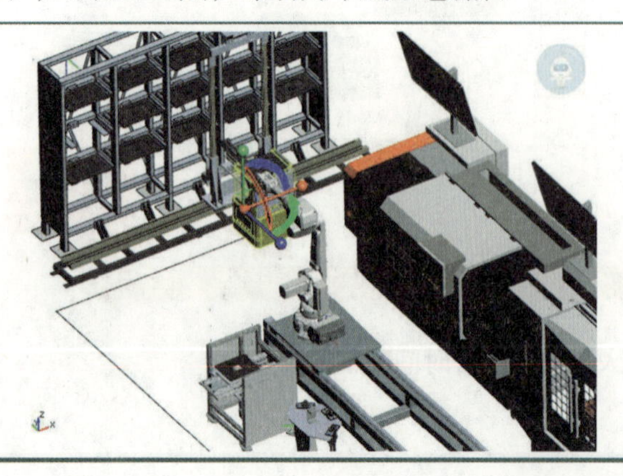

②调节AGV小车至图示位置后，添加POS点，命名为拐角姿态1

③调节AGV小车至图示位置后，添加POS点，命名为拐角姿态2	④调节AGV小车至图示位置后，添加POS点，命名为上料位
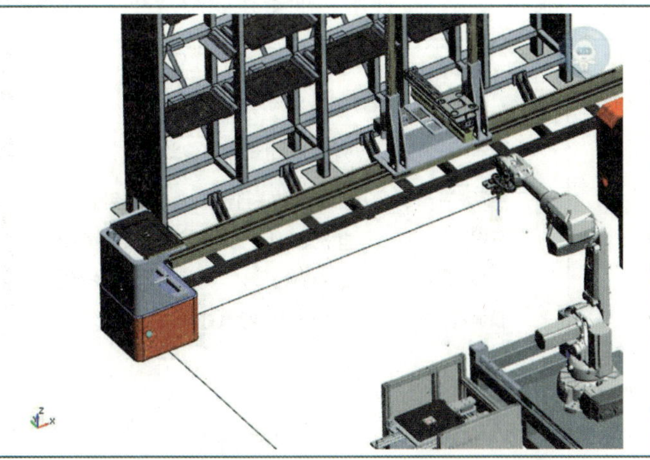	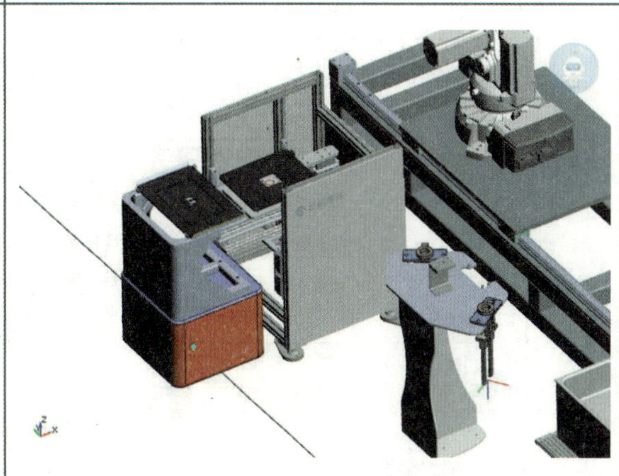
（2）仿真事件添加	
①在半成品仓储位处，添加等待事件，输出位置选择点前执行，等待的事选择任务活动1步骤③中的发送事件，即等到仓储区域流程完成后，进行AGV小车部分的流程	②在半成品仓储位处，添加抓取事件，抓取仓储区域运送过来的半成品仓储托盘
添加仿真事件 名字：等待<[半成品仓储送料机 执行设备：智能加工区AGV小车　☑到位执行 类型：等待事件　☑等待完成 输出位置：点前执行　☑同步端口 关联端口：1 端口值：1 等待的事：[半成品仓储送料机构 确认　取消 智能加工区AGV小车 Group 半成品仓储位 轨迹历史 工艺信息 等待<[半成品仓储送料机构]发送:0>:0_点1	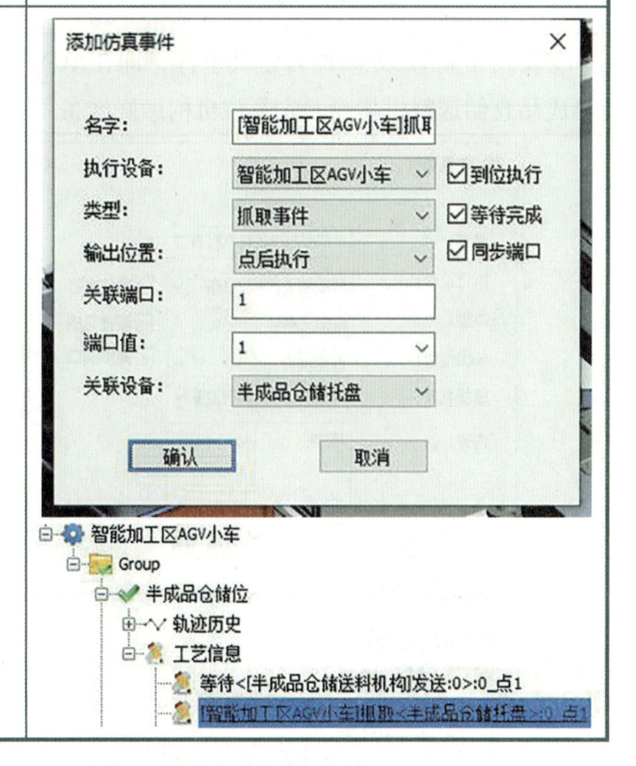

<table>
<tr>
<td>③在半成品仓储位处，添加发送事件，输出位置选择点后执行，即告知其他设备已经完成AGV小车的取料</td>
<td>⑤在上料位点后，添加自定义事件，使AGV半成品接收气缸伸出，准备接收AGV小车处的托盘</td>
</tr>
<tr>
<td>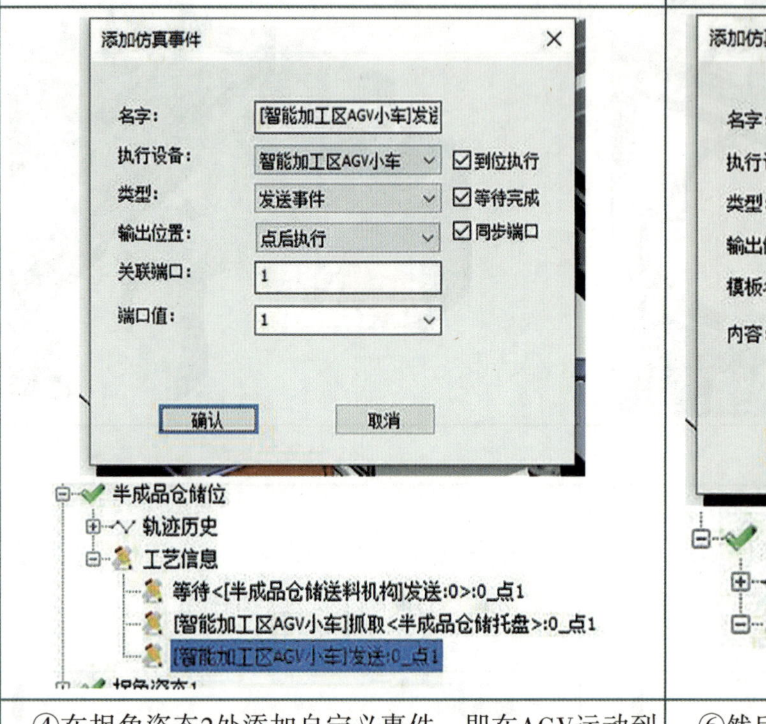
</td>
<td></td>
</tr>
<tr>
<td>④在拐角姿态2处添加自定义事件，即在AGV运动到半成品仓储送料机构前，先复位机构做好准备</td>
<td>⑥然后添加图示自定义事件，使半成品AGV送料气缸上升取料</td>
</tr>
<tr>
<td>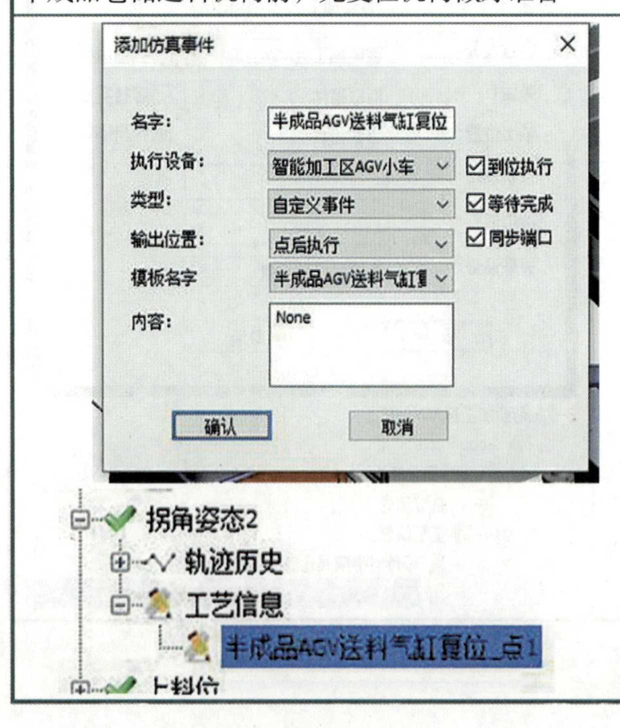
</td>
<td>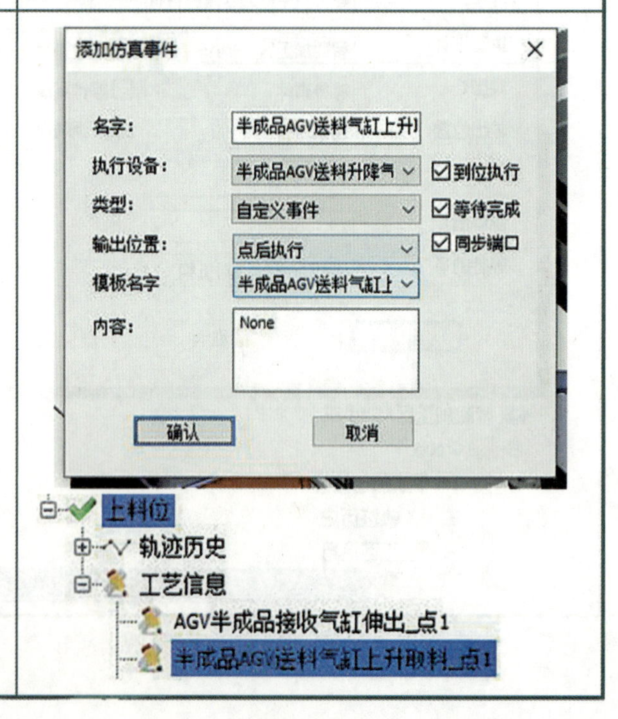
</td>
</tr>
</table>

⑦添加等候时间事件，等待机构到位

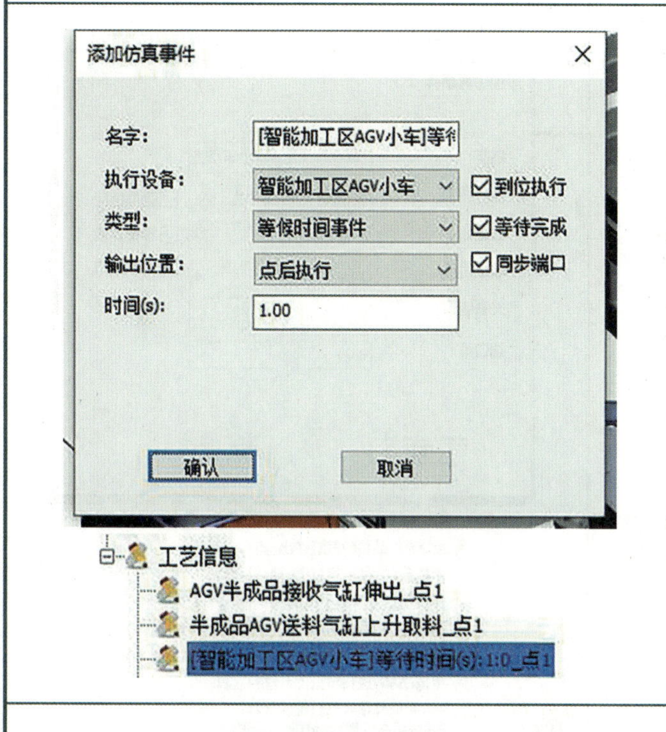

⑧等到机构运动到位，做好取料准备后，添加放开事件，使AGV小车放开半成品仓储托盘

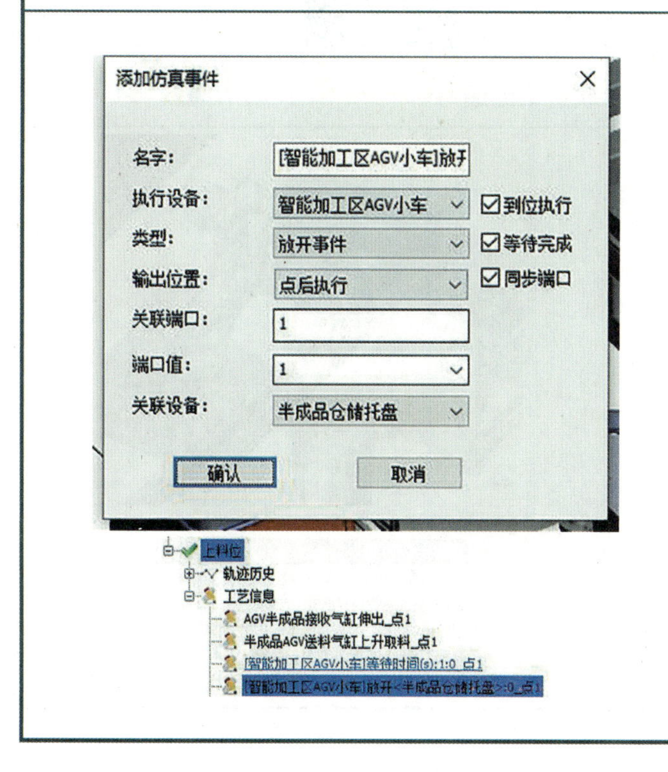

⑨在AGV小车放开托盘后，添加抓取事件，使半成品AGV送料气缸抓取半成品仓储托盘

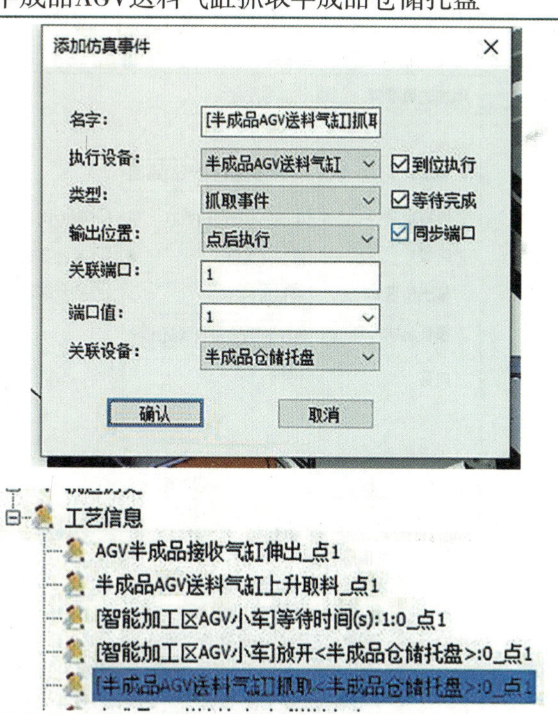

⑩半成品AGV送料气缸抓取半成品仓储托盘后，添加自定义事件，使半成品AGV送料气缸上升，抬起半成品仓储托盘，完成取料

⑪添加AGV半成品接收气缸缩回自定义事件，将半成品仓储托盘运送至工业机器人的工作范围内	⑫AGV小车完成半成品仓储托盘的运送后，添加图示的发送事件，告知其他设备AGV小车的转运流程已经完成
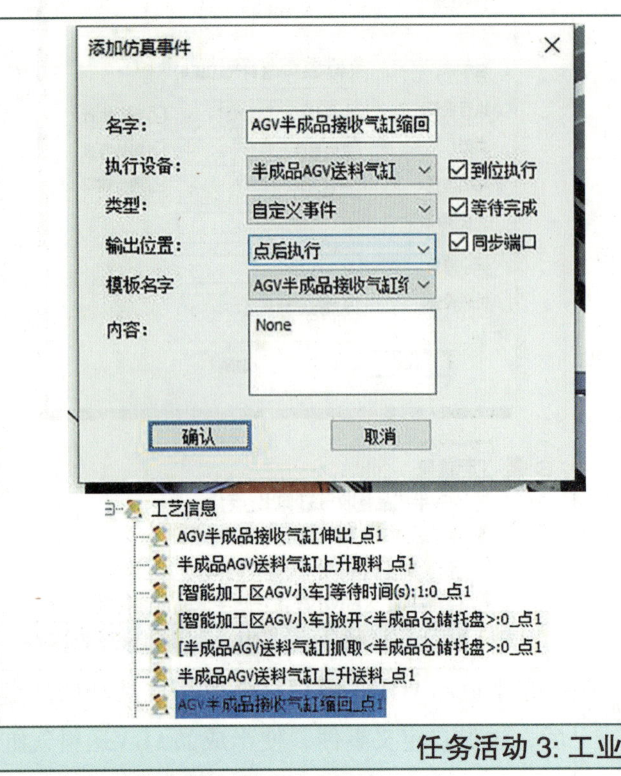	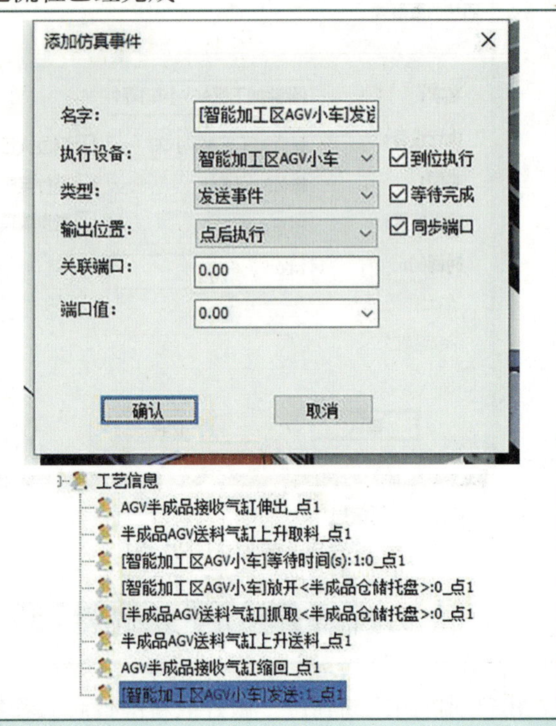
任务活动 3: 工业机器人程序编写	
（1）工业机器人装载工具	
①参照任务4.2完成智能加工区工业机器人导轨组编写	②参照任务4.1完成工业机器人装载夹爪工具B轨迹组的编写
	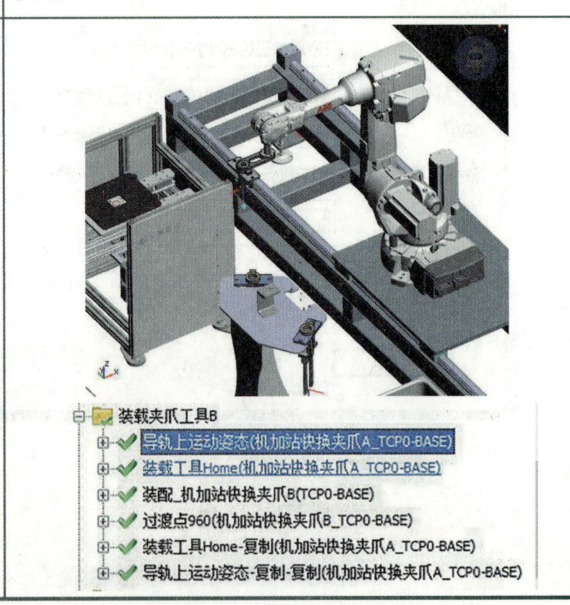

③在工业机器人处于导轨上运动姿态时，添加等待事件，即等待任务活动2步骤⑩中的发送事件，实现AGV从仓储区域完成取料后，工业机器人即开启装载工具流程	⑤在导轨的原点位置轨迹处，添加图示等待事件，等待事件为上一步骤中工业机器人的发送事件，即等到工业机器人准备到位后即可进行接下来的运动
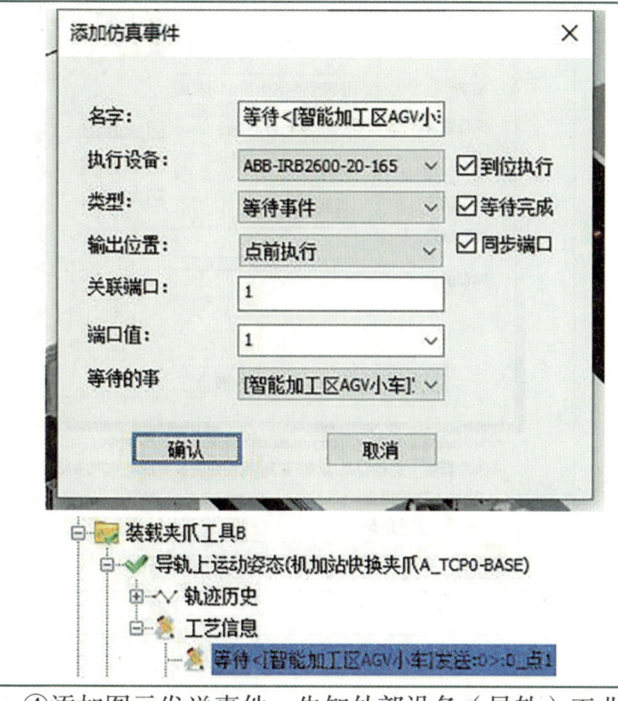	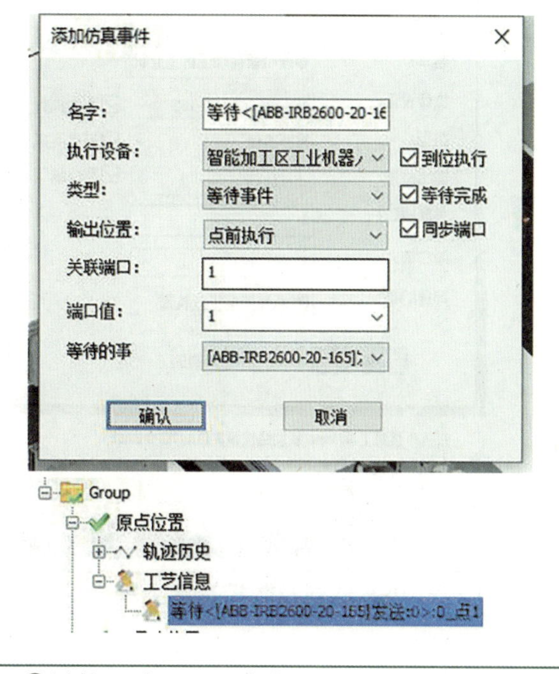
④添加图示发送事件，告知外部设备（导轨）工业机器人已经准备到位	⑥导轨运动至工具库位置后，添加发送事件告知其他设备（工业机器人）导轨已经运动到位
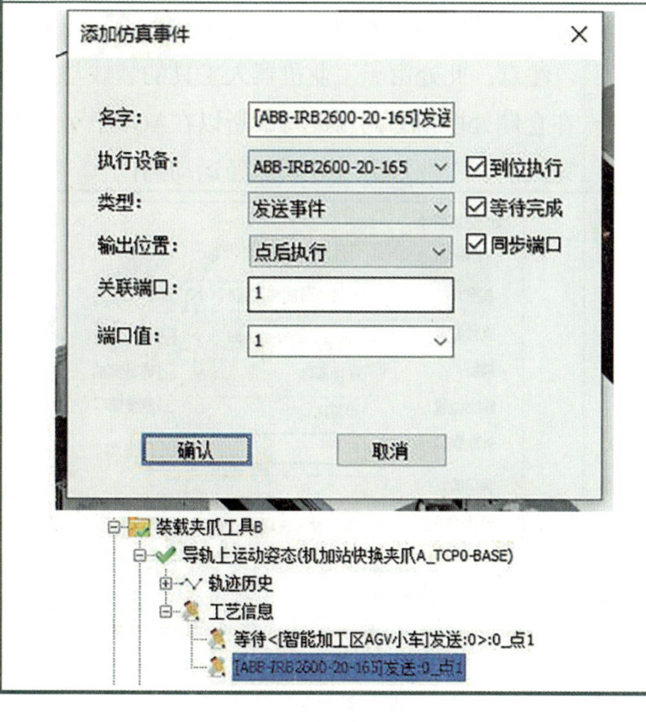	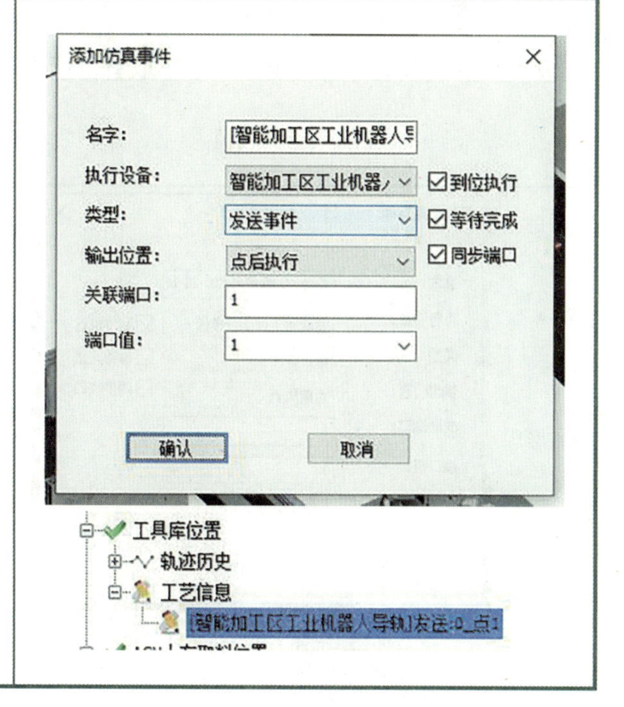

<table>
<tr>
<td>⑦在工业机器人的装载工具Home点处添加图示等待事件，等待上一步骤中导轨的发送事件，即工业机器人确认导轨已经运动到位后，进行工具的装载安装</td>
<td>⑧当工业机器人完成夹爪B的安装后，返回至可以在导轨上运动的姿态，然后添加发送事件告知外部设备（导轨）</td>
</tr>
<tr>
<td>

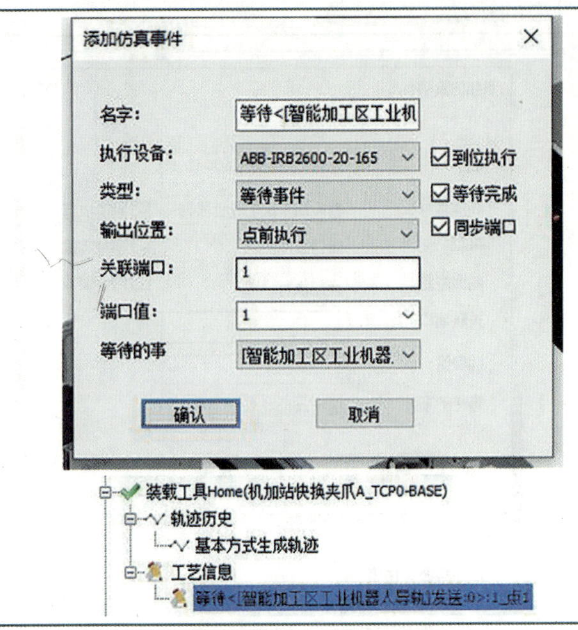

</td>
<td>

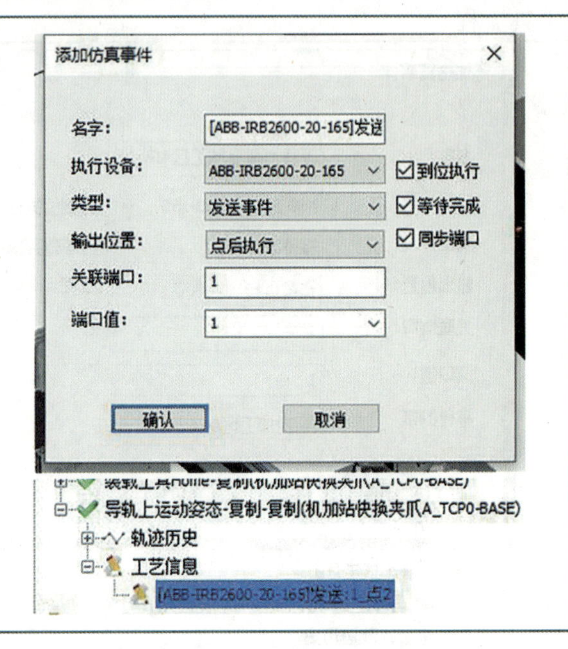

</td>
</tr>
<tr>
<td colspan="2">（2）AGV小车取料及数控车床上料</td>
</tr>
<tr>
<td>①在导轨的AGV小车取料位置添加等待事件，等待事件为上一步骤步骤⑧中的发送事件，即等到工业机器人完成工具的装载后即运动至AGV小车取料位置准备</td>
<td>②完成AGV取料–车床上料的轨迹组编写，然后进行仿真事件的添加。等待AGV小车完成取料流程，即任务活动2步骤⑫中的发送事件，才可进行后续流程的添加。
注意：此处由于工业机器人工具的装载与AGV在仓储处取料为同步进行，所以在AGV小车送料完成前，工业机器人导轨已经运动到位</td>
</tr>
<tr>
<td>

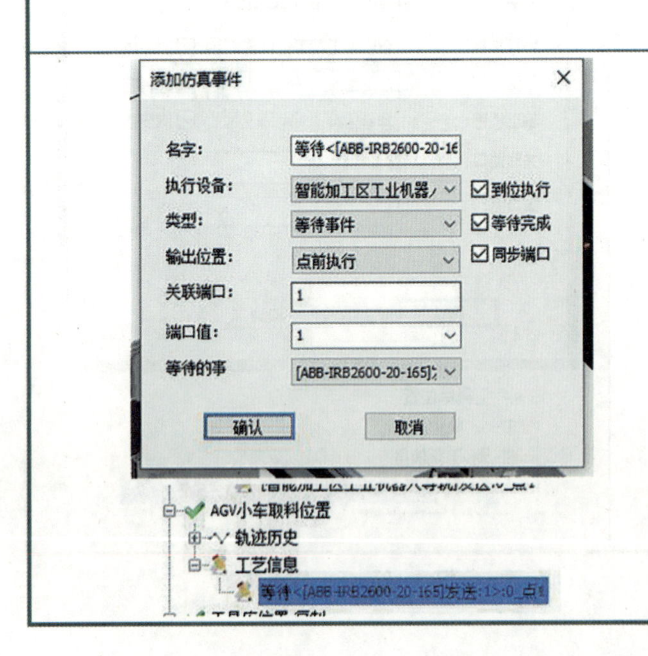

</td>
<td>

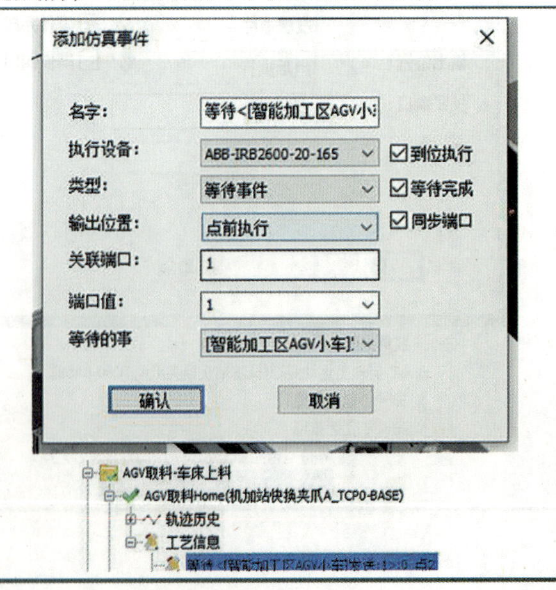

</td>
</tr>
</table>

③在工业机器人抓取底座前，添加放开事件使半成品托盘放开底座

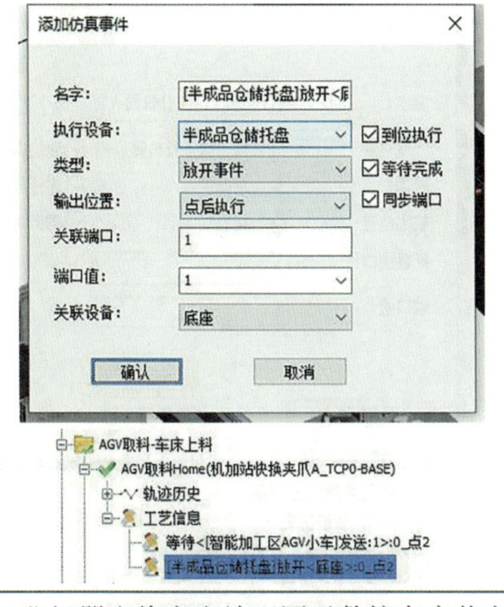

④在工业机器人完成底座抓取，重新运动至导轨上运动姿态，准备数控车床上料前，添加自定义事件，实现数控车床开门

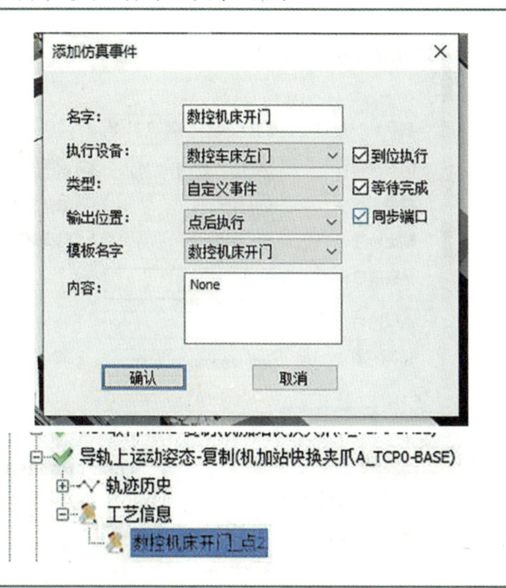

⑤当工业机器人将底座放至图示数控车床装夹位置时，添加放开事件

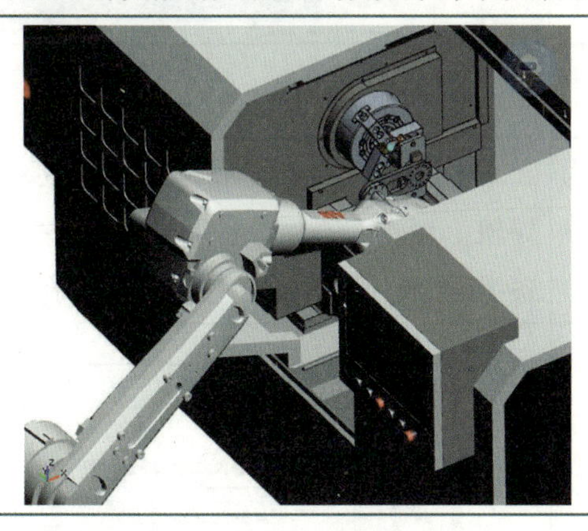

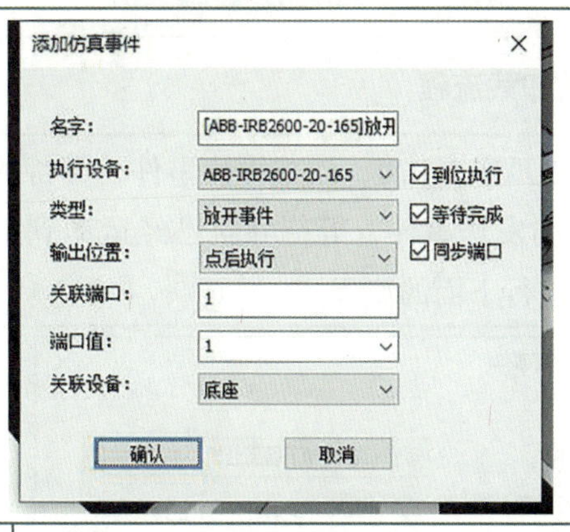

⑥当完成数控车床的上料，工业机器人处于图示姿态时，添加自定义事件关闭数控车床门，完成上料流程

⑦在工业机器人重新返回至可以进行导轨上运动的姿态后，添加发送事件，告知外部设备（导轨）工业机器人已经准备到位

添加仿真事件
名字：[ABB-IRB2600-20-165]发送
执行设备：ABB-IRB2600-20-165　☑到位执行
类型：发送事件　☑等待完成
输出位置：点后执行　☑同步端口
关联端口：1
端口值：1
确认　取消

<table>
<tr>
<td>⑧在导轨的工具库位置处添加等待事件，等待的事为上一步骤中的发送事件，即等到工业机器人完成上料流程后，才可运动至工具库位置</td>
<td>⑨在导轨的工具库位置处添加发送事件，即运动至工具库位置后，告知外部设备（工业机器人）已经运动到位</td>
</tr>
<tr>
<td>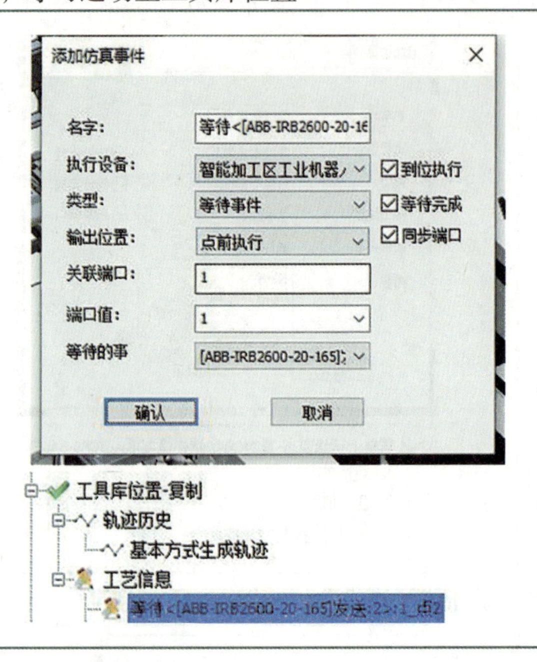
</td>
<td>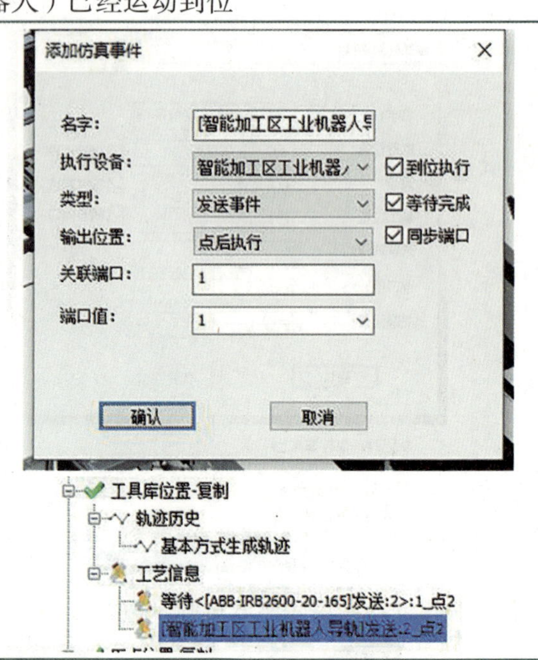
</td>
</tr>
<tr>
<td colspan="2">（3）工具卸载流程</td>
</tr>
<tr>
<td>①在卸载夹爪工具B前，添加等待事件，等待的事为上一步骤中的发送事件，等待导轨已经运动到工具库位置，才可进行下面的流程</td>
<td>②当工业机器人完成工具的卸载，重新运动至导轨上运动姿态后，添加发送事件，告知外部设备（导轨）已经完成工具的卸载流程</td>
</tr>
<tr>
<td>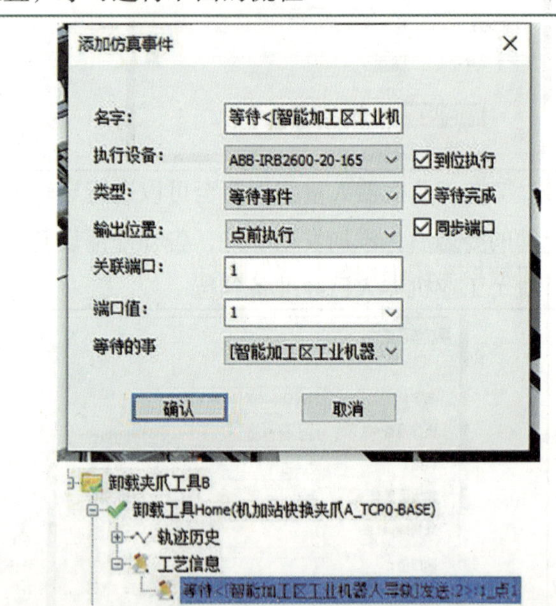
</td>
<td>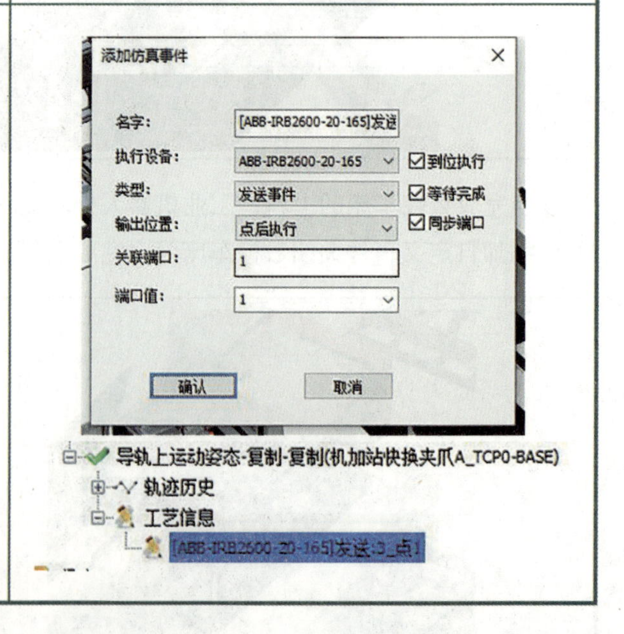
</td>
</tr>
</table>

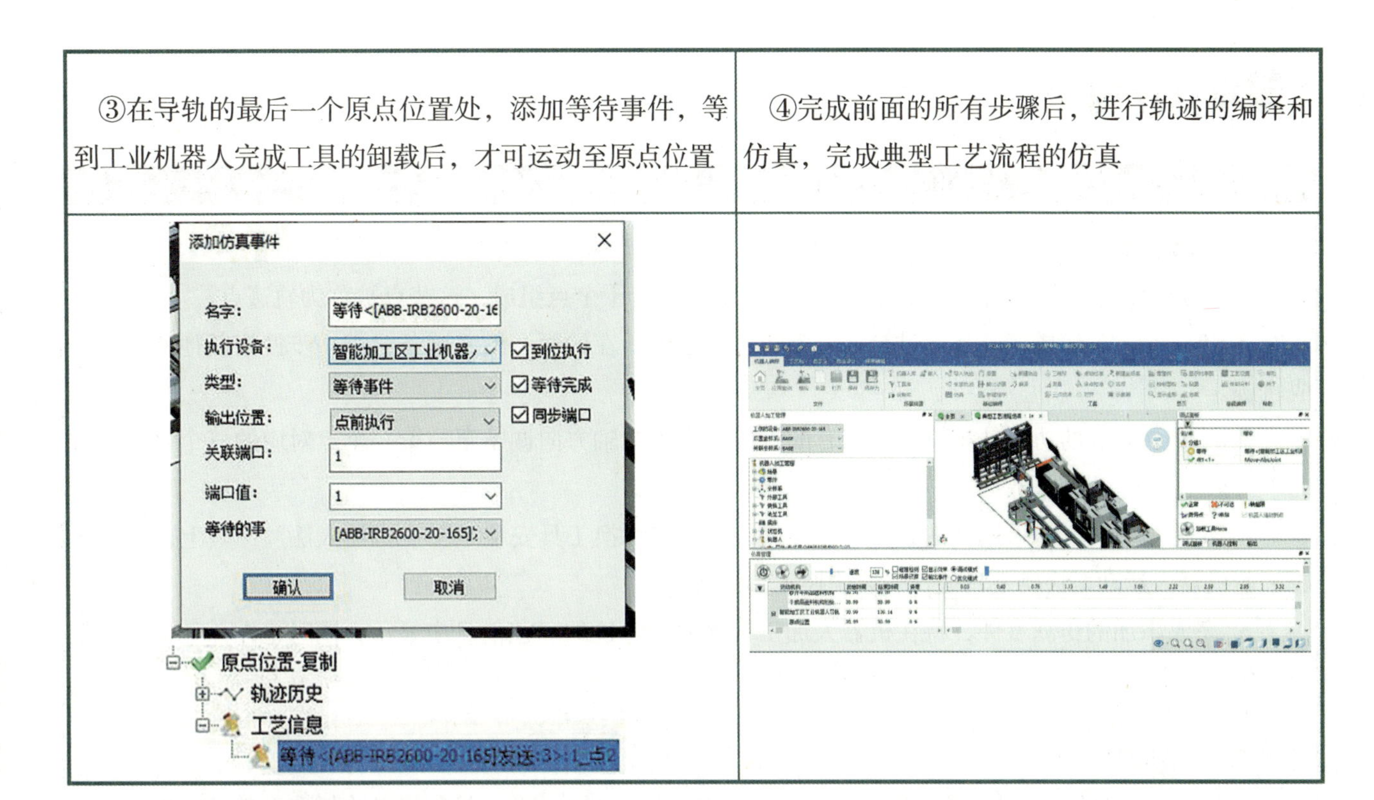

③在导轨的最后一个原点位置处，添加等待事件，等到工业机器人完成工具的卸载后，才可运动至原点位置	④完成前面的所有步骤后，进行轨迹的编译和仿真，完成典型工艺流程的仿真

【任务评价】

任务	配分	评分标准	自评	教师评价
典型工艺流程仿真	10	1.掌握智能加工区车床上下料工艺流程，不符合条件扣10分		
	20	2.能够根据案例要求，正确完成半成品仓储送料机构取料流程轨迹编写及仿真，不符合条件扣20分		
	20	3.能够根据案例要求，正确完成AGV送料编写及仿真，不符合条件扣20分		
	20	4.能够正确完成工业机器人工具装载轨迹编写和仿真，不符合条件扣20分		
	20	5.能够正确完成工业机器人AGV取料和数控车床上料轨迹编写和仿真，不符合条件扣20分		
	10	6.能够正确完成工业机器人工具卸载流程编写和仿真，不符合条件扣10分		

项目评测

项目四　知识测试

一、填空题

1. 在 PQArt 中，轨迹指的是设备的（　　　），由若干个点组成，这些点被称为轨迹点。

2.（　　　）生成轨迹是通过拾取一条边和这条边所在的面，沿着这条边进一步搜索其他的边来生成轨迹。

3.（　　　）的功能是将轨迹上所有的点的三个坐标轴方向调整至与第一个点对应的三个坐标轴方向平行。

4. 安装工具时，如果选择的是（　　　），则在将快换工具安装至工业机器人法兰工具上，同时生成工业机器人运动至快换工具处、安装快换工具的轨迹。

5. 完成添加的仿真事件，将在机器人加工管理面板轨迹的工艺信息中显示，同时也在（　　　）轨迹处显示。

二、判断题

1. 生成抓取事件时，事件名称默认为“执行设备抓取关联设备”，执行设备为抓取事件的实施对象，关联设备为抓取事件的被实施对象。（　　）

2. 等候时间事件：让指定的对象在指定的点前、点后停留指定的时间，时间单位为 min。（　　）

3. 在添加自定义事件之前，需要在【工艺设置】中添加或确定自定义事件模板。（　　）

项目五 生产线典型工艺的虚拟化调试

项目导言

本项目通过生产线典型工艺流程虚拟化调试任务来学习智能生产线数字化集成与仿真技术。通过虚拟化调试流程规划、信号创建及关联、程序预处理以及典型工艺流程虚拟化调试任务，逐步深入学习。

在前面的项目中已经学习了完成虚拟生产线典型工艺流程仿真的方法，在本项目中将结合虚拟生产线案例背景，引入典型应用案例，讲解基于PQFactory软件，实施生产线虚拟化调试的流程。

知识目标

（1）认识PQFactory软件界面。

（2）了解事件管理的方法。

（3）掌握进行系统仿真及虚拟调试的方法。

能力目标

能够根据虚拟调试需要完成相关的流程规划，完成生产线虚拟调试前的信号配置、虚拟调试前的准备工作以及生产线典型流程的虚拟调试。

情感目标

培养精益求精的工匠精神和全局的系统性思维。

任务 5.1　虚拟化调试流程规划

进行生产线虚拟化调试前，我们先来了解使用软件的功能以及实施虚拟调试时需要进行的步骤有哪些。

PQFactory 软件界面认知

知识学习 1——PQFactory 软件界面认知

软件界面包含标题栏、菜单栏、绘图区、机器人加工管理面板、机器人控制面板、调试面板、输出面板和状态栏，如图 5-1 所示。

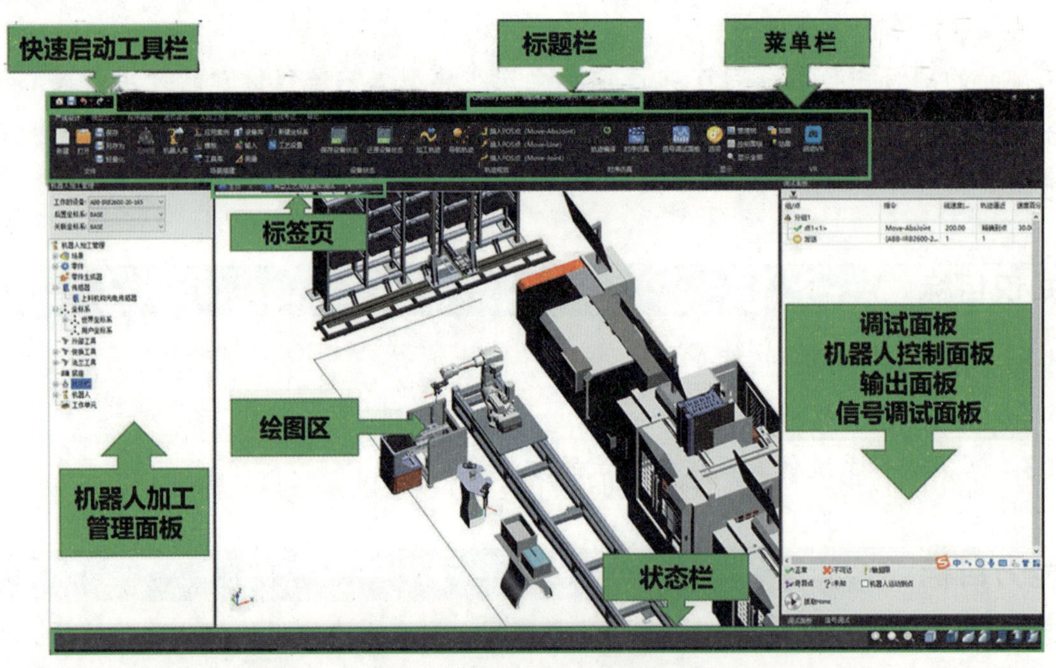

图 5-1　PQFactory 软件界面

【标题栏】：显示软件的名称、账号权限等。

【菜单栏】：涵盖了 PQFactory 的基本功能，如产线设计、模型定义、程序编辑、虚拟化调试等，是最常用的功能栏。

【绘图区】：用于场景搭建、轨迹的添加和编辑等。

【标签页】：支持多标签页，标签页的名称就是打开文件的名称。

【机器人加工管理面板】：包括场景、零件、传感器、坐标系、外部工具、法兰工具、快换工具、状态机以及机器人等，通过面板中的树形结构可以轻松查看并管理机器人、工具和零件等对象的各种操作。

【机器人控制面板】：控制机器人的运动，调整其姿态，显示坐标信息，读取机器人的关节值，以及使机器人回到机械零点等。

【调试面板】：方便查看并调整机器人姿态、编辑轨迹点特征。

【输出面板】：显示机器人执行的动作、指令、事件和轨迹点的状态。

【信号调试面板】：显示虚拟环境各种虚拟设备设定的 IO 信号。

【状态栏】：包括功能提示、模型绘制样式、渲染方式、视向等功能。

下面讲解在后续虚拟化调试中，使用到的功能栏。

1. 产线设计

产线设计包含文件、场景搭建、设备状态、轨迹规划、时序仿真、显示和 VR 功能分栏，如图 5-2 所示。其中，设备状态是进行虚拟化调试时可供使用的功能模块，可供保存当前设备状态和还原设备状态。其余分栏功能与前序项目中使用的离线编程软件 PQArt 功能相似，可根据虚拟化调试需要自行选用。

图 5-2　产线设计功能栏

2. 模型定义

PQFactory 支持但不限于自定义机构、工具、零件、底座以及智能组件，如图 5-3 所示。其中，使用智能组件的定义传感器功能可以将工程环境中的零件设置为传感器，关联 PLC 地址后可以参与到虚拟化调试过程中。

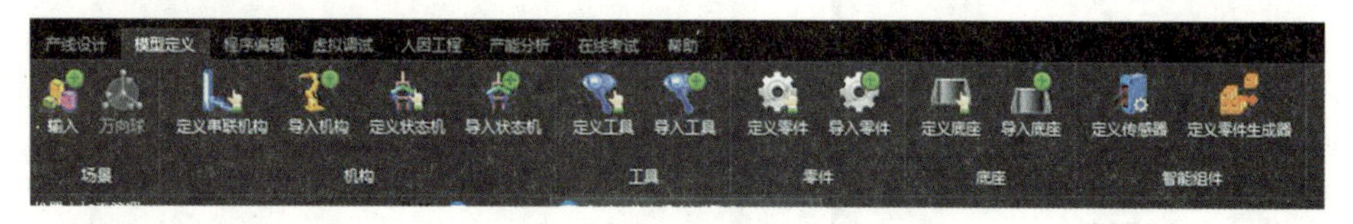

图 5-3　模型定义功能栏

3. 程序编辑

“程序编辑”功能栏如图 5-4 所示，目前支持：直接将设计环境下的轨迹代码同步过来；直接导入 ABB 的 .mod、KUKA 的 .dat 和 .src 后置格式文件；直接插入 ABB 和 KUKA 的一些

常用的运动、控制、IO、运算等指令；对 ABB［注意：需手工增加 main（ ）函数，才能运行仿真］、KUKA 机器人后置代码进行编译、同步仿真；后置代码的输出或网线直连控制柜（仅限于 ABB 机器人的后置代码）。

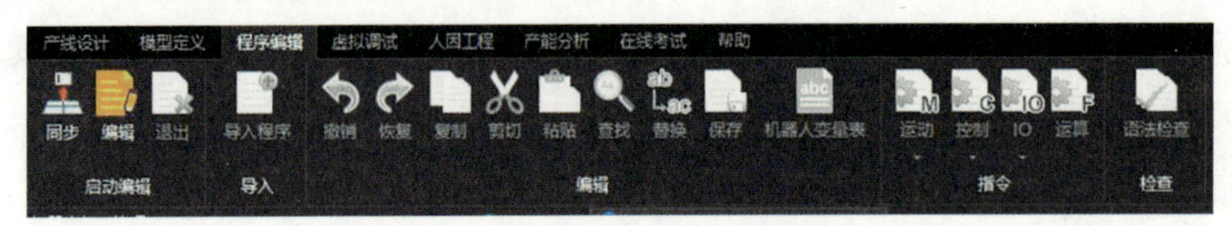

图 5–4 “程序编辑”功能栏

4. 虚拟化调试

在“虚拟调试”功能栏中，包含外部设备、虚拟 PLC、连接、信号设置、设备状态和虚拟调试几个功能分栏，如图 5–5 所示。

图 5–5 “虚拟化调试”功能栏

在外部设备功能分栏中，可以进行虚拟化调试外界设备 PLC 的设置与管理，如图 5–6（a）所示，可以设置的内容包含设备名称、设备地址、设备系列等。在虚拟 PLC 中可以进行虚拟化调试，虚拟 PLC 的设置、加载以及 PLC 程序编写，在地址管理处可以进行虚拟 PLC 名称、地址、默认值和类型等设置，如图 5–6（b）所示。

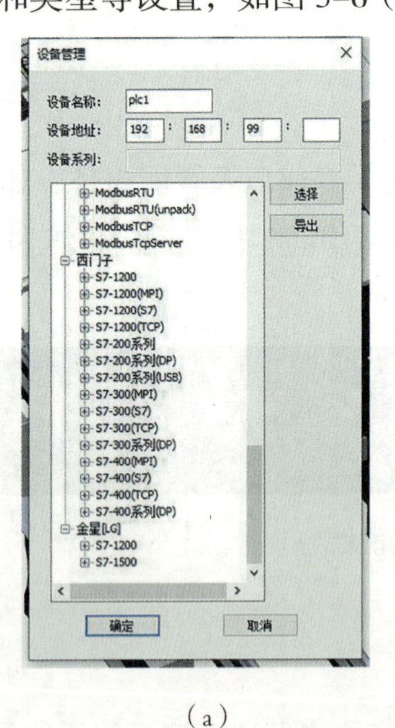

（a）

（b）

图 5–6 外部设备和虚拟 PLC 管理界面

（a）外部设备管理；（b）虚拟 PLC 地址管理

在连接功能分栏处，可以选择连接设备，如图 5–7（a）所示，也可以断开 PLC 的连接，如图 5–7（b）所示。

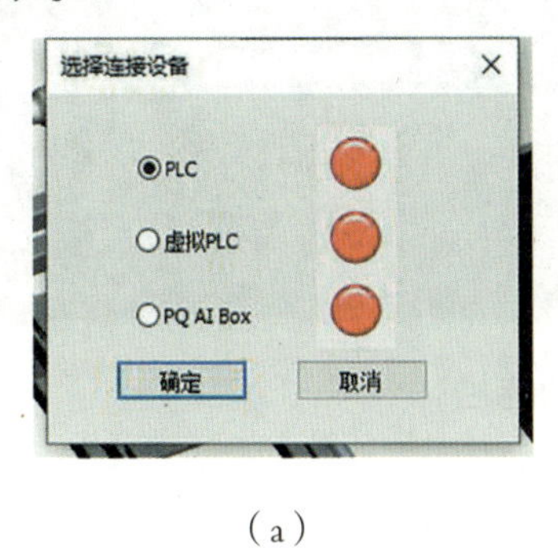

（a）

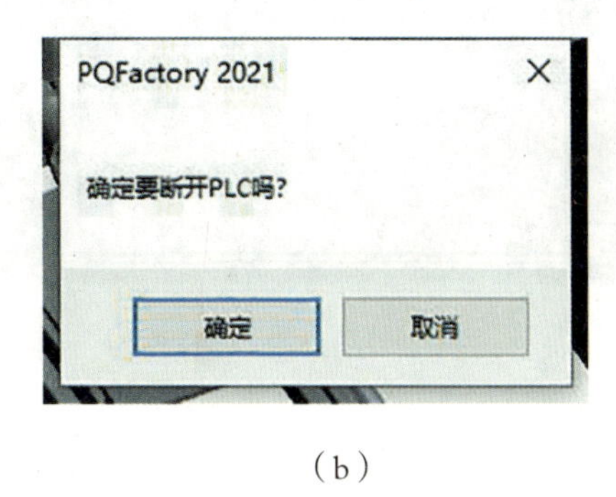

（b）

图 5–7　连接 PLC 和断开 PLC

（a）选择连接设备；（b）断开 PLC

信号设置功能栏如图 5–8 所示，生产环境中的各个组成部分均按照对应的端口信号进行交互作业。仿真事件、传感器都需要设置端口，保证生产过程的顺序性和逻辑性运行。

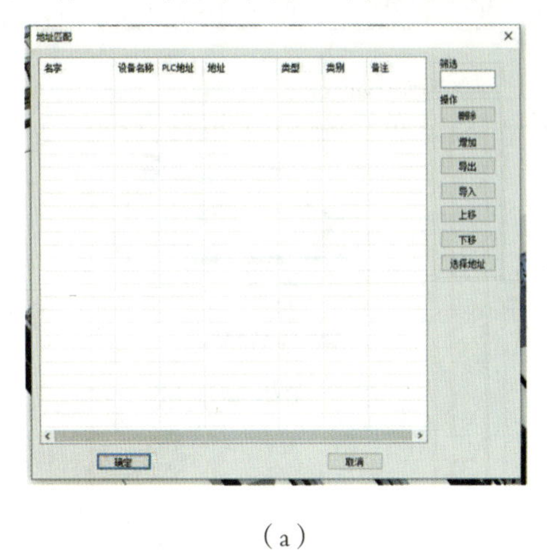

（a）

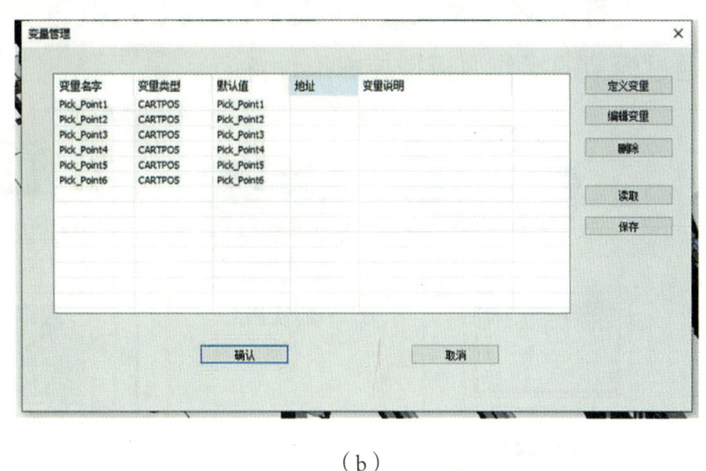

（b）

图 5–8　信号设置功能栏

（a）地址匹配；（b）机器人变量表

虚拟调试功能栏中提供了完成虚拟调试基础设置后，启动虚拟调试、暂停 / 继续虚拟调试和暂停虚拟调试的快捷按键。

5. 帮助

帮助功能栏如图 5–9 所示。

【帮助】：提供与 PQFactory 相关的学习视频和文档。

【关于】：介绍 PQFactory 版本号及账号的相关信息。

图 5-9　帮助功能栏

知识学习 2——系统仿真与虚拟调试

如图 5-10 所示，在 PQFactory 的概念设计中，可以对现有的设备模型进行物理属性的定义，以实现对生产线机电设备的虚拟映射，映射后的虚拟机可以通过组态王的 IOServer 设备对虚拟接口进行集成，然后通过虚拟控制器虚拟（虚拟 PLC）或者真实控制器（真实 PLC）进行控制，并通过模拟的操作面板操控虚拟设备。

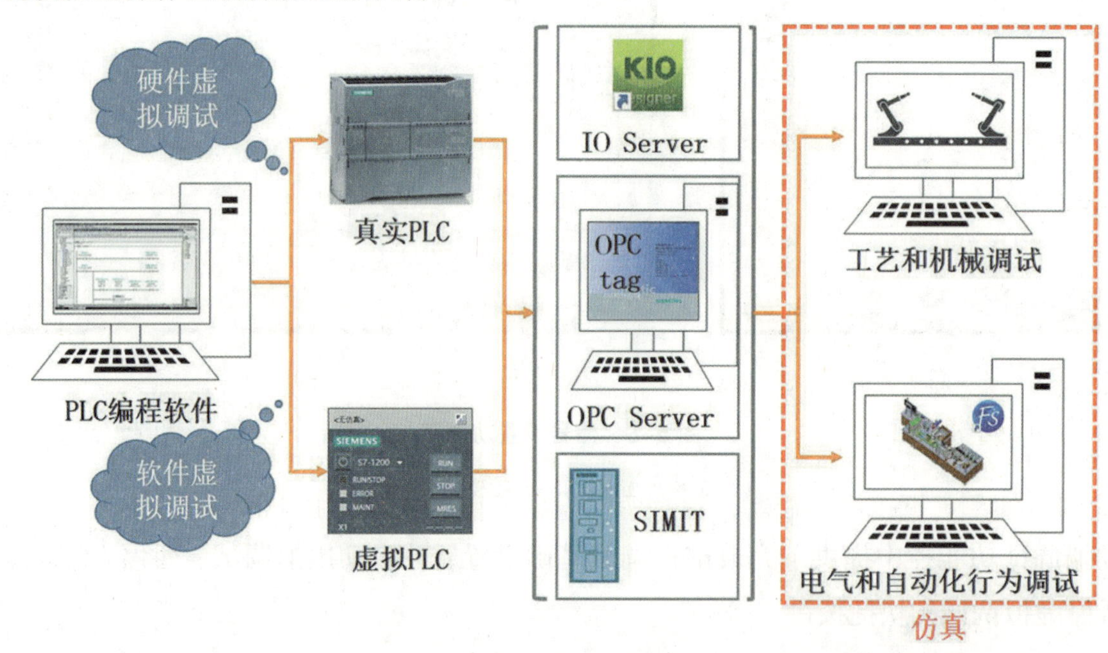

图 5-10　案例虚拟调试

根据控制器（虚拟 / 实际）是否参与调试过程，可以将虚拟调试分为如图 5-11 所示的三类。

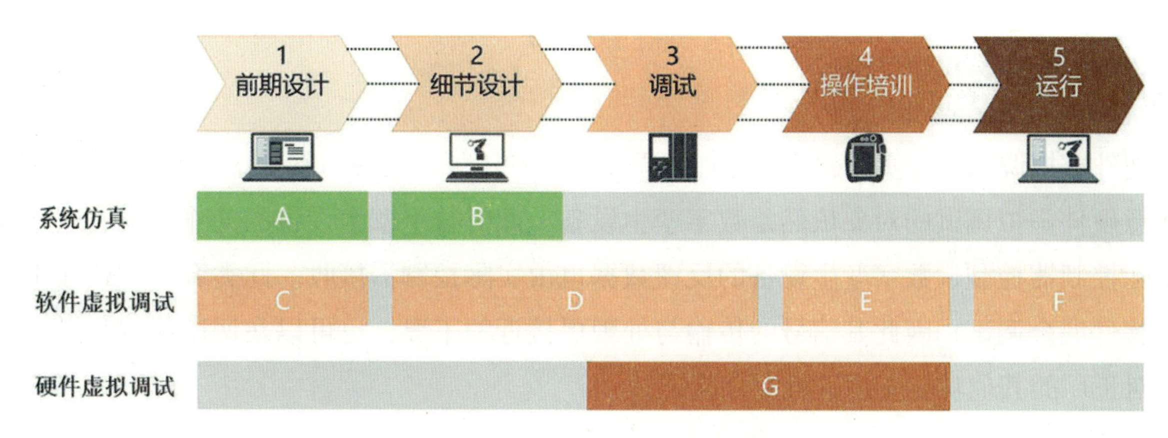

图 5-11　仿真与虚拟调试在产品设计周期中的应用

1. 系统仿真

对于机电设备的系统仿真，并无外部控制设备的介入。该过程只在单一的数字孪生设备软件中设置。在此过程中，数字孪生设备所有的动作方式、运动参数均与实际设备相一致，但是动作、事件的触发以及逻辑控制均需要在仿真软件自行定义，因此仿真环境是一个较为理想的虚拟环境。

如图 5-11 所示，在前期设计中，仿真可以有效帮助实现单体设备的机电概念设计，包括工业机器人末端工具的选择、设备运动范围的可达性、材料的选择等。在细节设计中，仿真过程可以参与主要的机械设计、电气设计以及自动化设计过程，也可以对工业机器人进行离线编程，并在设备级层面对生产线进行辅助设计以及初步功能的验证。

2. 软件虚拟调试

软件虚拟调试是在系统仿真的基础上，将虚拟的控制器（CPU）加入调试过程中来。此时软件中所有的数字孪生设备均为相关动作（事件）提供触发接口。数字孪生设备的动作触发、逻辑控制由外部虚拟控制器控制，数字孪生设备的反馈数据也由外部虚拟控制器接收。换言之，软件虚拟调试与现实调试的控制逻辑是保持一致的。

如图 5-11 所示，在前期设计中，软件虚拟调试可以对单体设备和生产线的部件进行测试，以对概念性的设计进行验证。在细节设计和调试过程中，虚拟调试不仅可以对单体设备的细节设计进行验证，还可以对生产线进行整体的性能验证。软件虚拟调试在细节设计和调试这两个过程中同时存在，细节设计的结果与调试的结果可以进行反复迭代，以达到最优化设计。

在设备操作培训环节，软件虚拟调试就扮演了非常重要的角色。由于已经构建了数字孪生设备，可以完全脱离真机进行设备培训，如此在保证人员安全的同时又大大缩短实际设备的停机时间。在运行阶段，软件虚拟调试也可以较大限度地验证其在工厂的实际运行状态。

3. 硬件虚拟调试

硬件虚拟调试是将实际的控制器加入调试环境中，可以实现与软件虚拟调试相同的作用。要注意硬件虚拟调试的对象依然是数字孪生设备，此时数字孪生设备的动作触发、逻辑控制由实际控制器控制，数字孪生设备的反馈数据也由实际控制器接收。此类调试方式由于属于硬件软件混合调试，因此其信号的传输与处理更接近的工况，也可以在调试环节和操作培训环节对工厂的其他功能应用进行混合验证。

知识学习 3——虚拟调试流程规划

在 PQFactory 软件中执行虚拟调试的流程如图 5-12 所示，进行虚拟调试前需要准备的工作有程序准备、数字孪生设备准备两类。

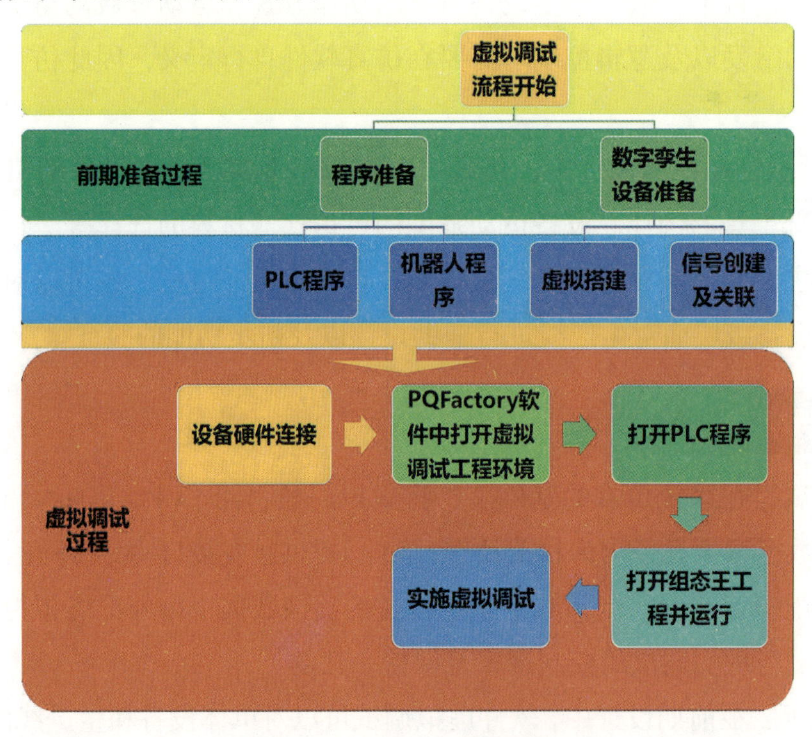

图 5-12 虚拟调试的流程

1. 程序准备

生产线中，通常包含了 PLC 控制器和工业机器人的参与．故此处虚拟调试程序准备包含 PLC 程序准备和工业机器人程序准备。

(1) PLC程序准备

PLC 程序准备通常包含与真实设备一致的硬件组态和程序编写过程，PLC 程序的控制功能、PLC 设备的通信地址和虚拟调试过程中使用到的信号是虚拟调试过程中需要特别关注的事项。

通过虚拟调试环境与 PLC 设备通信地址的通信匹配设置，可以实现两者之间的通信连接，通过信号地址的匹配可以实现硬件 PLC 对虚拟调试环境中相关信号的读取与控制，最终实现 PLC 程序的控制功能，达到虚拟调试的目的。

(2) 工业机器人程序准备

当生产线中包含了工业机器人时，需要准备工业机器人程序以及相关信号，触发工业机器人动作的信号与虚拟调试中相关信号变量相匹配后，即可实现与真机调试效果孪生的虚拟调试进程。工业机器人程序也可以在虚拟调试环境中完成并编辑。

2. 数字孪生设备准备

在前面的项目内容中，已经通过 PQArt 软件学习了虚拟生产线的搭建方式，其中组成元素包含工业机器人、自定义机构、零件、状态机等，而虚拟调试流程将在北京华航唯实机器人科技股份有限公司开发的虚拟调试软件 PQFactory 中进行，两种软件之间具有良好的兼容性，在前序内容中完成的虚拟生产线工程文件可以在 PQFactory 中打开并运行，但是需要注意的是，为了实现虚拟调试的目的，还需要在前序内容的基础上，增加虚拟生产线中的传感器、状态机的触发变量设置、仿真事件关联的变量设置等，以实现信号驱动仿真环境中设备动作的目的。

3. 实施虚拟调试进行

实施虚拟调试时，需要打开前面准备的虚拟调试程序和数字孪生设备，以及实现两者之间通信的组态王软件，进行通信设置后实施虚拟调试进程。

【任务评价】

任务	配分	评分标准	自评	教师评价
虚拟调试流程规划	25	1.熟悉PQFactory软件界面，不符合要求的扣 25分		
	25	2.掌握PQFactory软件中虚拟调试功能栏中的功能，不符合要求的扣25分		
	25	3.掌握系统仿真与虚拟调试相关概念，不符合条件扣25分		
	25	4.掌握虚拟调试的流程，不符合条件扣 25 分		

任务 5.2　信号创建及关联

在智能生产线中，为了实现真机设备与虚拟化设备的联合调试，首要问题就是完成其通信连接，本任务学习创建信号并进行信号关联的方法。

知识学习——虚拟调试中的通信配置内容

在 PQFactory 软件中，PLC 设备与软件环境中各触发动作信号的通信需要借助安装 PQFactory 软件时同步安装的 IOServer 插件实现。

1. 虚拟调试通信基础

为了实现 PLC 设备、IOServer 和 PQFactory 软件中数字孪生设备的通信，需要分别在对应的软件中设置通信参数，使设备处于同一 IP 地址网段，地址不重复，如图 5-13 所示。

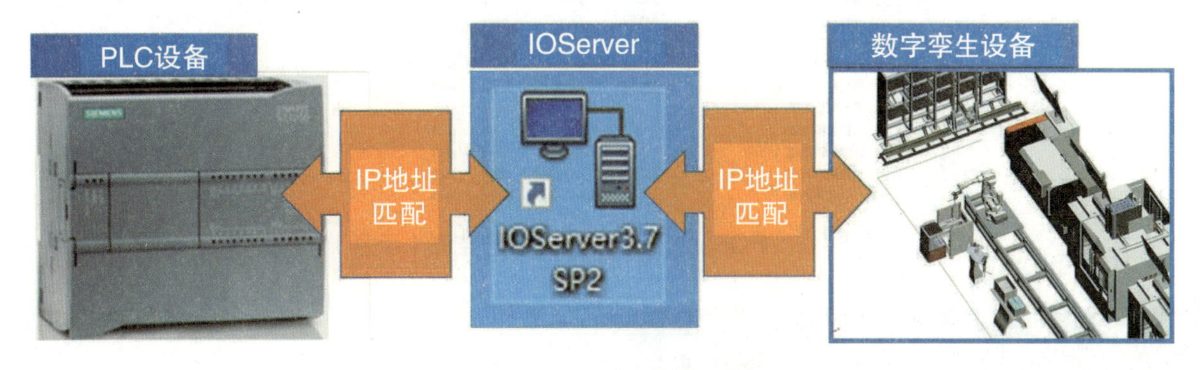

图 5-13　虚拟调试通信基础

2.PLC 设备中通信设置内容

虚拟调试时，关注的是 PLC 设备、数字孪生设备之间 IO 通信的内容，进行完整案例流程的虚拟调试前，需要在 PLC 设备、IOServer 和 PQFactory 软件通信连接已经建立的前提下，通过在 PLC 设备中（变量表示意如图 5-14 所示）改变虚拟调试中关注 IO 通信变量的值，测试通信连接的准确性，验证数字孪生设备中以及 IOServer 中对应变量关联的准确性。

PQFactory 软件中的信号监测如图 5-15 所示。

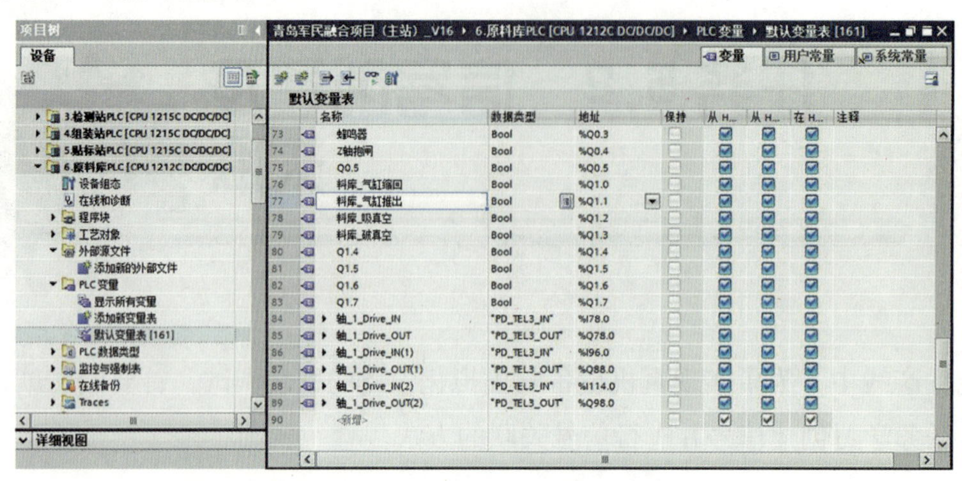

	名称	数据类型	地址	保持	从 H...	从 H...	在 H...	注释
73	蜂鸣器	Bool	%Q0.3					
74	Z轴抱闸	Bool	%Q0.4					
75	Q0.5	Bool	%Q0.5					
76	料库_气缸缩回	Bool	%Q1.0					
77	料库_气缸推出	Bool	%Q1.1					
78	料库_吸真空	Bool	%Q1.2					
79	料库_破真空	Bool	%Q1.3					
80	Q1.4	Bool	%Q1.4					
81	Q1.5	Bool	%Q1.5					
82	Q1.6	Bool	%Q1.6					
83	Q1.7	Bool	%Q1.7					
84	轴_1_Drive_IN	"PD_TEL3_IN"	%I78.0					
85	轴_1_Drive_OUT	"PD_TEL3_OUT"	%Q78.0					
86	轴_1_Drive_IN(1)	"PD_TEL3_IN"	%I96.0					
87	轴_1_Drive_OUT(1)	"PD_TEL3_OUT"	%Q88.0					
88	轴_1_Drive_IN(2)	"PD_TEL3_IN"	%I114.0					
89	轴_1_Drive_OUT(2)	"PD_TEL3_OUT"	%Q98.0					
90	<新增>							

图 5-14　PLC 工程文件中的变量表（示意）

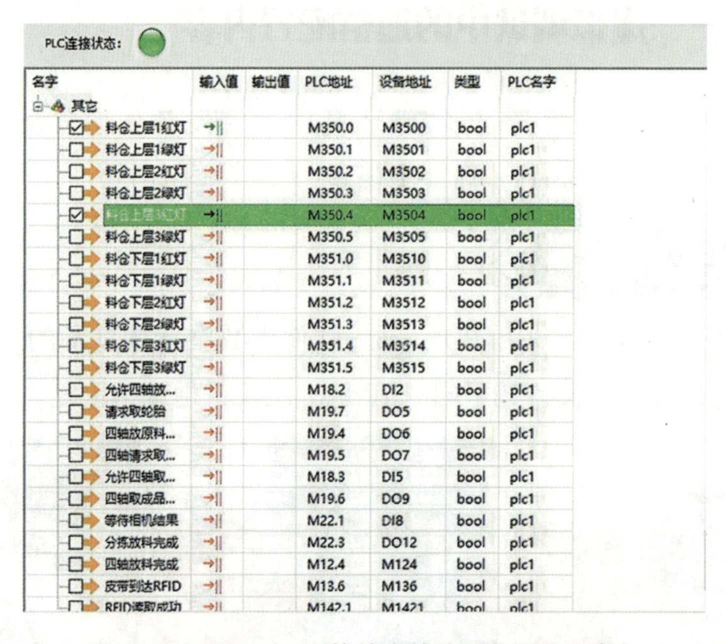

名字	输入值	输出值	PLC地址	设备地址	类型	PLC名字
料仓上层1红灯			M350.0	M3500	bool	plc1
料仓上层1绿灯			M350.1	M3501	bool	plc1
料仓上层2红灯			M350.2	M3502	bool	plc1
料仓上层2绿灯			M350.3	M3503	bool	plc1
料仓上层3红灯			M350.4	M3504	bool	plc1
料仓上层3绿灯			M350.5	M3505	bool	plc1
料仓下层1红灯			M351.0	M3510	bool	plc1
料仓下层1绿灯			M351.1	M3511	bool	plc1
料仓下层2红灯			M351.2	M3512	bool	plc1
料仓下层2绿灯			M351.3	M3513	bool	plc1
料仓下层3红灯			M351.4	M3514	bool	plc1
料仓下层3绿灯			M351.5	M3515	bool	plc1
允许四轴放...			M18.2	DI2	bool	plc1
请求取轮胎			M19.7	DO5	bool	plc1
四轴放原料...			M19.4	DO6	bool	plc1
四轴请求取...			M19.5	DO7	bool	plc1
允许四轴取...			M18.3	DI5	bool	plc1
四轴取成品...			M19.6	DO9	bool	plc1
等待相机结果			M22.1	DI8	bool	plc1
分拣放料完成			M22.3	DO12	bool	plc1
四轴放料完成			M12.4	M124	bool	plc1
皮带到达RFID			M13.6	M136	bool	plc1
RFID读取成功			M142.1	M1421	bool	plc1

图 5-15　PQFactory 软件中的信号监测（示意）

3.IOServer 中通信设置内容

IOServer 作为 PLC 设备与 PQFactory 软件中数字孪生设备沟通的桥梁，需要在其工程环境中建立变量表，实现 PLC 设备中信号与 PQFactory 软件中信号变量的匹配，IOServer 中建立的变量表如图 5-16 所示，建立方法将在后续任务页中展示。

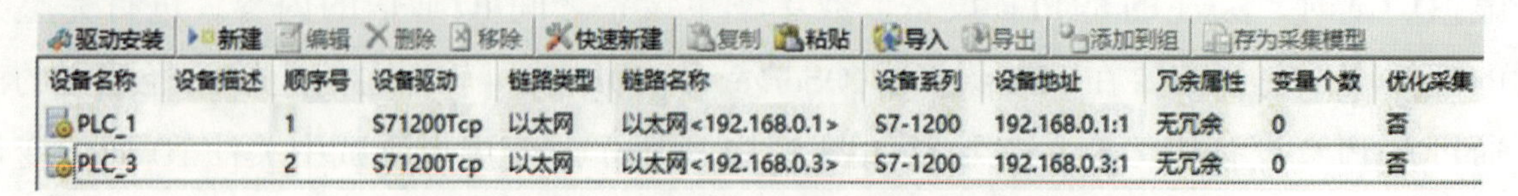

设备名称	设备描述	顺序号	设备驱动	链路类型	链路名称	设备系列	设备地址	冗余属性	变量个数	优化采集
PLC_1		1	S71200Tcp	以太网	以太网<192.168.0.1>	S7-1200	192.168.0.1:1	无冗余	0	否
PLC_3		2	S71200Tcp	以太网	以太网<192.168.0.3>	S7-1200	192.168.0.3:1	无冗余	0	否

图 5-16　IOServer 中的变量表（示意）

4.PQFactory 软件中设置内容

虚拟调试时，在 PQFactory 软件中设备的状态将以数字孪生设备的形式展现，有效节省了真机调试所需的时间成本和设备成本。在 PQFactory 软件中需要完成的设置内容除了整体的通信设置，还需要在相应的状态机、仿真事件、机器人变量以及传感器中匹配对应的端口及变量，如图 5-17 所示。

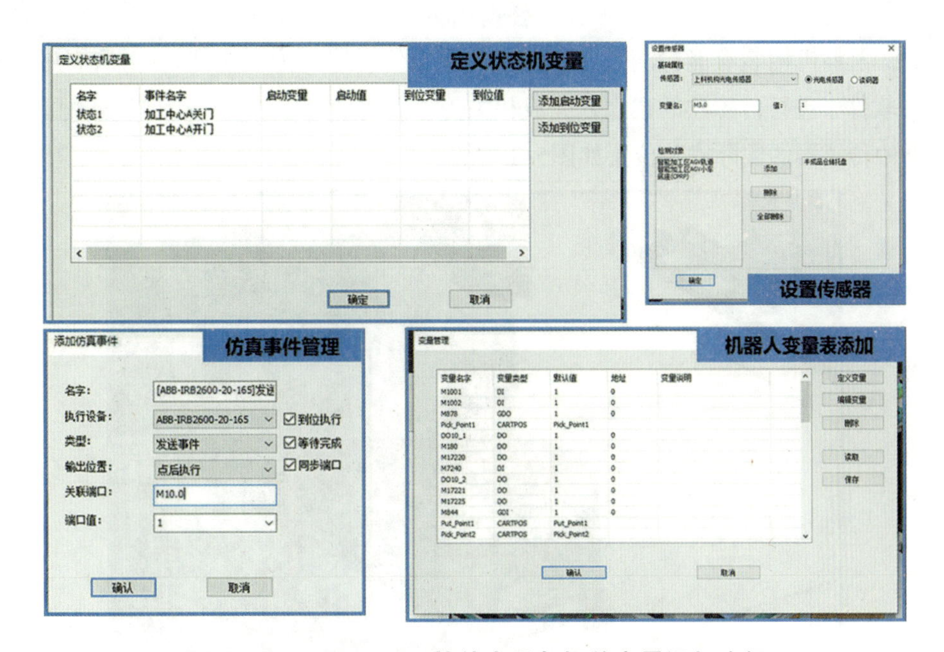

图 5-17　PQFactory 软件中设备相关变量添加途径

完成 PQFactory 软件中设备相关变量添加后，还需要通过软件中虚拟调试功能栏中的地址匹配，建立变量与 IOServer 中对应变量的关联，如图 5-18 所示。

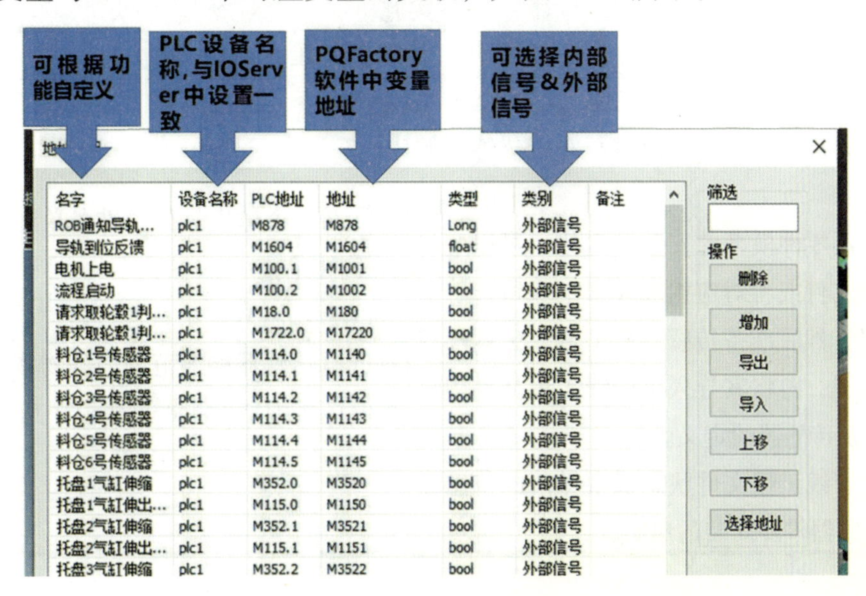

图 5-18　地址匹配界面

进行地址匹配时，可以设置信号的类别，外部信号为虚拟环境与 PLC 设备进行交互的信号，内部信号为虚拟环境内的交互信号，可以根据信号的实际功能进行选择。

任务页 1——PQFactory 软件中信号的创建以及匹配

PQFactory 软件中信号的创建与匹配

<table>
<tr><td>任务准备</td><td>PQFactory软件</td><td>教学模式</td><td>理实一体</td><td>建议学时</td><td>4</td></tr>
<tr><td colspan="6">任务引入</td></tr>
<tr><td colspan="6">虚拟生产线中，上料机构装有能检测是否有托盘的光电传感器，为了实现传感器信号的虚拟调试，现需要在PQFactory软件中进行传感器的建立，完成相关传感器变量建立，并进行地址匹配。
PQFactory软件中传感器的实际安装位置如图5-19所示。

图 5-19　PQFactory 软件中传感器的实际安装位置</td></tr>
<tr><td colspan="6">任务实施</td></tr>
<tr><td colspan="6">任务活动 1: 传感器创建</td></tr>
<tr><td colspan="3">①在PQFactory软件中，需要先将传感器模型定义为零件并导入工程环境中，才可以进行对应传感器的创建。
为了便于传感器零件模型的安装及定位，可以先将在生产线的场景文件或者对应组成元素中保留传感器模型，以作参照，然后准备传感器模型输入工程环境中进行零件的创建，再将其导入生产线工程文件中进行参照安装，以及传感器的定义。
下图所示为生产线工程文件状态机中保留的传感器模型，是后面传感器零件安装的参照</td><td colspan="3">②在三维建模软件中准备单独的传感器模型，如下图所示。
PQFactory软件中，通过碰撞被检测物的方法实现光电传感器检测范围内的物体检测，所以在建模时应将虚拟检测距离建模在其中</td></tr>
</table>

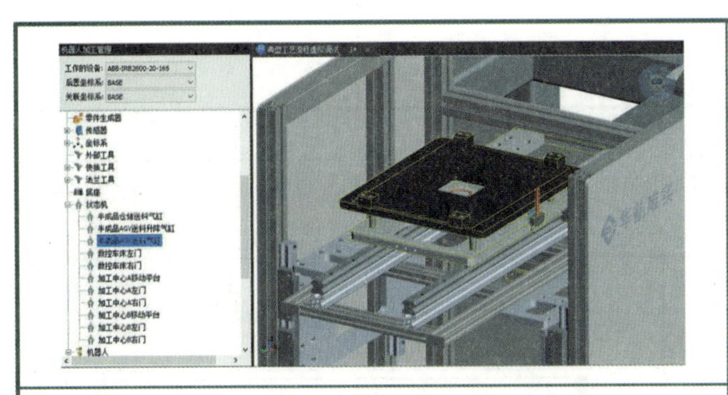

③新建工程文件，将准备好的传感器模型输入其中，并定义为无附着点的零件，命名为上料机构光电传感器

⑤在PQFactory软件功能栏中依次选择“模型定义”“定义传感器”

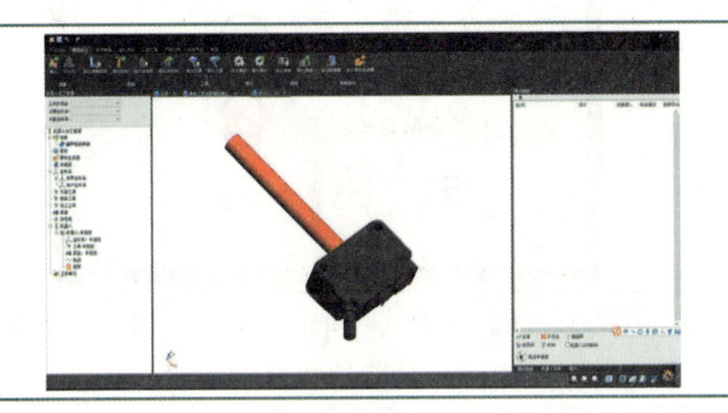

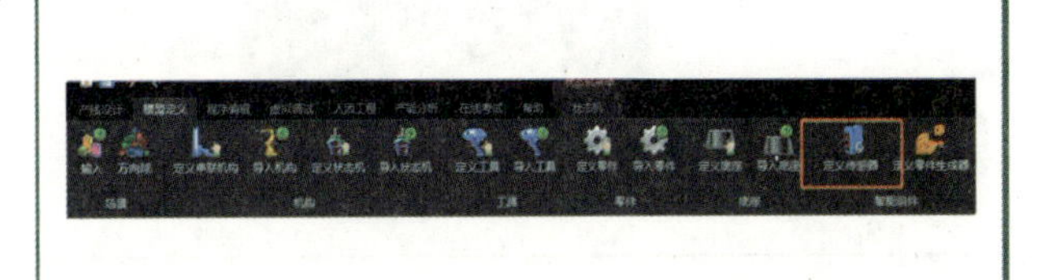

④将零件通过导入零件功能导入生产线工程文件中，参照生产线中的传感器位置，通过三维球完成传感器零件的定位安装

⑥在传感器定义菜单中，选择传感器零件，输入变量名称（此处根据变量规划定义），值设定为1。检测对象选择“半成品仓储托盘”，当检测到半成品仓储托盘时，变量的输出值变为1。最后选择确定，传感器设置完成

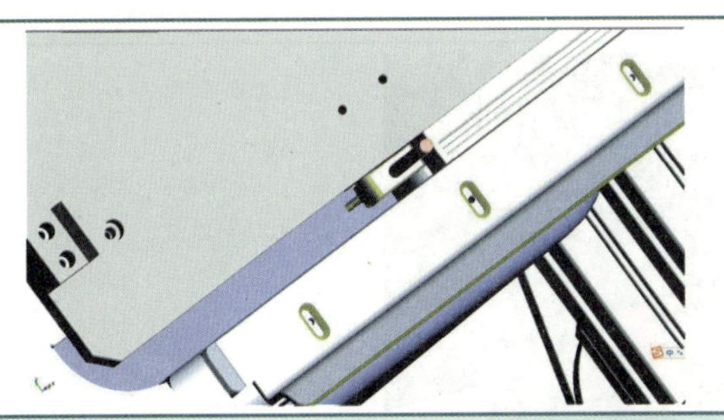

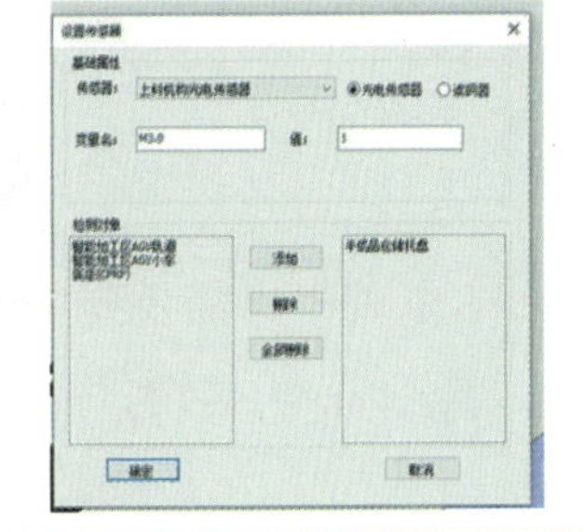

任务活动 2:PQFactory 软件中地址匹配

①完成PQFactory软件中对应变量的设置后，即可通过地址匹配实现PLC变量与PQFactory软件环境中变量的匹配。

依次选择功能栏中的“虚拟调试”“地址匹配”

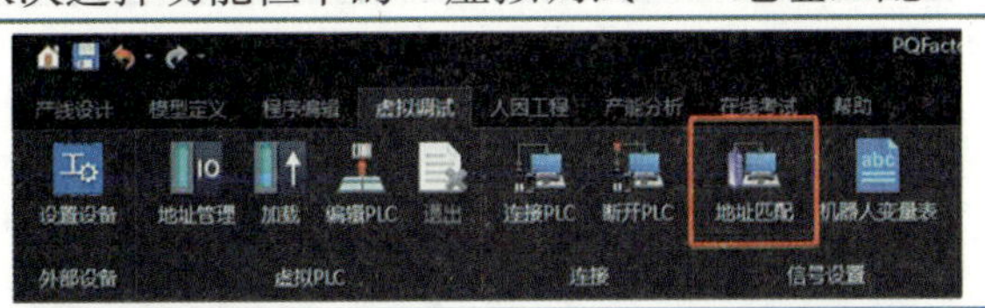

②增加地址匹配后，输入变量的相关信息，如下图所示。注意：PLC地址为PLC工程文件中对应的信号地址，此处为M3.0

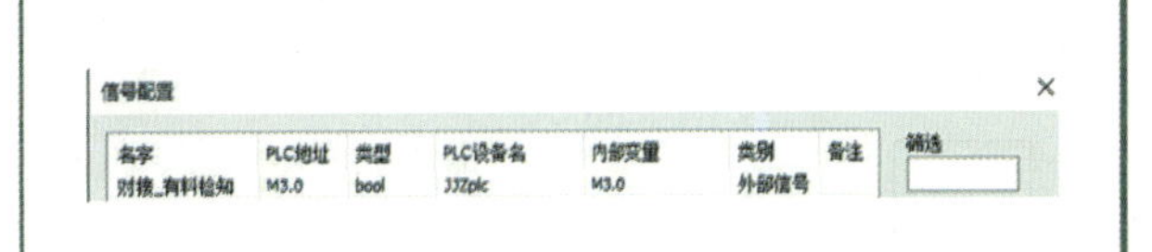
信号配置

名字	PLC地址	类型	PLC设备名	内部变量	类别	备注
对接_有料检知	M3.0	bool	33Zplc	M3.0	外部信号	

筛选

<table>
<tr><th colspan="2">任务活动 3: 虚拟传感器功能验证</th></tr>
<tr><td colspan="2">此处使用PQFactory软件的虚拟PLC实施传感器功能的验证，完成以上功能验证后，进行虚拟调试时，可以通过真机PLC进行通信验证等操作</td></tr>
<tr><td>①将半成品仓储托盘放置到上料机构处，并使半成品AGV送料气缸抓取半成品托盘</td><td>③选择虚拟PLC进行传感器功能的验证</td></tr>
<tr><td>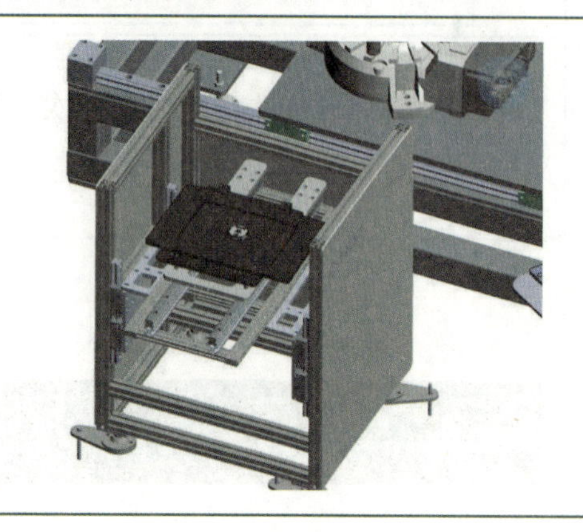</td><td>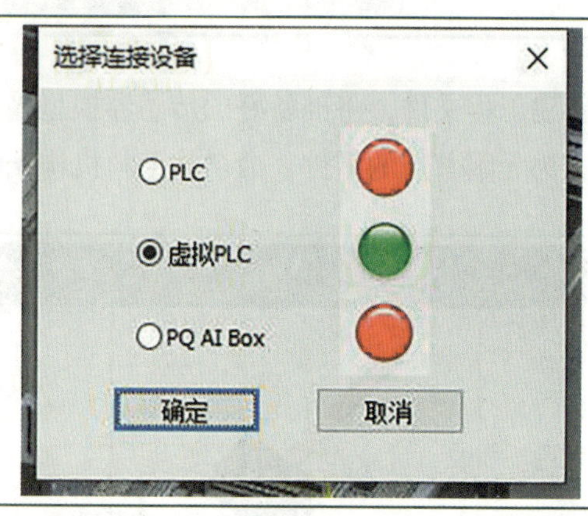
</td></tr>
<tr><td>②依次选择功能栏中的“虚拟调试”“连接PLC”</td><td>④选择“虚拟调试”中的启动，进行基于虚拟PLC的虚拟调试，验证传感器的功能</td></tr>
<tr><td>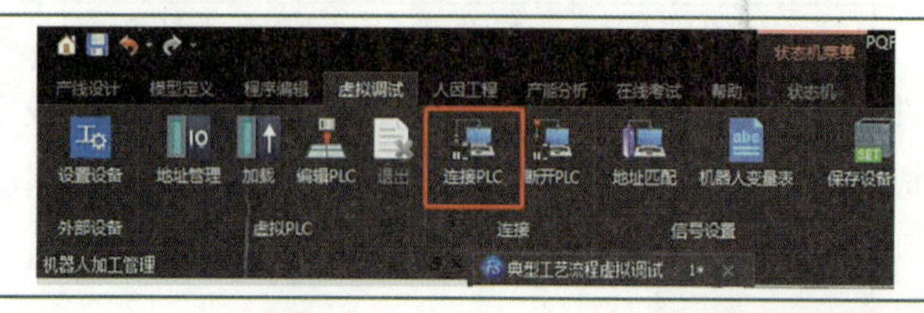
</td><td>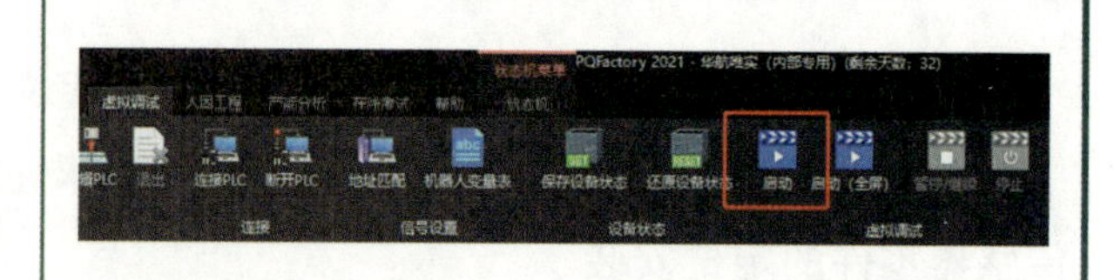</td></tr>
<tr><td colspan="2">⑤此时，传感器若设置正确，则可以检测到半成品仓储托盘，同时托盘显示为红色（被检测状态）</td></tr>
<tr><td colspan="2">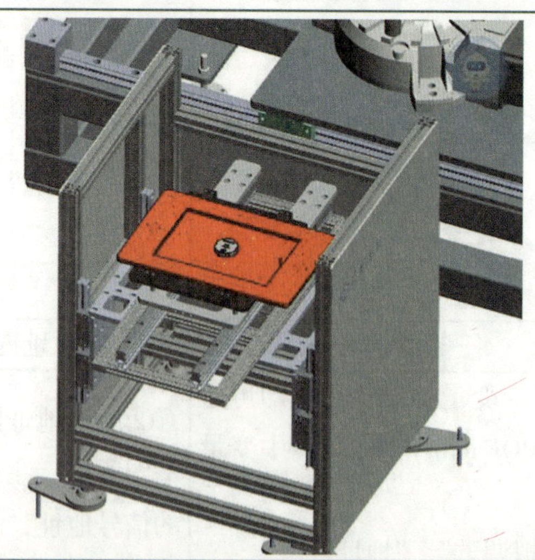</td></tr>
</table>

任务页 2——IOServer 信号的创建

IOServer 信号的创建

任务准备	IOServer软件	教学模式	理实一体	建议学时	4

任务引入

虚拟生产线中，上料机构装有能检测是否有托盘的光电传感器，为了实现传感器信号的虚拟调试，不仅需要PQFactory软件中进行传感器的建立及信号匹配（M3.0），还需要在IOServer软件中添加通信设备（PLC）并建立相关传感器变量。

PLC工程文件中，对应光电传感器信号的地址如图5-20所示，PLC的IP地址如图5-21所示。

	名称	数据类型	地址	保持	从 H...	从 H...	在 H...	注释
1	对接_气缸上升	Bool	%M12.2	☐	☑	☑	☑	
2	对接_气缸下降	Bool	%M12.3	☐	☑	☑	☑	
3	对接_气缸推出	Bool	%M12.4	☐	☑	☑	☑	
4	对接_有料检知	Bool	%M3.0	☐	☑	☑	☑	
5	对接_气缸上升位	Bool	%M2.0	☐	☑	☑	☑	
6	对接_气缸下降位	Bool	%M2.1	☐	☑	☑	☑	
7	对接_气缸推出位	Bool	%M2.2	☐	☑	☑	☑	
8	对接_气缸缩回位	Bool	%M2.3	☐	☑	☑	☑	
9	启动	Bool	%I0.0	☐	☑	☑	☑	
10	对接流程步骤	Int	%MW1	☐	☑	☑	☑	
11	<新增>			☐	☑	☑	☑	

图 5-20　PLC 工程文件中的传感器信号的地址

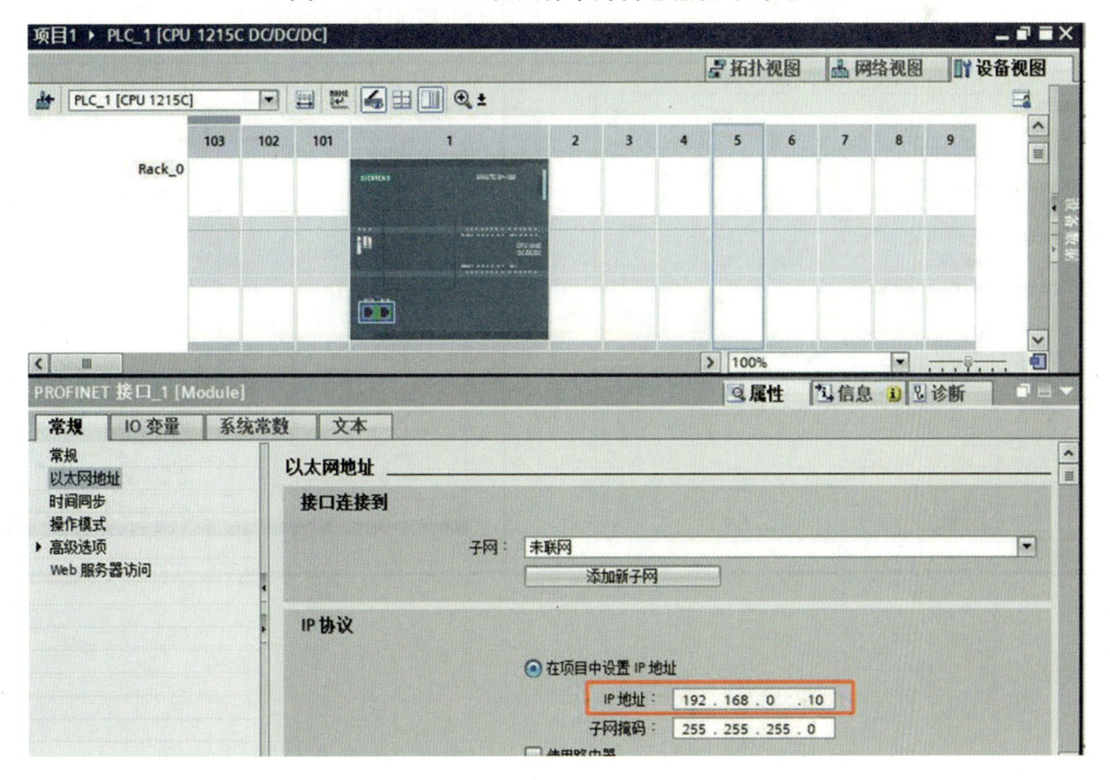

图 5-21　PLC 的 IP 地址

<table>
<tr><th colspan="2">任务实施</th></tr>
<tr><th colspan="2">任务活动 1: 控制设备添加</th></tr>
<tr><td>①打开“IOServer”软件</td><td>③在管理树中，鼠标右键选择“设备”，在其菜单栏中选择“新建设备”。
提示：也可以在窗口上方直接单击“新建”按钮以新建控制设备</td></tr>
<tr><td>
</td><td>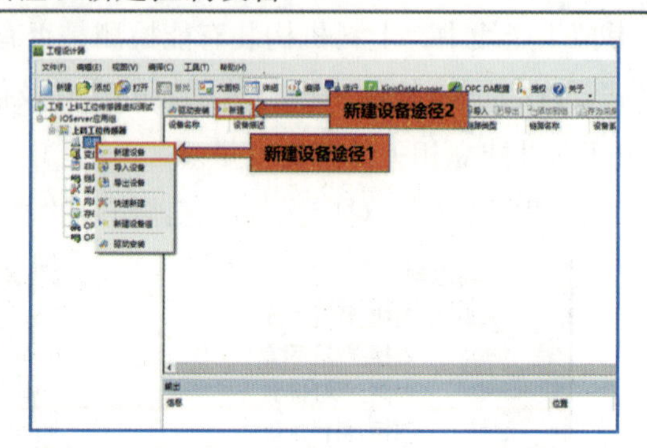
</td></tr>
<tr><td>②新建一个工程文件，分别输入工程名称、应用名称以及文件的应用（存储）路径</td><td>④输入设备名称“JJZplc”，此处建议与PLC工程文件中设备名称一致，且要求与PQFactory添加的设备名称一致。
然后选择虚拟调试项目使用的PLC控制器，此处为西门子设备S7–1200系列，因此选择图示S71200Tcp设备类型</td></tr>
<tr><td>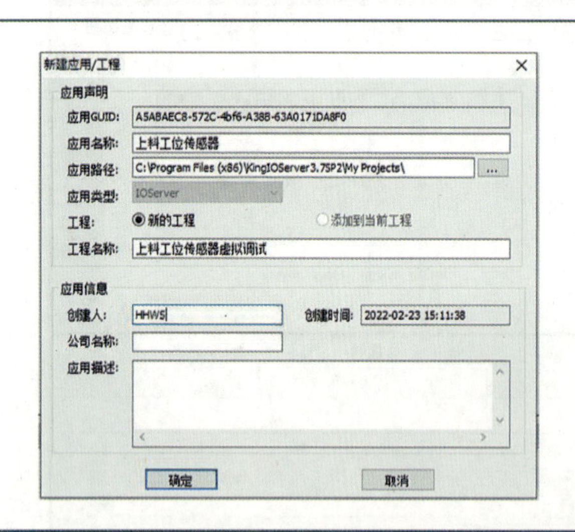
</td><td>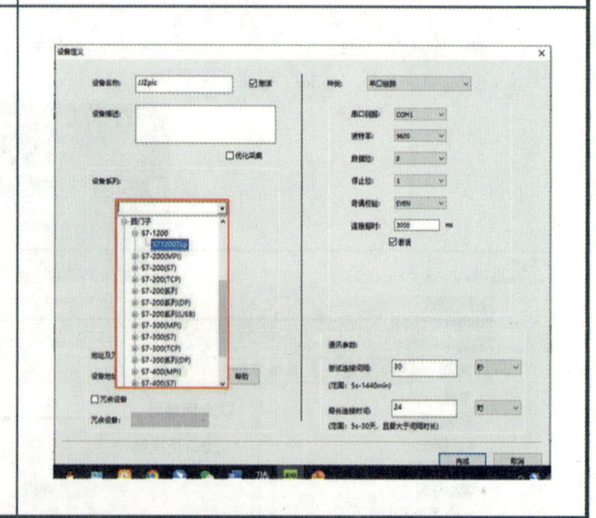
</td></tr>
</table>

<table>
<tr>
<td>⑤输入JJZplc的地址，并在英文输入法下输入“:1”。
提示：此处地址与实际PLC的设备必须一致</td>
<td>⑥选择合适的连接种类。连接种类取决于当前控制设备与PC的连接方式，具体如下：
串口链路：USB连接；
以太网链路：以太网连接。
网络链路的IP地址只需要与PLC设备处于同一子网中即可，也可以与设备处于同一IP地址</td>
</tr>
<tr>
<td>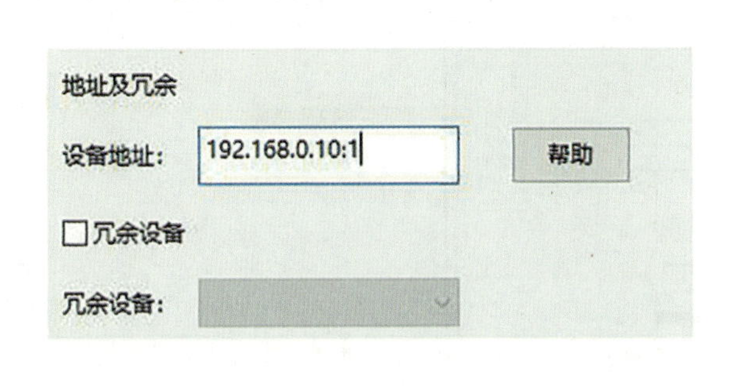
</td>
<td>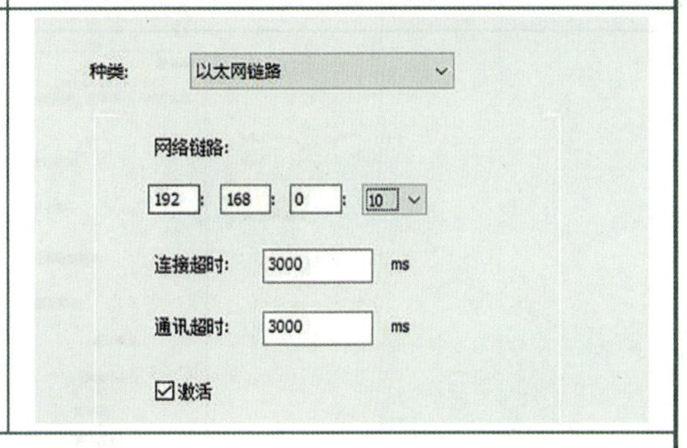
</td>
</tr>
<tr>
<td colspan="2">⑦单击“完成”，设备定义完成。下图所示为完成添加的设备</td>
</tr>
<tr>
<td colspan="2">
</td>
</tr>
<tr>
<td colspan="2">任务活动 2: 变量添加及分组</td>
</tr>
<tr>
<td>①在管理树中，鼠标右键选择“变量”，在其菜单栏中选择“新建变量”。
提示：也可以在窗口上方直接单击“新建”按钮为控制设备新建对应变量</td>
<td>②在基本属性选项中输入变量名，变量类型选择IODisc。
提示：单一点位的IO数据选择“IODisc”，Real型数据则选择“IOFloat”</td>
</tr>
<tr>
<td>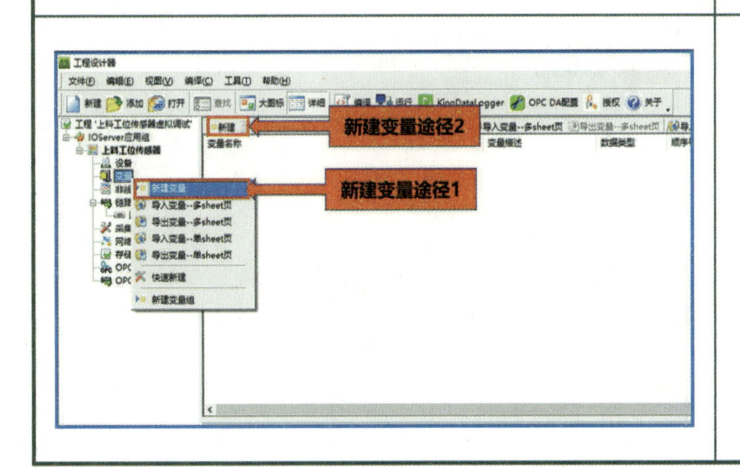
</td>
<td>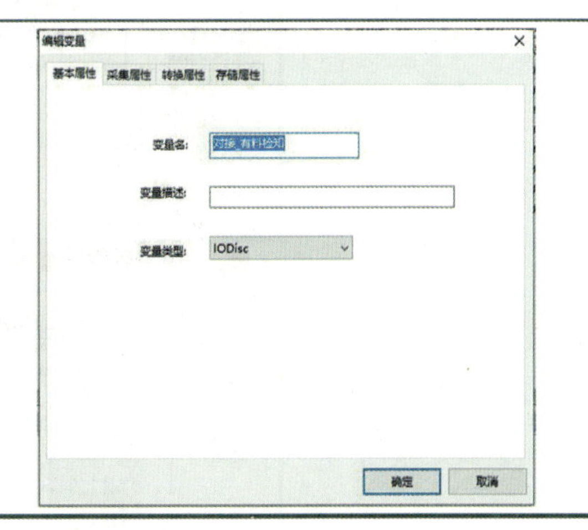
</td>
</tr>
</table>

③接下来设置“采集属性”。

关联设备：在其下拉菜单中选择变量所在的PLC设备；

寄存器：一定要在其下拉菜单中选择相应的寄存类型，不可手动输入字母“M”“I”“Q”或“DB”

④在采集属性栏中，输入最终的寄存器地址（信号所在控制器地址）I3.0，采集数据类型选择“BIT”，采集频率可以设置为0.2 s。

为便于对数据进行控制，设置该数据类型为“读写”，也可根据变量的应用特点设置其读写类型

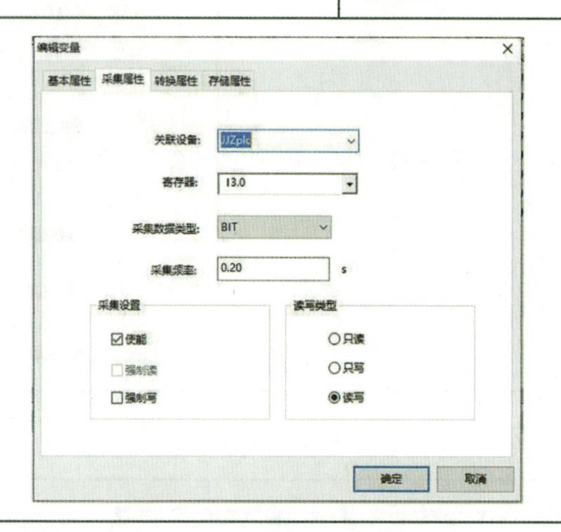

⑤完成变量设置后，选择“确定”，下图所示为完成添加的变量

变量名称	变量描述	数据类型	顺序号	设备名称	寄存器地址	工程单位	访问方式
上料机构光电传感器		IODisc	5001	JJZplc	I3.0		读写

⑥为便于多个变量的管理，可以新建变量组来对变量进行划分。具体操作为：在管理树中右键选中变量，在菜单中选择新建变量组，输入变量组的名称；右键选择需要添加至变量组的变量，选择添加到组，然后选择变量组，完成变量的分组。

设计人员可以按照需求对变量进行划分。选择一个或多个变量，将其添加目标变量组别

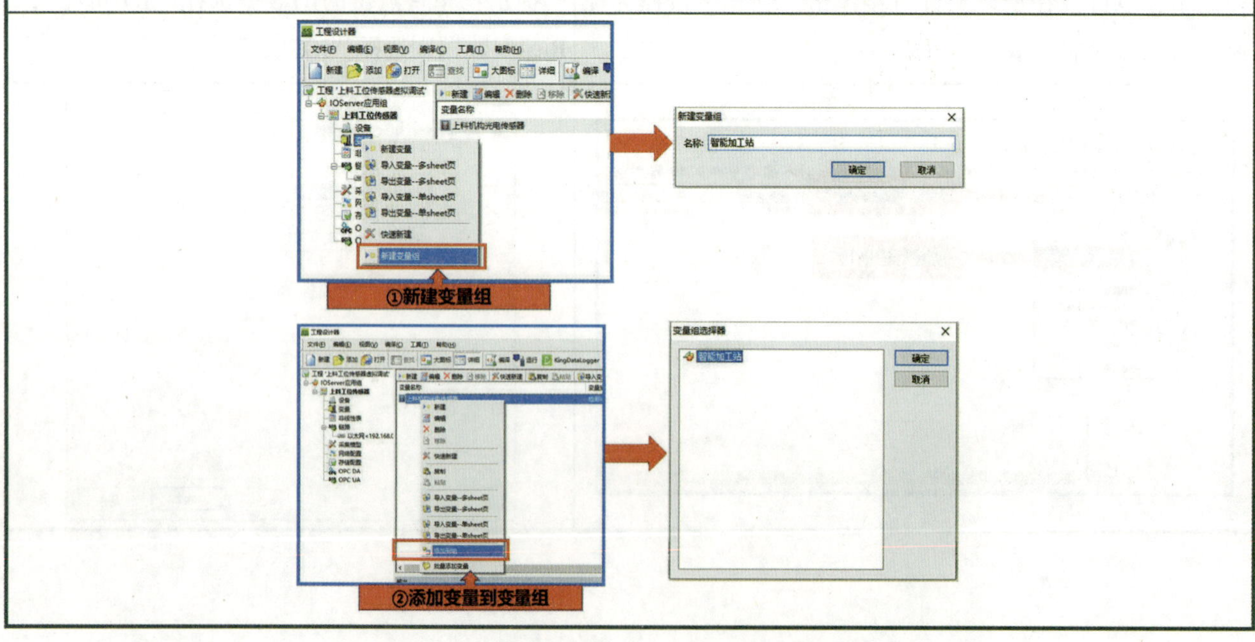

【任务评价】

任务	配分	评分标准	自评	教师评价
信号创建及关联	10	1.掌握PQFactory虚拟调试原理，不符合条件扣10分		
	10	2.明确使用PQFactory虚拟调试时需要进行的工作内容，不符合条件扣10分		
	10	3.能够根据案例要求完成传感器零件制作，不符合条件扣10分		
	20	4.能够根据案例要求完成传感器设置，不符合条件扣20分		
	20	5.能够完成传感器功能验证，不符合条件扣20分		
	30	6.能够正确在IOServer软件中配置信号变量，进行地址匹配，不符合条件扣30分		

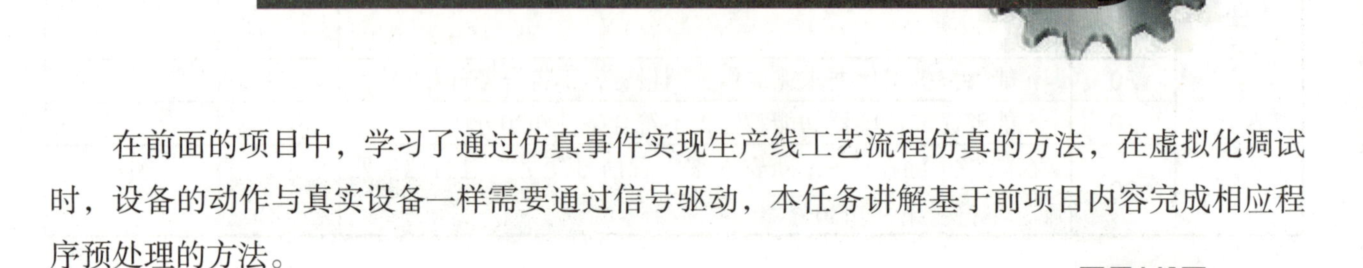

任务 5.3 程序预处理

在前面的项目中，学习了通过仿真事件实现生产线工艺流程仿真的方法，在虚拟化调试时，设备的动作与真实设备一样需要通过信号驱动，本任务讲解基于前项目内容完成相应程序预处理的方法。

知识学习——事件管理

自定义事件及仿真事件的管理

在前面的任务中，已经学习了在 PQFactory 软件中进行传感器相关信号创建以及关联的方法，为了实现数字孪生设备的案例动作，还需要对事件管理进行设置。需要注意的是，完成事件管理的定义后，均需要进行任务 5.2 中信号的匹配流程，以实现虚拟设备与真实 PLC 的信息交互。

1. 定义状态机变量

在真实的生产线中，PLC 设备通常作为总体控制的设备，通过 PLC 实现对整体生产线的控制和状态监控。进行虚拟调试时，同样状态机设备的状态切换通过 PLC 进行控制，状态反馈信息传输给 PLC 设备。通过前面的内容，我们知道自定义事件是通过状态机实现的，状态机的设置方法在前面的项目中已经学习过，为了实现虚拟调试，此处我们需要对状态机变量进行定义，定义切换状态的信号以及状态反馈信号。

在 PQFactory 软件的机器人加工管理树中，右键选择需要进行状态机变量设置的状态机（图 5-22），在右键菜单中选择“定义状态机变量”即可进入对应的设置界面，如图 5-23 所示。

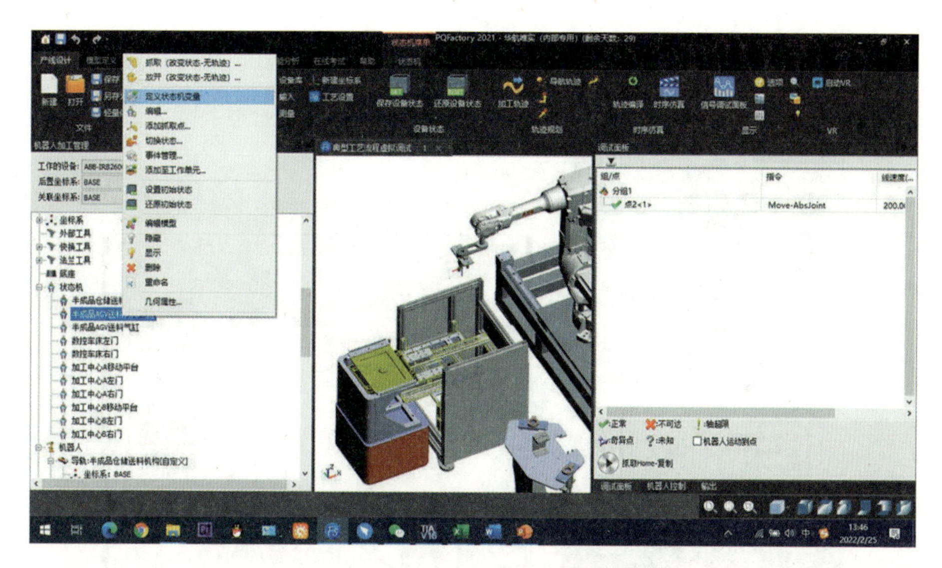

图 5-22　进入定义状态机变量功能方式

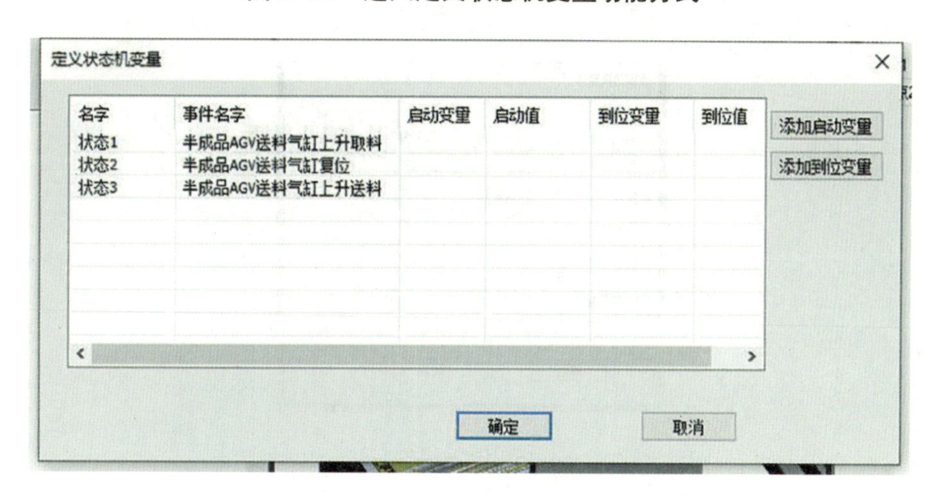

图 5-23　“定义状态机变量”界面

在“定义状态机变量”界面中，可以看到状态机的现有状态，可以为其设置状态机状态的启动变量、到位变量，以及启动值和到位置。启动变量即为对应的信号地址，当信号值为启动值时，状态机将切换至对应的状态；当状态机切换至对应的状态时，到位变量将变为对应的到位值。

2. 事件管理

在 PQFactory 软件中，进行数字孪生设备案例流程的制作时，需要仿真事件实现信号驱动动作的目的。

时间管理的添加方式，与前面内容中学习过的添加仿真事件方式类似，区别在于还需要设置关联端口及端口值，如图 5-24 所示。

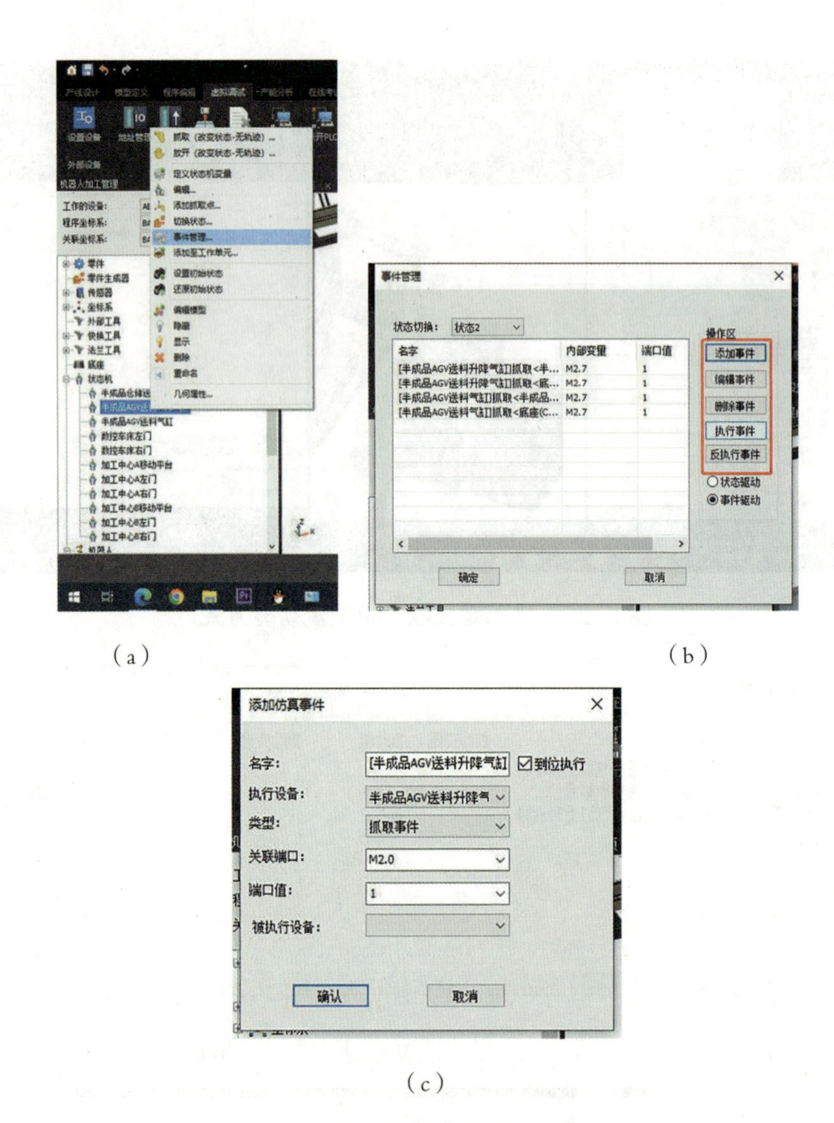

（a） （b）

（c）

图 5-24 设置仿真事件关联端口及端口值

（a）右键菜单中选择“事件管理”；（b）“事件管理”界面；（c）“添加仿真事件”界面

3. 工业机器人变量表添加及端口值设置

进行虚拟调试时，如果工业机器人也参与其中，则需要为其定义变量表，在对应的仿真事件中添加端口值，添加端口值的方法与其他仿真事件的方法一致，此处讲解添加变量表的方法。

在软件的“虚拟调试”功能栏中，选择“机器人变量表”（图 5-25）即可进入对应的设置界面。

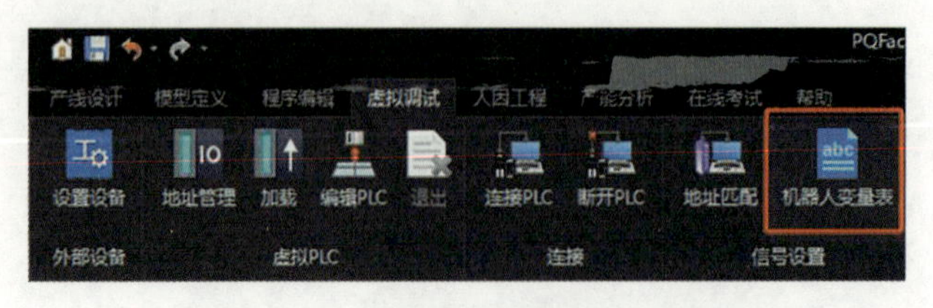

图 5-25 “机器人变量表”功能栏

机器人“变量管理”界面如图 5–26 所示，可以进行变量的定义、编辑、删除、读取和保存等操作，选择“定义变量”即可进入对应的设置界面，进行机器人变量的定义，如图 5–27 所示。

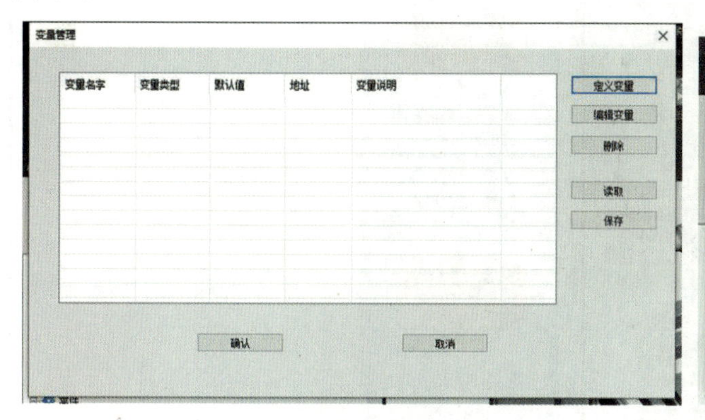

图 5–26　机器人变量管理界面

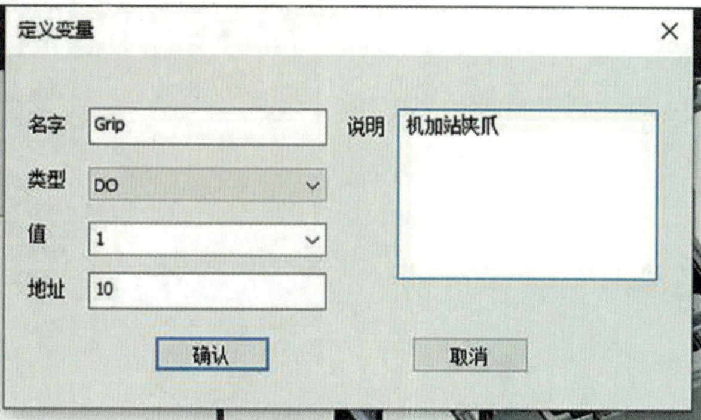

图 5–27　变量定义示例

完成定义的变量示例如图 5–28 所示。

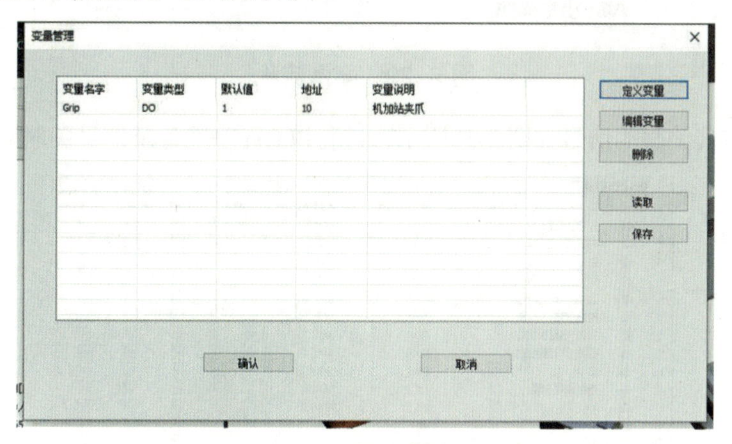

图 5–28　完成定义的变量示例

任务页 1——典型工艺流程程序预处理

典型工艺流程程序预处理

任务准备	PQFactory软件	教学模式	理实一体	建议学时	4

任务引入

任务基于前面已经完成搭建的虚拟生产线进行。

进行典型工艺流程虚拟调试前，需要对案例中的程序进行预处理，包含轨迹的创建、事件管理的添加、信号的创建和匹配，以及程序的同步。

现在需要完成图5–29所示案例流程程序的准备、相关信号的创建和匹配，为后续案例流程的虚拟调试做准备。需要注意的是，由于工业机器人程序只能是英文，所以进行工业机器人轨迹编辑前需要将相关的工具修改为英文显示状态（工具处于未安装状态时才可以设置）。

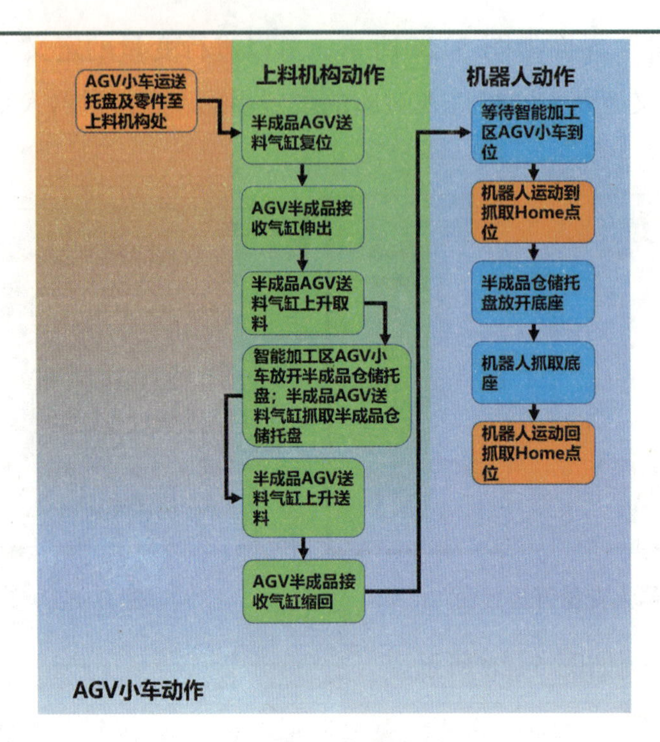

图 5-29　案例流程

其中，PLC程序中与其关联的信号如图5-30所示，进行PLC程序准备及信号关联时需要使用。

默认变量表

	名称	数据类型	地址	保持	从 H...	从 H...	在 H...
1	对接_气缸上升	Bool	%M12.2	☐	☑	☑	☑
2	对接_气缸下降	Bool	%M12.3	☐	☑	☑	☑
3	对接_气缸推出	Bool	%M12.4	☐	☑	☑	☑
4	对接_有料检知	Bool	%M3.0	☐	☑	☑	☑
5	对接_气缸上升位	Bool	%M2.0	☐	☑	☑	☑
6	对接_气缸下降位	Bool	%M2.1	☐	☑	☑	☑
7	对接_气缸推出位	Bool	%M2.2	☐	☑	☑	☑
8	对接_气缸缩回位	Bool	%M2.3	☐	☑	☑	☑
9	启动	Bool	%I0.0	☐	☑	☑	☑
10	对接流程步骤	Int	%MW1	☐	☑	☑	☑
11	Tag_1	Int	%MW10	☐	☑	☑	☑
12	Tag_2	Int	%MW15	☐	☑	☑	☑
13	Tag_3	Bool	%M1.4	☐	☑	☑	☑
14	Tag_4	Bool	%M12.1	☐	☑	☑	☑
15	Tag_5	Bool	%M2.7	☐	☑	☑	☑
16	<新增>			☐	☑	☑	☑

图 5-30　典型工艺流程 PLC 信号

在PQFactory软件中，进行信号匹配以及事件管理时使用的信号变量如图5-31所示。

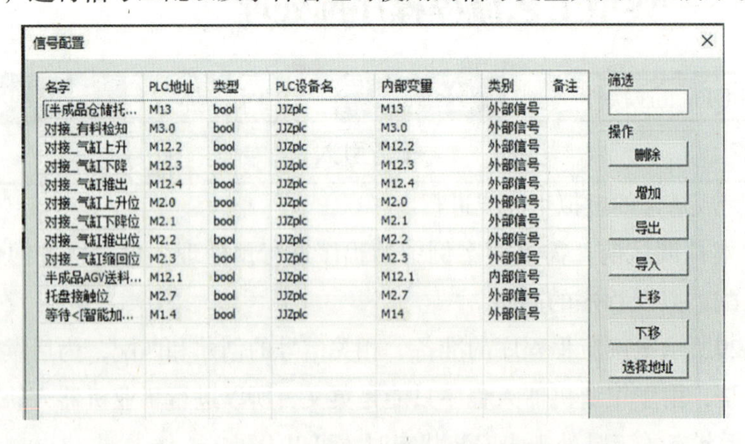

信号配置

名字	PLC地址	类型	PLC设备名	内部变量	类别	备注
[半成品仓储托...	M13	bool	JJZplc	M13	外部信号	
对接_有料检知	M3.0	bool	JJZplc	M3.0	外部信号	
对接_气缸上升	M12.2	bool	JJZplc	M12.2	外部信号	
对接_气缸下降	M12.3	bool	JJZplc	M12.3	外部信号	
对接_气缸推出	M12.4	bool	JJZplc	M12.4	外部信号	
对接_气缸上升位	M2.0	bool	JJZplc	M2.0	外部信号	
对接_气缸下降位	M2.1	bool	JJZplc	M2.1	外部信号	
对接_气缸推出位	M2.2	bool	JJZplc	M2.2	外部信号	
对接_气缸缩回位	M2.3	bool	JJZplc	M2.3	外部信号	
半成品AGV送料...	M12.1	bool	JJZplc	M12.1	内部信号	
托盘接触位	M2.7	bool	JJZplc	M2.7	外部信号	
等待<[智能加...	M1.4	bool	JJZplc	M14	外部信号	

筛选
操作
删除
增加
导出
导入
上移
下移
选择地址

图 5-31　典型工艺流程 PQFactory 软件中信号

在PQFactory软件中，需要进行配置的机器人变量如图5-32所示。

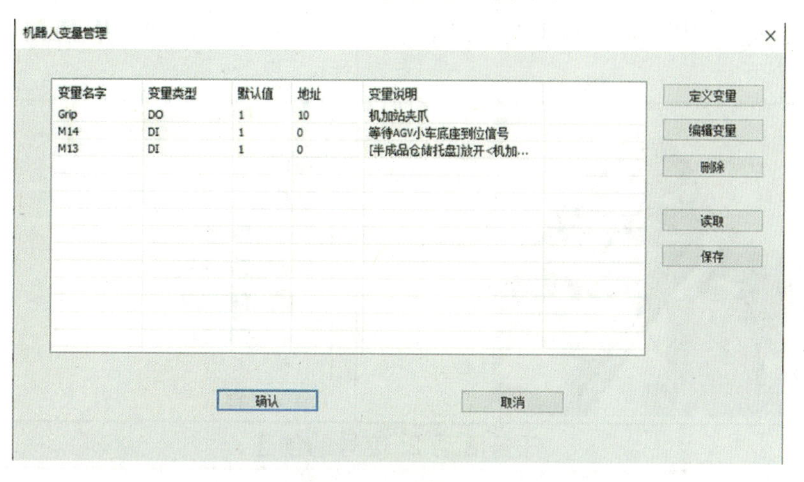

图 5-32　典型工艺流程 PQFactory 软件中机器人变量

任务实施

任务活动 1: 机器人轨迹准备

①打开在前序流程中完成搭建的虚拟生产线工程文件，在AGV小车处放置装有底座零件的半成品仓储托盘。即初始状态下半成品仓储托盘处于抓取底座零件状态，AGV小车处于抓取半成品仓储托盘状态

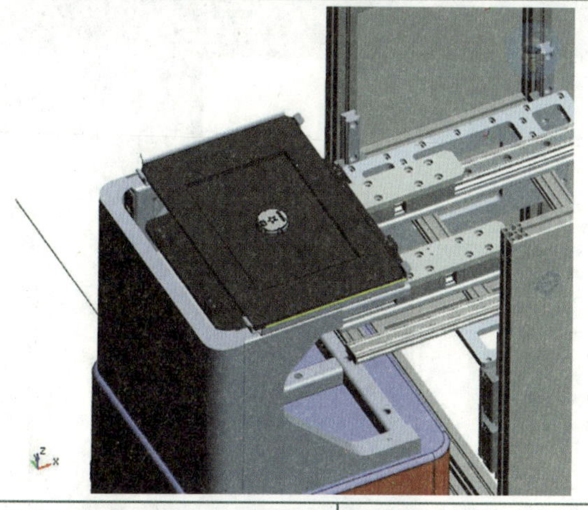

②在ABB-IRB2600-20-165处添加下图所示抓取Home轨迹点位	③在抓取Home轨迹点位处添加下图所示仿真事件
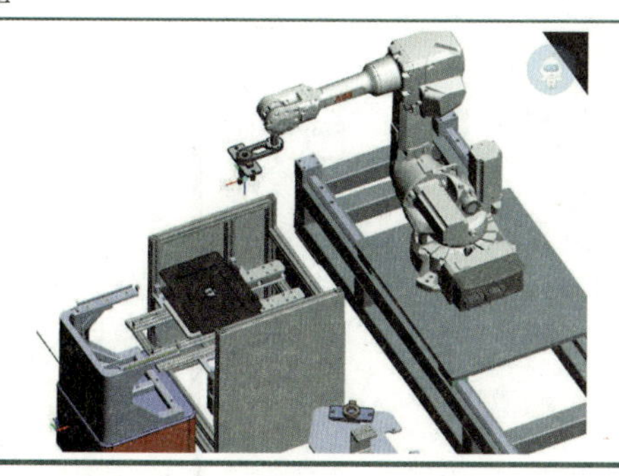	见下表

组/点	指令
分组1	
等待	等待<[智能加工区AG\
点1<1>	Move-AbsJoint
[半成品仓储托盘]放开	[半成品仓储托盘]放开

④在下图所示点位处添加抓取事件，然后通过复制轨迹方式实现工业机器人完成抓取底座后重新返回至抓取Home轨迹点位

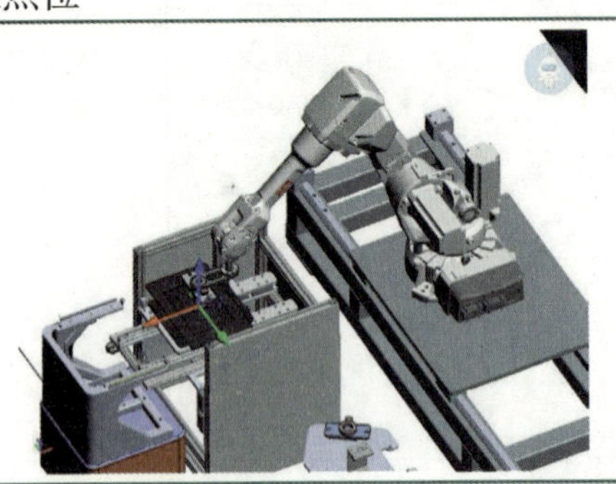

⑤以上步骤的事件信息如下图所示

组/点	指令
分组1	
点1<1>	Move-Line
点2<2>	Move-Line
抓取底座	Grip
点3<3>	Move-Line

任务活动 2: 信号的创建

（1）状态机信号的添加

①在机器人加工管理面板中右键选择案例所需设置的“半成品AGV送料升降气缸”，在菜单中选择“定义状态机变量”

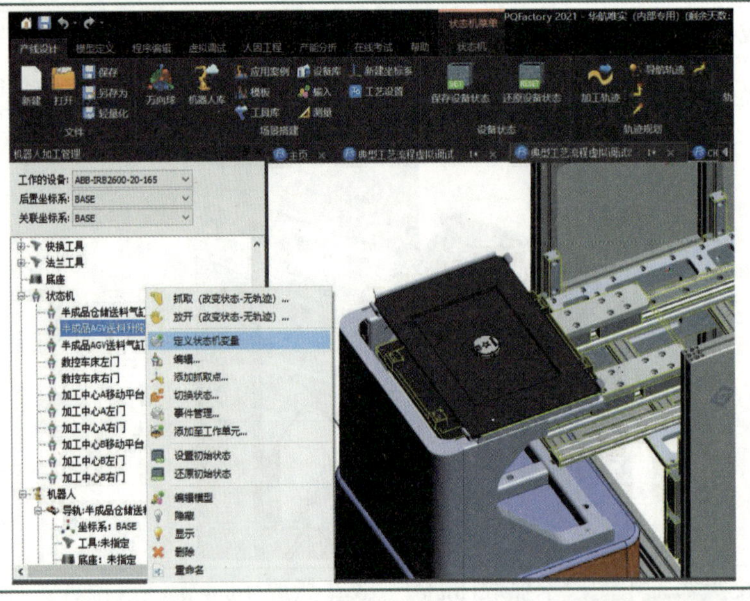

典型工艺流程程序信号测试

②按案例需要，定义图示半成品AGV送料升降气缸状态机的变量信息

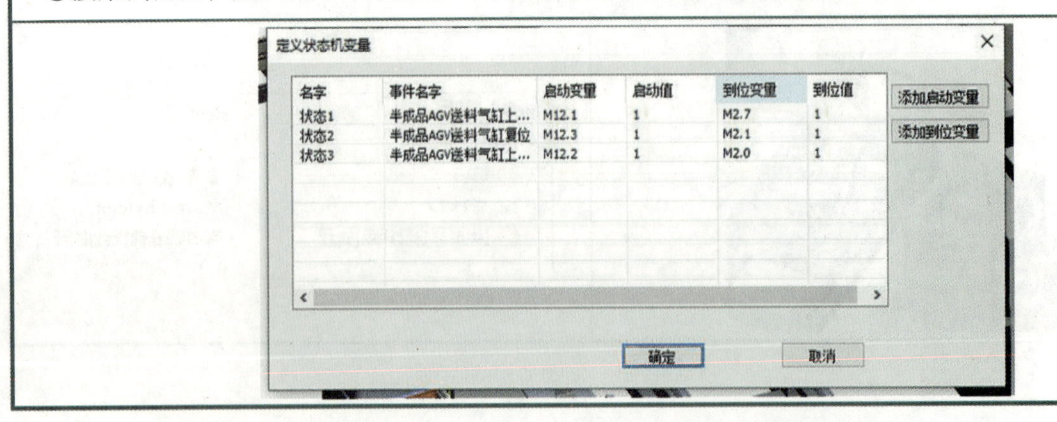

定义状态机变量

名字	事件名字	启动变量	启动值	到位变量	到位值
状态1	半成品AGV送料气缸上...	M12.1	1	M2.7	1
状态2	半成品AGV送料气缸复位	M12.3	1	M2.1	1
状态3	半成品AGV送料气缸上...	M12.2	1	M2.0	1

添加启动变量　添加到位变量

确定　取消

③按照案例需要定义图示半成品AGV送料气缸状态机的变量信息

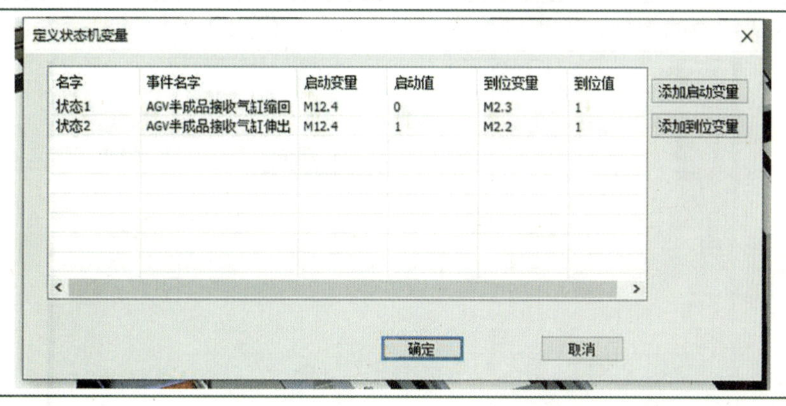

（2）状态机事件管理

①半成品AGV送料升降气缸状态机状态1处，设置下图所示事件管理事项

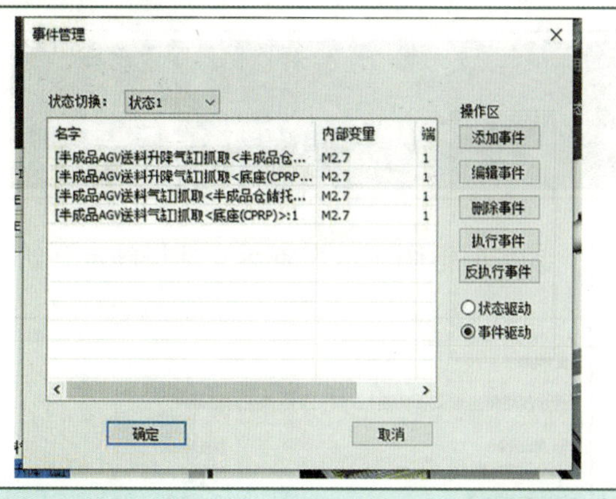

②在半成品AGV送料气缸状态机状态2处，设置下图所示事件管理事项

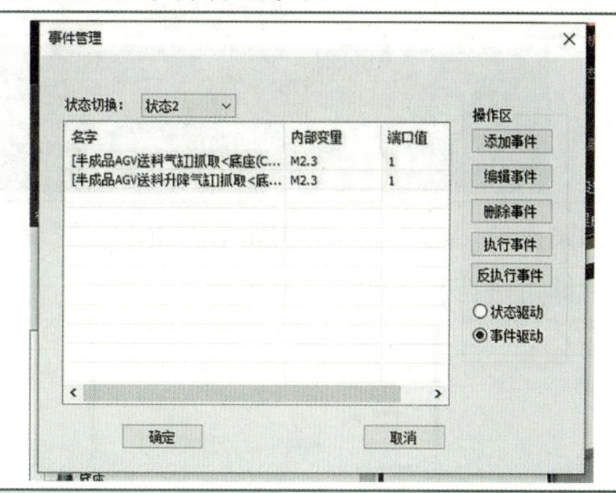

任务活动3：信号匹配

（1）PQFactory软件中信号的匹配

①依次选择“虚拟调试”“地址匹配”进入地址匹配界面

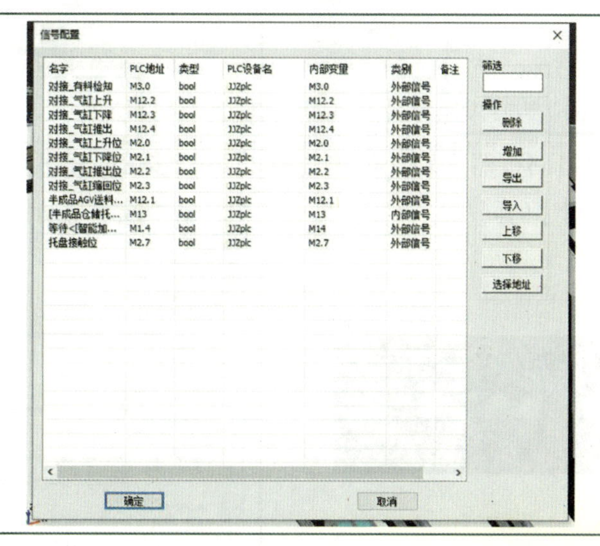

②根据案例要求，添加图示的信号地址匹配

任务活动 4:PQFactory 软件中机器人程序处理

①首先进行机器人变量表的添加，实现进行程序同步后自动生成相关信号的指令行

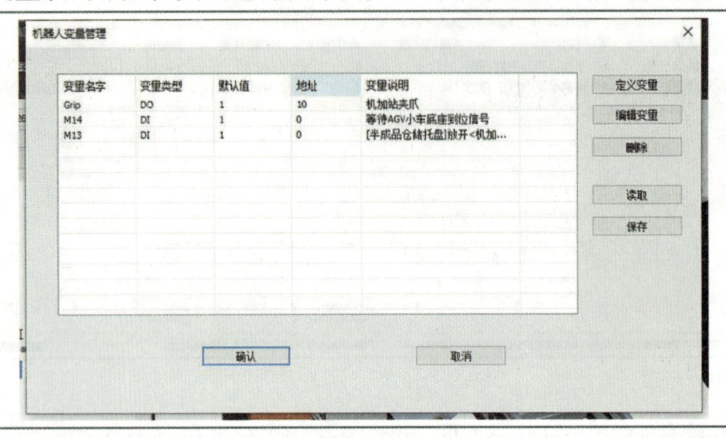

②进行工业机器人轨迹生成前，可以在选中机器人轨迹的前提下，在“轨迹多选”“其他”功能栏的属性中进行程序生成相关属性的设置

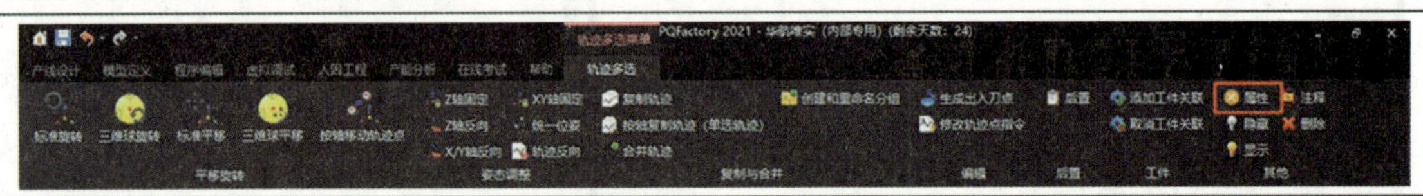

③案例使用的工具及TCP如下图所示，完成自定义设置后即可进行程序的同步和编辑

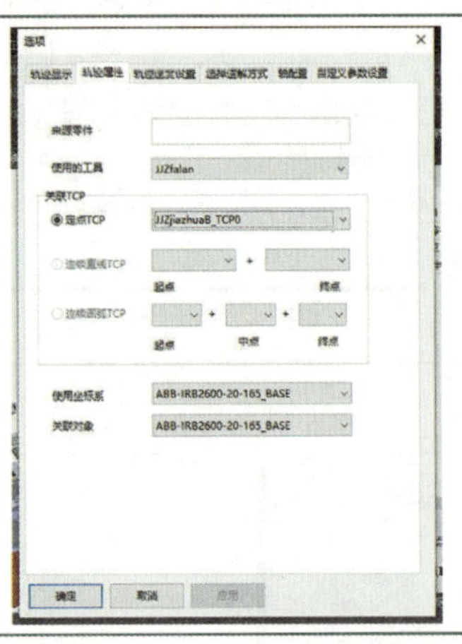

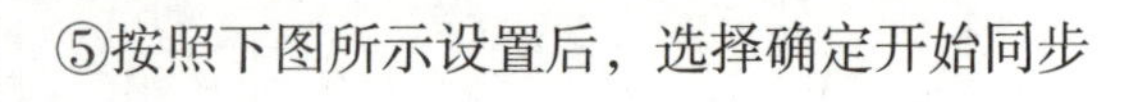

⑤按照下图所示设置后，选择确定开始同步

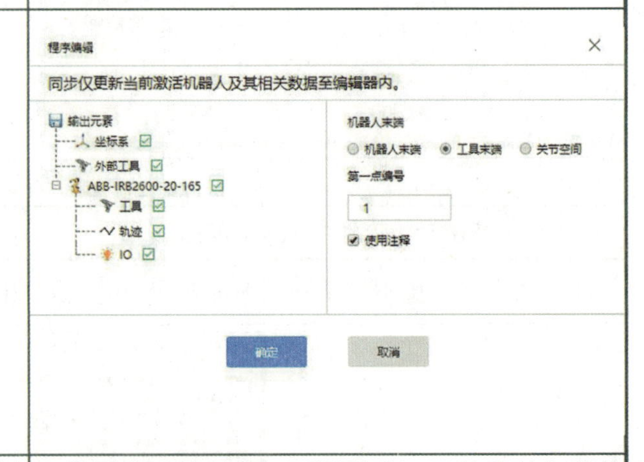

④选中ABB-IRB2600-20-165机器人后，依次选择“程序编辑”“同步”进行程序的同步

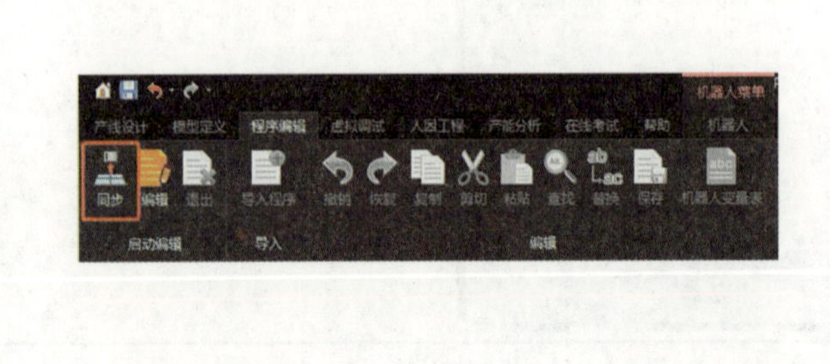

⑥同步后的程序如下图所示，可以看到在程序中自动生成了与动作匹配的指令行

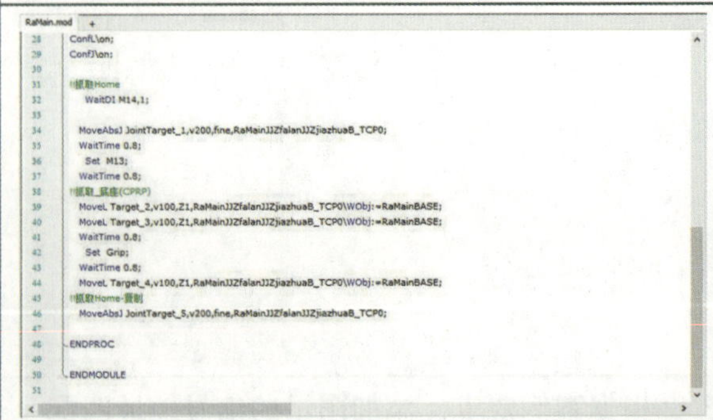

⑦依次选择“轨迹多选菜单”中的“语法检查”可以检查当前程序，如有问题则可以进行编辑修改，再重新进行语法检查	⑧如程序检查无误，则显示“输出”
	输出 [18:36:35] 检查开始 [18:36:35] 检查结束
⑨然后选择退出，并保存程序即可	

【任务评价】

任务	配分	评分标准	自评	教师评价
程序预处理	15	1.掌握定义状态机变量的方法，不符合条件扣15分		
	15	2.掌握PQFactory中进行事件管理的方法，不符合条件扣15分		
	30	3.掌握工业机器人变量表添加及端口值设置方法，不符合条件扣30分		
	20	4.能够根据案例要求完成典型工艺流程程序准备，不符合条件扣20分		
	20	5.能够根据案例要求完成典型工艺流程信号的创建和匹配，不符合条件扣20分		

任务 5.4 典型工艺流程虚拟化调试

在前面的内容中已经学习了虚拟化调试所需要准备工作的实施方法，本任务基于前序内容介绍实施虚拟化调试的方法。

典型工艺流程虚拟化调试前期准备

知识学习——虚拟化调试实施流程准备工作

完成虚拟调试的前期准备工作（具体的操作包含 PLC 程序的下载、项目的打开）后，即可进行虚拟调试流程。

1.PLC 程序下载

PLC 调试在博途软件中进行。完成 PLC 设备与装载有博途软件 PC 的硬件通信连接后，设置 PC 的 IP 地址，使其与 PLC 设备处于同一网段且地址不重复，然后从 PC 将 PLC 程序下载至 PLC 设备中。

然后启动 PLC，PLC 设置完成。

提示：可以将 PLC 调试设为在线监视状态，以确认 PC 与 PLC 处于连接状态，并可在博途软件中实时监测相关变量的实际运行状态，如图 5-33 所示。

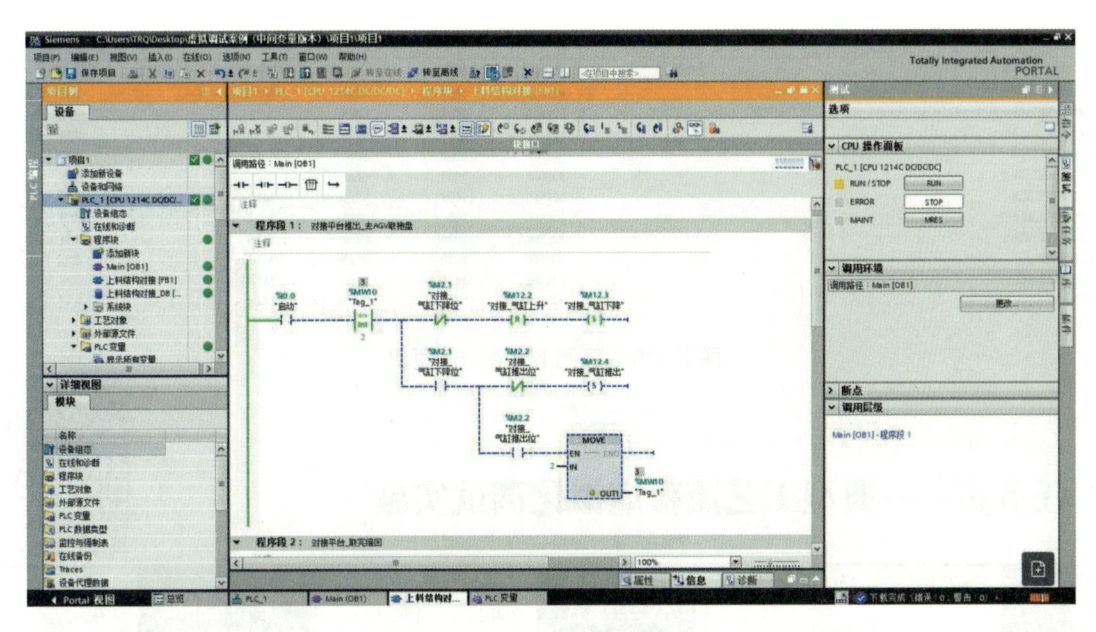

图 5-33　启用监视

2. 打开 PQFactory 项目

打开在任务 5.2 完成的工程文件，并在“虚拟调试”“设置设备”功能栏中完成对应的 PLC 设备添加操作，如图 5-34 所示。然后选择“连接 PLC”，完成相关设置。

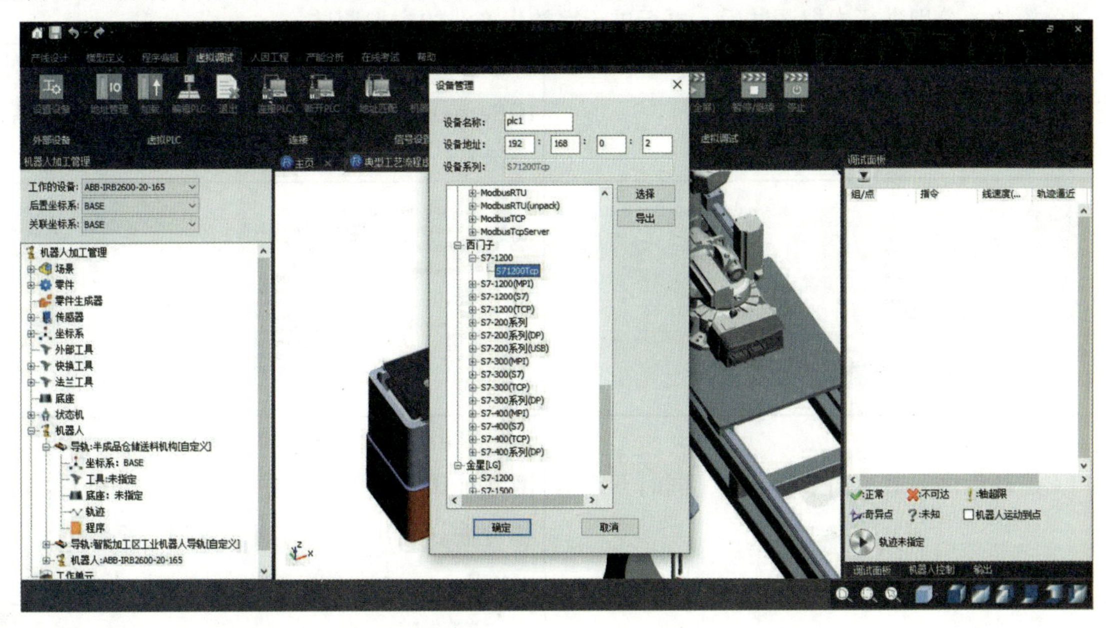

图 5-34　PQFactory 项目

3. 打开 IOServer 项目

打开案例对应的 IOServer 项目，如图 5-35 所示，确认与 PLC、PQFactory 项目中交互的变量信息是否一致。

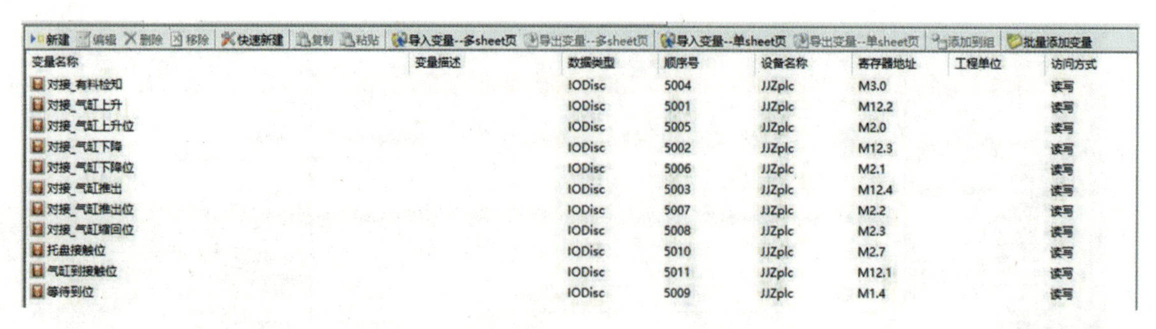

变量名称	变量描述	数据类型	顺序号	设备名称	寄存器地址	工程单位	访问方式
对接_有料检知		IODisc	5004	JJZplc	M3.0		读写
对接_气缸上升		IODisc	5001	JJZplc	M12.2		读写
对接_气缸上升位		IODisc	5005	JJZplc	M2.0		读写
对接_气缸下降		IODisc	5002	JJZplc	M12.3		读写
对接_气缸下降位		IODisc	5006	JJZplc	M2.1		读写
对接_气缸推出		IODisc	5003	JJZplc	M12.4		读写
对接_气缸推出位		IODisc	5007	JJZplc	M2.2		读写
对接_气缸缩回位		IODisc	5008	JJZplc	M2.3		读写
托盘接触位		IODisc	5010	JJZplc	M2.7		读写
气缸到接触位		IODisc	5011	JJZplc	M12.1		读写
等待到位		IODisc	5009	JJZplc	M1.4		读写

图 5-35　案例 IOServer 项目

典型工艺流程虚拟化调试实施

任务页——典型工艺流程虚拟化调试实施

任务准备	PQFactory软件、博途软件、IOServer	教学模式	理实一体	建议学时	4

任务引入

在前面的任务中，学习了进行虚拟调试实施前的准备工作实施方法，包含前期的信号创建以及关联方法，程序的预处理方法，在本任务中将综合使用前面学习过的内容，实施虚拟调试进程，验证PLC控制程序、工业机器人程序以及实际工艺流程的合理性，为真机调试提供技术支持。

案例流程即为任务5.3中流程，参照案例中的方法，可以完成生产线的虚拟调试。

建议划分模块，分别进行虚拟调试后，再行进行完整生产线的虚拟调试

①查看PLC设备地址	③参照任务5.2中的方法，建立案例对应的IOServer工程文件及信号，打开工程文件后单击“运行”按钮，运行当前的工程应用文件
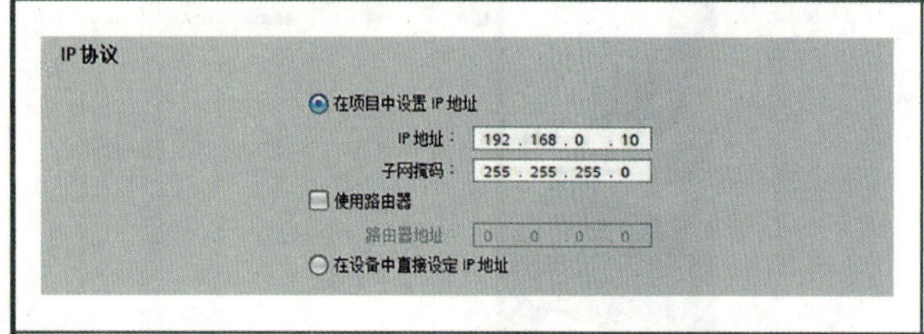	
②将PLC控制程序下载至PLC设备中，同时开启监视状态	④单击“启动”，开始对PQFactory和指定以太网地址设备（PLC）中运行的数据进行实时采集和传输。当出现“周期读成功”字样时，表示当前IOServer运行正常
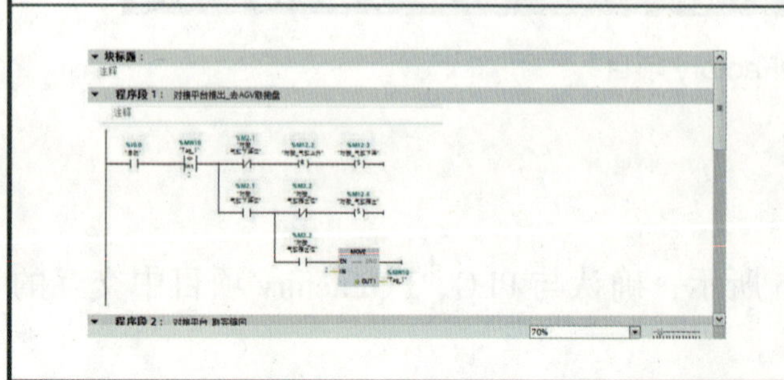	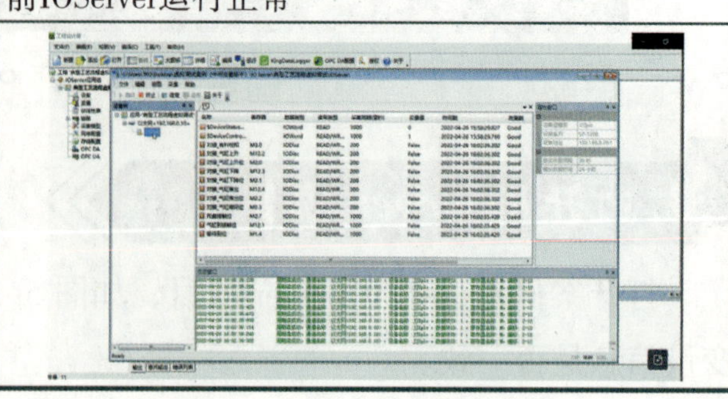

<table>
<tr>
<td>⑤打开案例PQFactory工程文件，设置其设备，然后单击连接功能块中的“连接PLC”按钮，开始进行IOServer与实际PLC设备的连接，选择“PLC”</td>
<td>⑦在“虚拟调试”菜单栏中，单击虚拟调试功能块中的“启动”按钮，开始执行虚拟调试过程</td>
</tr>
<tr>
<td>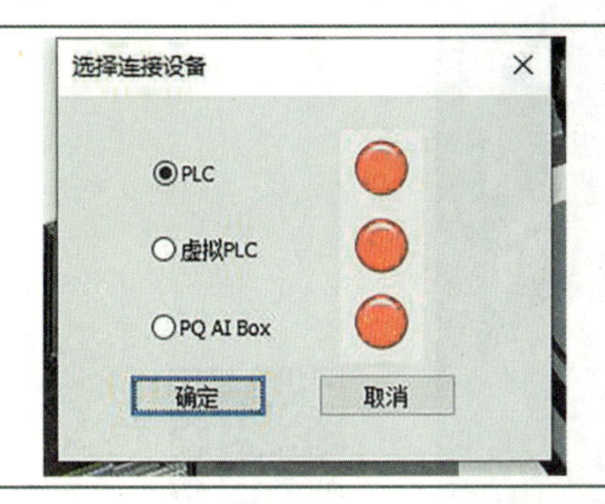
</td>
<td>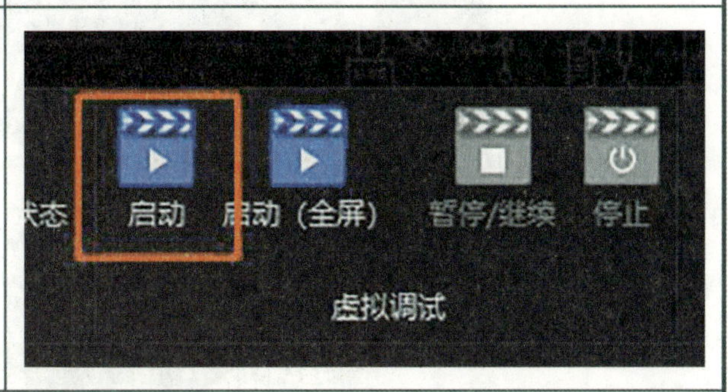
</td>
</tr>
<tr>
<td>⑥确认即将连接的IOServer的IP地址和端口号</td>
<td>⑧如下图所示，若当前IOServer与PQFactory软件连接正常，则PLC状态显示为绿色</td>
</tr>
<tr>
<td>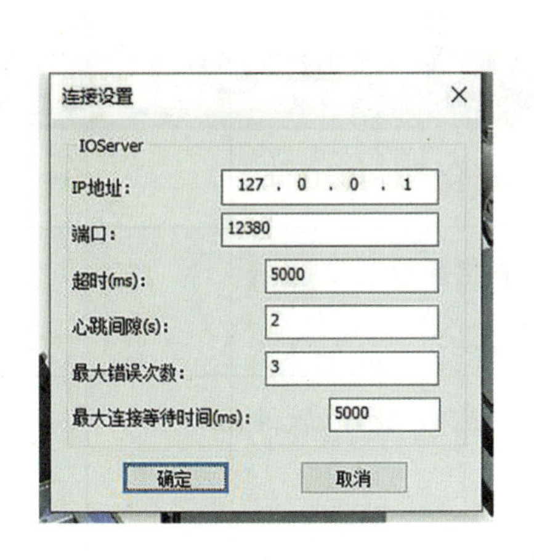
</td>
<td>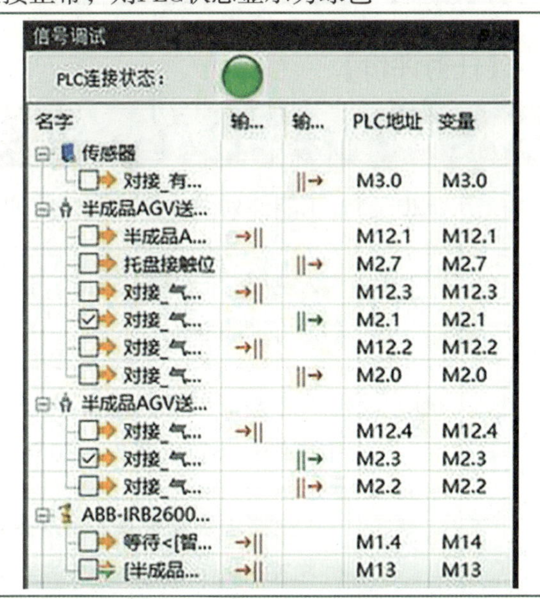
</td>
</tr>
<tr>
<td colspan="2">⑨在PLC程序、PQFactory软件、IOServer的正常运行下，当上下料机构正在进行取料操作，若运行有故障，则可以从信号调试面板上查看图示所有数字孪生设备信号当前信号的触发状态。若运行无误，则当前虚拟调试任务完毕</td>
</tr>
<tr>
<td colspan="2">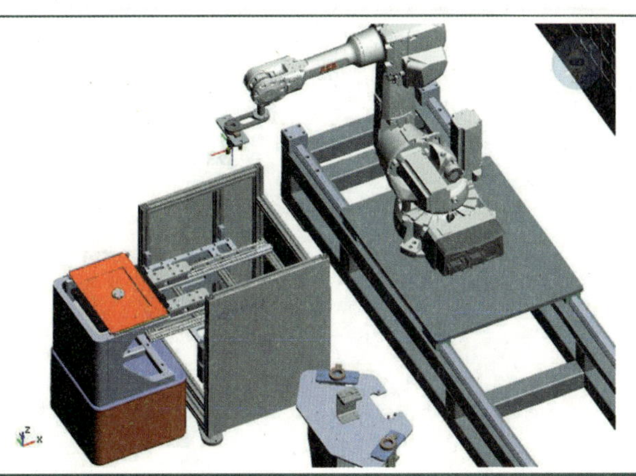</td>
</tr>
</table>

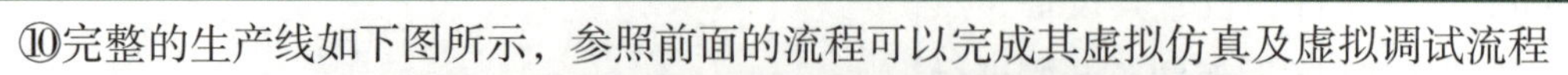

⑩完整的生产线如下图所示，参照前面的流程可以完成其虚拟仿真及虚拟调试流程

生产线完整工艺流程

【任务评价】

任务	配分	评分标准	自评	教师评价
典型工艺流程虚拟化调试	20	1.能够列举虚拟化调试前期准备工作，不符合条件扣20 分		
	20	2.能够根据案例要求，正确完成PLC程序准备及调试，不符合条件扣20分		
	20	3.能够根据案例要求，正确完成虚拟化调试PQFactory软件中操作，不符合条件扣20分		
	20	4.能够正确完成虚拟化调试中IOServer相关操作，不符合条件扣20分		
	20	5.能够根据案例要求，完成典型工艺流程的虚拟化调试，不符合条件扣20分		

项目评测

项目五　知识测试
一、填空题 1. 在（　　　）功能栏中，包含外部设备、虚拟 PLC、连接、信号设置、设备状态和虚拟化调试几个功能分栏。 2. 在 PQFactory 软件的机器人（　　　）中，右键选择状态机，在右键菜单中选择“定义状态机变量”即可进入对应的状态机变量设置界面。 3. 进行虚拟调试时，如果工业机器人也参与其中，则需要为其定义（　　　），在对应的仿真事件中添加端口值，添加端口值的方法与其他仿真事件的方法一致。 4. 在前期设计中，（　　　）可以有效帮助实现单体设备的机电概念设计，包括工业机器人末端工具的选择，设备运动范围的可达性、材料的选择等。 **二、判断题** 1. “机器人控制面板”：控制机器人的运动，调整其姿态，显示坐标信息，读取机器人的关节值，以及使机器人回到机械零点等。（　　） 2. 软件虚拟调试，是将实际的控制器加入调试环境中，可以实现与软件虚拟调试相同的作用。（　　） 3. 实施虚拟调试时，PLC 调试在 IOServer 软件中进行。（　　）

参 考 文 献

［1］刘杰，王涛．工业机器人应用技术基础［M］．武汉：华中科技大学出版社，2019.

［2］曹琳琳，王绍锋．机器人编程设计与实现［M］．武汉：华中科技大学出版，2017.

［3］李杨，王洪荣，邹军．基于数字孪生技术的柔性制造系统［M］．上海：上海科学技术出版社，2020.

［4］介党阳，寇萌，胡昭琳，刘霖平．机器人离线编程技术现状及前景展望［J］．装备机械，2017（03）：54-57.

［5］金自立.工业机器人的离线编程和虚拟仿真技术［J］.机器人技术与应用，2015（06）：44-46.

［6］孙树栋．工业机器人技术基础［M］．西安：西北工业大学出版社，2006.

［7］北京华航唯实机器人科技股份有限公司．工业机器人集成应用（ABB）·高级［M］．北京：高等教育出版社，2022.

［8］夏智武，许妍妩，迟澄．工业机器人技术基础［M］．北京：高等教育出版社，2018.